海洋遥感与海洋大数据丛书

海洋环境安全保障大数据处理及应用

崔晓健　梁建峰　方志祥　宋　晓　著

科 学 出 版 社

北 京

内 容 简 介

本书充分凝练作者团队近几年海洋环境安全保障大数据分析处理相关工作成果。全书共 9 章，深入揭示海洋环境安全保障大数据的内涵特征，多维度描述海洋环境安全保障大数据的来源和分类，系统阐述海洋环境安全保障大数据预处理、数据融合、事件链时空关联分析、网络舆情信息分析等关键技术，介绍海洋环境安全保障数据一张图系统、海洋环境安全保障知识库、海洋环境安全保障信息产品制作的建设和应用情况，对我国海洋环境安全保障工作具有推广和借鉴意义。

本书可供海洋行业从业者、院校和科研院所相关专业师生和研究人员，特别是从事海洋大数据和海洋环境安全保障研究的人员阅读参考。

图书在版编目（CIP）数据

海洋环境安全保障大数据处理及应用/崔晓健等著.—北京：科学出版社，2023.3
（海洋遥感与海洋大数据丛书）
ISBN 978-7-03-075012-9

Ⅰ.① 海… Ⅱ.① 崔… Ⅲ.① 海洋环境–安全管理–数据管理–研究
Ⅳ.① X21

中国国家版本馆 CIP 数据核字（2023）第 037868 号

责任编辑：杜　权/责任校对：高　嵘
责任印制：彭　超/封面设计：苏　波

科 学 出 版 社 出版
北京东黄城根北街 16 号
邮政编码：100717
http://www.sciencep.com
武汉精一佳印刷有限公司印刷
科学出版社发行　各地新华书店经销
*
开本：787×1092　1/16
2023 年 3 月第 一 版　　印张：15 1/4
2023 年 3 月第一次印刷　　字数：360 000
定价：**198.00** 元
（如有印装质量问题，我社负责调换）

《海洋环境安全保障大数据处理及应用》 撰写人员名单

著　者：崔晓健　梁建峰　方志祥　宋　晓

主要撰写人员（按姓氏拼音排序）：

陈　萱　韩春花　韩璐遥　呼　诺　孔　敏

李　程　李鹏辉　李　响　李雨森　栗　健

梁建民　刘　丰　刘海洋　刘秋林　刘玉龙

司　佳　王晓瑞　王中元　韦广昊　武双全

吴文婷　吴依湛　杨　扬　杨秀中　张　宇

赵祎霏

"海洋遥感与海洋大数据"丛书序

在生物学家眼中，海洋是生命的摇篮，五彩缤纷的生物多样性天然展览厅；在地质学家心里，海洋是资源宝库，蕴藏着地球村人类持续生存的希望；在气象学家看来，海洋是风雨调节器，云卷云舒一年又一年；在物理学家脑中，海洋是运动载体，风、浪、流汹涌澎湃；在旅游家脚下，海洋是风景优美无边的旅游胜地。在遥感学家看来，人类可以具有如齐天大圣孙悟空之能，腾云驾雾感知一望无际的海洋，让海洋透明、一目了然；在信息学家看来，海洋是五花八门、瞬息万变、铺天盖地的大数据源。有人分析世界上现存的大数据中环境类大数据占 70%，而海洋环境大数据量占到了其中的 70% 以上，与海洋占地球的面积基本吻合。随着卫星传感网络等高新技术日益发展，天-空-海和海面-水中-海底立体观测所获取的数据逐年呈指数级增长，大数据在 21 世纪将掀起惊涛骇浪的海洋信息技术革命。

我国海洋科技工作者遵循习近平总书记"关心海洋，认识海洋，经略海洋"的海洋强国战略思想，独立自主地进行了水色、动力和监视三大系列海洋遥感卫星的研发。随着一系列海洋卫星成功上天和业务化运行，海洋卫星在数量上已与气象卫星齐头并进，卫星海洋遥感观测组网基本完成。海洋大数据是以大数据驱动智能的新兴海洋信息科学工程，来自卫星遥感和立体观测网源源不断的海量大数据，在网络和云计算技术支持下进行快速处理、智能处理和智慧应用。

在海洋信息迅猛发展的大背景下，"海洋遥感与海洋大数据"丛书呼之欲出。丛书总结和提炼"十三五"国家重点研发计划项目和近几年来国家自然科学基金等项目的研究成果，内容涵盖两大部分。第一部分为海洋遥感科学与技术，包括《海洋遥感动力学》《海洋微波遥感监测技术》《海洋高度计的数据反演与定标检验：从一维到二维》《北极海洋遥感监测技术》《海洋激光雷达探测技术》《海洋盐度遥感资料评估与应用》《中国系列海洋卫星及其应用》；第二部分为海洋大数据处理科学与技术，包括《海洋大数据分析预报技术》《海洋环境安全保障大数据处理及应用》《海洋遥感大数据信息生成及应用》《海洋环境再分析技术》《海洋盐度卫星资料评估与应用》。

海洋是当今国际上政治、经济、外交和军事博弈的重要舞台，博弈无非是对海洋环境认知、海洋资源开发和海洋权益维护能力的竞争。在这场错综复杂的三大能力的竞争中，哪个国家掌握了高科技制高点，哪个国家就掌握了主动权。本套丛书可谓海洋信息技术革命惊涛骇浪下的一串闪闪发亮的水滴珍珠链，著者集众贤之能、承实践之上，总结经验、理出体会、挥笔习书，言海洋遥感与大数据之理论、摆实践之范例，是值得一读的佳作。更欣慰的是，通过丛书的出版，看到了一大批年轻的海洋遥感与信息学家的崛起和成长。

"百尺竿头，更进一步"。殷切期盼从事海洋遥感与海洋大数据的科技工作者再接再厉，发海洋遥感之威，推海洋大数据之浪，为"透明海洋和智慧海洋"做出更大贡献。

中国工程院院士

2022 年 12 月 18 日

海洋环境安全保障大数据体系集成多源海洋环境观监测数据、海洋环境预测预报模型产品、海上突发事件实况信息、海洋基础地理信息及社会安全信息等数据和信息,具有海洋环境安全信息综合集成与融合分析、海洋环境安全预警、风险管理和应急辅助决策功能,是国家安全保障体系的重要组成部分。

2017 年 10 月,国家海洋信息中心联合清华大学、武汉大学、中国科学院地理科学与资源研究所等 9 家单位,启动了"十三五"国家重点研发计划"海洋环境安全保障"专项"海洋环境安全保障平台技术系统研发"(2017YFC1405300)项目,目前国家海洋环境安全保障平台已建设完成,并在信息资源汇聚、数据融合分析、海洋环境安全事件链构建技术、综合风险评估技术、海洋环境安全事件情景构建技术、动态推演和应急决策技术等方面进行了研究和实践方面的探索。

本书是近几年海洋环境安全保障平台大数据处理和应用部分研究成果的总结和凝练,从公共安全角度提出海洋环境安全保障大数据体系。有别于传统海洋领域按照海洋学科、调查手段进行数据分类,本书将海洋环境安全保障大数据划分为基础数据、承灾体数据、观监测与预报数据、统计数据、应急保障资源数据、应急业务数据 6 大类、35 亚类。研究多源异构、信息缺失情形下海洋环境安全保障大数据融合分析技术,通过海洋环境安全数据和社会舆情信息多维度动态关联,实现统一时空基准下的海洋环境安全事件全要素、多维度动态关联与分析。依托国家海洋云平台和数据库,研发并介绍海洋环境安全保障数据一张图、知识库和产品制作技术,为海洋环境安全事件的应对提供数据采集处理、融合分析和共享交换技术支撑。

全书共分为 9 章。各章主要内容如下。

第 1 章:系统介绍海洋环境安全保障大数据的内涵与特征;介绍海洋环境安全保障数据分类,并根据数据分类从数据获取渠道对各类数据来源进行分析。

第 2 章:介绍数据的空间基准及其转换方法、深度基准及其转换方法;从残缺/空值补足、异常值处理、重复项删除等方面介绍数据审查和校验方法;提出基于机器学习的海洋定点观测数据质量控制方法。

第 3 章:介绍浒苔、溢油、风暴潮灾害事件下多源异构大数据的融合分析框架;着重介绍冗余观测下数据时空融合方法、单一观测下数据时空融合方法、无观测下数据时空推估融合方法。

第 4 章:介绍典型海洋环境安全事件链时空关联分析方法,包括框架设计、多源数据融合下的海洋环境安全事件节点关系分析、数据-特征的时空关联分析方法、特征-特征的时空关联分析方法。

第5章：介绍海洋环境安全网络舆情信息分析方法，包括基于社交网络信息的海洋环境安全事件时空特征提取与配准方法、基于社交网络信息的海洋环境安全舆情事件链分析方法、典型海洋环境安全舆情信息分析系统研发与应用。

第6章：介绍海洋环境安全保障数据一张图系统，包括海洋环境安全保障数据组织与设计、全流程数据管理与服务、数据一张图系统功能与实现。

第7章：介绍海洋环境安全保障知识库的内涵和背景，分析海洋环境安全知识库需求、功能定位、组织与服务；介绍海洋环境安全知识库的总体设计、结构设计和功能设计；并从应急预案、物资调运等角度匹配知识算法，以溢油灾害为例介绍相似案例匹配技术。

第8章：介绍海洋环境安全保障产品的分类与分级，从海洋环境服务对象、服务场景和服务流程等角度分析海洋环境安全保障产品的服务模式，介绍风暴潮灾害、浒苔灾害、溢油事件三种典型灾害海洋环境安全保障产品的制作。

第9章：介绍海洋环境安全大数据采集与融合分析难点总结及技术发展趋势。

本书由国家海洋信息中心崔晓健研究员组织编写，并负责各章内容的讨论和审定。各章写作分工：第1章由梁建峰、宋晓、韩春花、吴文婷撰写；第2章由宋晓、王中元、李雨森、陈萱、孔敏、郑兵撰写；第3章由方志祥、王中元、司佳、李程、杨扬撰写；第4章由方志祥、王中元、余红楚、吴依湛、王晓瑞撰写；第5章由赵祎霏、张宇、王中元、李鹏辉撰写；第6章由韩璐遥、梁建民、宋占龙、刘玉龙、韦广昊撰写；第7章由刘海洋、杨秀中、呼诺、栗健、刘丰撰写；第8章由向先全、李响、刘秋林、武双全撰写；第9章由崔晓健、方志祥、梁建峰、辛冰撰写。

在本书即将出版之际，特别感谢科技部21世纪议程管理中心，自然资源部科技发展司、海洋预警监测司对本书出版工作的大力支持。特别感谢清华大学黄全义教授、国家海洋信息中心相文玺研究员、中国科学院地理科学与资源研究所苏奋振研究员、中国石油大学（华东）张杰教授、自然资源部北海环境监测中心张洪亮研究员在本书撰写过程中给予的指导和建议。

本书所述的部分理论和方法尚处于试验阶段，只是在海洋领域开展了初步的推广应用。由于作者水平有限，书中难免存在疏漏之处，敬请各位读者批评指正。

作　者

2022 年 11 月 18 日

目　录

第1章 海洋环境安全保障大数据概述

海洋是生命的摇篮、资源的宝库、交通的命脉，其中蕴藏着丰富的能源、矿产、生物等自然资源。21 世纪，人类进入大规模开发利用海洋的时代，海洋在国家经济发展中的作用更加重要，在维护国家安全中的地位更加突出，而保护海洋环境的安全也就是保护国家安全、保障人类安全和促进社会经济可持续的发展。

世界海洋大国高度重视海洋环境安全保障体系建设：美国在国土安全部下建有国家海洋安全平台，集成了海洋观测、综合研判、危机响应等功能；欧盟建立了地中海海洋安全决策支持系统，实现了地中海海域安全事件的统一监管；英国和西班牙建有国家海洋环境安全技术系统，具备海洋风险分析、海洋突发事件应对处置等功能；日本建立了水下和空基海洋监视系统；韩国建立了海洋监测系统。同时，欧美发达国家和相关国际组织在风险分析与预测预警技术、海上突发事件应急预报技术、海洋环境安全与应急处置领域的协同指挥与管控处置技术等方面进行了深入研究。国际海事组织研究了溢油污染的风险评估技术（张爽 等，2012），推进了风险预测预警和防范防控体系建设；意大利欧洲地中海气候变化中心研究了自然灾害风险评估、预测及防控技术，并将其成果应用于海洋监测、海洋灾害预测和海洋风险评估等领域；欧美发达国家深入研究了航空飞行器坠海、船舶及人员遇险、溢油及危险化学品污染、核辐射泄漏等海上突发事件应急技术。

我国高度重视海洋预报减灾、海上突发事件应对和海洋权益维护工作，通过"一站多能"、全球立体观测网建设提高海洋观测监测能力，建立了黄海浒苔、绿潮联防联控机制（齐衍萍 等，2016），实施了省级海洋预警报能力升级改造，不断强化海上溢油、危险化学品风险排查与应对能力建设和西太平洋放射性预警监测，开展钓鱼岛、黄岩岛、仁爱礁等重点岛礁海域常态化巡航值守。此外，2016 年起，我国重点在海洋动力灾害，浒苔、海上溢油、海上放射性事件的监测预警与防控等方面展开技术研究，为我国海洋环境安全保障研发工作提供技术基础和集成应用。

但从总体上看，我国海洋环境安全保障能力与美、日、欧等发达国家和地区相比仍存在较大差距，我国还没有建立海洋领域的安全保障技术系统，亟须研发国家海洋环境安全保障平台，开展相关领域的研究，填补国内在此领域的空白。

1.1 内涵与特征

1.1.1 内涵

随着大数据应用的快速发展，大数据价值得以充分的体现。大数据在政府、地方、行业、企业和社会等层面发挥了重要的应用效能，大数据与海洋环境安全也成为多学科交叉的新兴研究领域。国内外学者利用大数据技术在风暴潮、浒苔、溢油等领域开展相关应用研究。但从海洋环境安全保障大数据发展的总体情况来看，各国学者尚未对海洋环境安全概念达成统一看法，且大数据技术在海洋环境安全领域的应用与其在交通、金融等行业的应用仍存在较大差距。

在我国，张珞平等（2004）首次提出了"海洋环境安全"的概念，并讨论了海洋环境研究和海洋环境管理应采取的行动。张珞平等认为"海洋环境安全"是一个与可持续发展原则紧密联系的、积极预防的行为方式，它注重维护海洋环境的安全，并要求在海洋环境的危害作用能被科学地证明之前就采取预防措施。

赵万忠（2014）认为，海洋环境安全侧重于防治人类活动对各环境要素的污染及破坏，重在对人类活动过程中可能对海洋环境产生的不良影响进行预防和治理，确保海洋环境不受污染和破坏并处于良好状态，它主要针对海洋污染问题造成的安全威胁。

张珞平等（2004）未界定海洋环境安全的含义，主要侧重于灾害前的预防行为；而赵万忠（2014）只考虑了人类活动对海洋环境的安全威胁，未考虑非人类活动如风暴潮等自然灾害导致的海洋安全，同时提出的概念侧重于环境污染的预防和治理，对海洋环境安全的监测预警及灾害恢复重建未做界定（宋晓 等，2021）。

"海洋环境安全"应围绕海洋环境安全保障需求，在国家政策法规允许的范围内，用于支持海洋自然环境、资源开发环境及维权保障环境的安全管理和突发事件处置。海洋环境安全事件包括预防准备、监测预警、应急救援、恢复重建4个阶段。海洋环境安全外延也就是海洋环境安全所指的所有对象，是指风暴潮、台风等海洋动力灾害事件，浒苔、赤潮等海洋生态灾害事件，溢油、船只碰撞等海上突发事件，权益争端等海洋权益事件。

海洋环境安全保障大数据是指围绕海洋环境安全保障需求，国家政策法规允许的，用于支持海洋自然环境、资源开发环境及维权保障环境的安全管理和突发事件处置的所有数据。海洋环境安全保障大数据包括海洋环境安全管理和突发事件处置过程中采集、存储、管理、交换涉及的多源海量异构数据。

海洋环境安全保障大数据由基础数据、承灾体数据、观监测与预报数据、统计数据、应急保障资源数据和应急业务数据组成。海洋地理、地形、海域等业务数据更新频率很低，在灾害事件发生时作为本底地图数据，将其归为基础数据；将海堤、海水养殖区、海水浴场等数据更新频率较低，海洋灾害来临时会受到影响的数据，归类形成承灾体数据；将海洋站、浮标等数据更新频率较高、可实时获取、在灾害应急过程中起到关键作用的数据归为观监测与预报数据；将更新频率低，按照月、季、年等频次更新形成的海洋灾害历史统计产品，海洋产业经济统计产品，国内生产总值（gross domestic product，GDP）和人口统计产品等数据归类为统计数据；参考公共安全应急体系，将应急队伍、物资、运输、通信等资源（范维澄 等，2012）归为应急保障资源数据；将海洋环境安全危机应对过程中所需的知识、法律法规、预案案例、应急处置、分析与评估产品等归类形成应急业务数据。

1.1.2 特征

海洋本身是一个巨大、复杂、非线性的系统，各种现象及过程极其复杂，时空尺度千差万别，承担着各类物质与能量的运输（黄冬梅 等，2016a）。海洋环境安全保障大数据具有"4V""5H""3P"特征（刘帅 等，2020；侯学燕 等，2017）。

1. "4V"特征

海洋环境安全保障大数据具有海量的数据规模（volume）、多样的数据类型（variety）、快速的数据流动（velocity）、巨大的数据价值（value）等特征（黄冬梅 等，2016b）。海洋环境安全保障大数据获取途径复杂、数据类型众多、数据规模庞大，具有典型的"4V"特征。

（1）海量的数据规模。海洋领域已然进入大数据时代，全方位、连续、多源、立体的观监测手段使得海洋数据目前数据存量已达到 EB 级别，日增量也达到 TB 级别。

（2）多样的数据类型。一是多源广域：数据获取手段包括观测调查、实验分析、共享交换、网络爬取等途径；业务领域包括海洋经济、海域海岛、预报减灾、统计分析、应急保障等。二是多学科维度：海洋环境安全保障大数据涉及多个学科，包括海洋水文、海洋气象、海洋生物、海洋化学等。三是多模态：既包含结构化数据，又包含非结构化图集图件、视频影像、报告文档等数据。

（3）快速的数据流动。海洋环境安全保障大数据包括大量实时观监测数据、应急监测现场数据等，需要极快数据获取和处理速度，同时由于海洋环境安全事件的快速分析要求，对数据的分析也需要极快的速度。

（4）巨大的数据价值。海洋环境安全保障大数据产生的大量数据本身蕴藏着巨大价值，如网络舆情数据，往往需要及时地处理与分析才能挖掘出其中有价值的信息，为事件的预警监测、应急响应、处置决策提供服务。

2. "5H"特征

海洋环境安全保障大数据还具有强关联（high correlation）性、强耦合（high coupling）性、高变率（high diversification）性、多层次（hierarchy）性、高规律（high regularity）性的"5H"特征。

（1）强关联性。海洋环境安全保障大数据具有明确的时空属性特征和意义，多个数据/要素之间更是存在时间和空间上的相互关联。例如观监测获取的温盐流要素信息存在强烈的时空关联关系。

（2）强耦合性。海洋与陆地、大气、人类活动等存在各种复杂的相互作用，具有强烈的耦合性。海洋对大气运行和气候变化具有不可忽视的影响。

（3）高变率性。海洋是瞬息万变的，同一要素在同一地点、不同时间都在不断地变化，多个要素不断发生相互作用，也会产生出变化的环境和现象。例如海表温度（sea surface temperature，SST）在同一地点，随着时间的不断变化其数值也发生变化，且海表温度与气温、风速等要素间也存在相互影响。

（4）多层次性。海洋存在混合层、温跃层，具有四维的结构特征。反映到海洋数据上，同一经纬度点上不同层深的温盐数值也存在时空上的连续变化。

（5）高规律性。从宏观上来看，海洋环境、海洋生态等系统都存在月、季、年等周期性变化，海洋数据存在多周期叠加的规律。

3. "3P"特征

海洋环境安全保障大数据还具有强政策（policy）性、高精准（precision）性和高时效

（promptness）性的"3P"特征。

（1）强政策性。海洋环境安全保障大数据的采集、处理、交换、共享等过程，高度依赖国家相应的法规政策。在法规政策允许或支持的情况下，才能保证各类敏感/非敏感数据获取的流畅性和数据共享的可能性。

（2）高精准性。海洋环境安全关系国家权益、人民群众财产安全，因此海洋环境安全保障大数据的挖掘分析结果需要极高的精准性。例如在浒苔应急处置过程中，制作的浒苔漂移路径、浒苔分布图等产品，只有精确获取浒苔的漂移路径、分布面积、覆盖面积，才不至于发生由定位不准造成的打捞船只、打捞人员等资源的浪费，才能为灾害应急保障提供有效的支撑。

（3）高时效性。海洋环境安全事件应急过程主要为事前精准预警、事中快速响应和事后快速溯源，因此海洋环境安全保障大数据的分析、挖掘、处理需要极高的时效性，以支撑灾害过程的应急处置和指挥决策。

1.2 数据分类

海洋环境安全保障大数据分类应考虑数据资料管理、业务系统应用、科学研究支撑等需求。结合海洋环境安全保障信息多来源、多种类等特点，本节采用面分类法与线分类法相结合的方法对海洋环境安全保障大数据进行分类，共形成 6 个大类、35 个亚类，如图 1.1 所示。

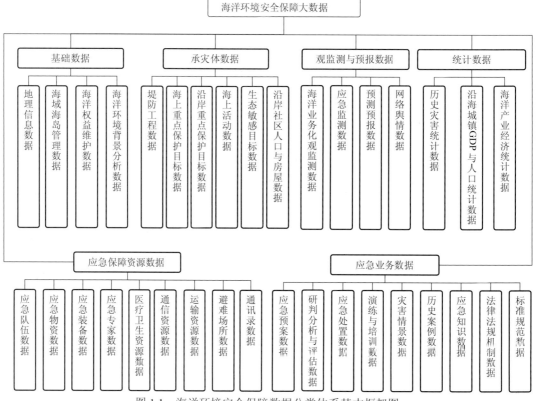

图 1.1 海洋环境安全保障数据分类体系基本框架图

1.2.1 基础数据

1. 地理信息数据

地理信息数据主要包括海洋基础地理数据、海底地形地貌数据、海洋遥感影像数据。

海洋基础地理数据包括 1 : 25 万、1 : 50 万、1 : 100 万等不同分辨率的矢量地形图、矢量海图、栅格地形图、栅格海图、数字高程模型（digital elevation model，DEM）及其他地理模型等产品。

海底地形地貌数据包括 50 m、100 m、200 m 等不同格网分辨率的标准海底地形产品。

海洋遥感影像数据包括卫星遥感和航空遥感等影像产品、专题要素图形产品和专题数据集产品等。

2. 海域海岛管理数据

海域海岛管理数据包括海域管理数据、海岛管理数据、海洋规划数据。

海域管理数据包括用海现状数据、围填海数据、海湾分布数据等。

海岛管理数据包括海岛地名数据、海岛使用数据等。其中海岛地名数据主要是海岛的位置矢量信息；海岛使用数据包括全国无居民海岛的岛体、岸线、植被和开发利用（海岛构筑物等）四要素矢量数据。

海洋规划数据包括海岛规划数据、海洋功能区划数据、区域用海规划数据。其中海岛规划数据包括区域用岛规划数据、全国海岛保护规划数据等；海洋功能区划数据包括海洋功能区划规划文本数据和空间矢量数据，如港口航运、工业与城镇用海、矿产与能源等数据；区域用海规划数据包括区域用海规划（区域建设用海规划和区域农业用海规划等）空间矢量数据。

3. 海洋权益维护数据

海洋权益维护数据包括海洋权益地理信息数据和海洋权益背景信息数据。

4. 海洋环境背景分析数据

海洋环境背景分析数据主要包括特征值统计分析产品、海洋卫星融合产品、海洋数值再分析产品和海洋实况分析产品。

特征值统计分析产品包括温度、盐度、水位、气温、气压等要素的网格统计分析产品、定点统计分析产品。

海洋卫星融合产品包括海面高、海面温、海面风、海浪、海流、叶绿素浓度等融合产品。

海洋数值再分析产品包括温度、盐度、海流等要素的数值再分析产品。

海洋实况分析产品包括温度、盐度、海流等要素的实况分析产品。

1.2.2 承灾体数据

1. 堤防工程数据

堤防工程数据包括海堤、水闸、泵站工程等数据。其中水闸包括泄洪闸、潮（水）闸、排（退）水闸。

2. 海上重点保护目标数据

海上重点保护目标数据包括海水养殖区、海洋资源开发区、海水浴场、避风地、港口码头、海上交通设施、海上运输航道、海上石油平台、海底电缆、海底输油管道、海上观测设施、海底观测设施、海上电力设施等数据。

3. 沿岸重点保护目标数据

沿岸重点保护目标数据包括沿岸交通设施、电力设施、通信设施、钢铁和石油化工设施、危险化学品设施、物资储备基地、工业园区、旅游娱乐区、船厂、水库大坝、尾矿库、农田、重点单位等数据。

4. 海上活动数据

海上活动数据包括运输船舶、海上重大活动、海洋旅游活动、海洋渔业活动、海洋资源勘探开发活动、海上科考调查活动、海上维权活动、海上应急与救援活动等数据。

5. 生态敏感目标数据

生态敏感目标数据主要包括海洋保护区、重要河口及湿地、岸线、沙源保护海域、地质水文灾害高发区、重要生态岛礁、典型生态系统、重要海洋生物等数据。

6. 沿岸社区人口与房屋数据

沿岸社区人口与房屋数据主要包括人口集聚区（自然村、乡镇、社区、街道等）、房屋、应急避难场所、地下车库等数据。

1.2.3 观监测与预报数据

1. 海洋业务化观监测数据

海洋业务化观监测数据主要包括海洋站观测数据、浮标观测数据、雷达观测数据、志愿船观测数据、海域海岛视频监控数据和海洋动力卫星反演数据。

海洋站观测数据包括水温、盐度、潮位、气温、气压、风速等数据。

浮标观测数据包括水温、盐度、气温、气压、风速、风向、叶绿素浓度、溶解氧浓度等数据。

雷达观测数据包括流速、流向等数据。

志愿船观测数据包括风速、风向、气温、气压、相对湿度等数据。

海域海岛视频监控数据包括视频、照片、影像等数据。

海洋动力卫星反演数据包括海面高、海面温、海面风、海面高度异常、叶绿素浓度等数据。

2. 应急监测数据

应急监测数据主要包括海洋动力灾害应急监测数据、海洋生态灾害应急监测数据、海上突发事件应急监测数据。

海洋动力灾害应急监测数据包括通过卫星遥感监测、无人机监测、人工观测等手段获取的台风、风暴潮等动力灾害的发生位置、移动路径、现场视频等信息。

海洋生态灾害应急监测数据包括通过卫星遥感监测、船舶监测、实验室分析、人工观测获取的浒苔、赤潮等生态灾害的发生位置、覆盖面积、生物种类、海藻毒素、分布面积、覆盖面积等信息。

海上突发事件应急监测数据包括通过卫星遥感监测、船舶监测、实验室分析、人工观测获取的溢油等突发事件发生位置、面积、油膜厚度、溢油密度、黏度、分离特性、溢油指纹、毒理特性、现场照片、视频等信息。

3. 预测预报数据

预测预报数据包括温盐流预报产品、海洋气象预报产品、海浪预报产品、海冰预报产品、风暴潮预报产品、台风预报产品、海啸预报产品、生态水质预报产品、潮汐潮流预报产品等数据。

4. 网络舆情数据

网络舆情数据包括通过微信、微博、互联网站、报纸、电视、广播等传播渠道获取的海洋动力灾害舆情、海洋生态灾害舆情、海上突发事件灾害舆情等数据。

1.2.4 统计数据

1. 历史灾害统计数据

历史灾害统计数据包括风暴潮灾害统计产品、海浪灾害统计产品、海冰灾害统计产品、海啸灾害统计产品、赤潮灾害统计产品、海平面变化统计产品、海洋生态环境统计产品等数据。

2. 沿海城镇 GDP 与人口统计数据

沿海城镇 GDP 与人口统计数据包括沿海城镇 GDP 统计数据与常住人口统计数据。

3. 海洋产业经济统计数据

海洋产业经济统计数据包括海洋农业、林业、渔业、海洋采掘业、海洋制造业、海洋电力和海水利用业、海洋工程建筑业、海洋地质勘查业、海洋交通运输业、滨海旅游业、海洋科学研究与综合技术服务业、海洋教育和文化艺术业、海洋信息咨询服务业等统计数据。

1.2.5 应急保障资源数据

1. 应急队伍数据

应急队伍数据包括专业救援队伍、应急监测队伍、应急志愿者救援队、公安警察队伍等数据。

2. 应急物资数据

应急物资数据包括溢油堵漏物资、溢油扩散控制物资、溢油回收物资、余油处置物资、抢险工程材料、个体防护器材等数据。

3. 应急装备数据

应急装备数据主要包括海上搜救装备、抢险救援工程机械设备、应急照明设备、后勤支援装备、泵类及通风排烟设备、监测预警仪器和装置、溢油回收装备、余油处置装备、打捞船只、救生器材等数据。

4. 应急专家数据

应急专家数据主要包括海洋动力灾害专家、海洋生态灾害专家、海洋突发事件专家、综合类专家等专家信息数据。

5. 医疗卫生资源数据

医疗卫生资源数据包括医院、急救中心（站）、疾病预防控制中心（防疫站）、采供血机构、社区卫生服务中心（站）、卫生院、门诊部、妇幼保健院（所、站）、卫生监督所（局）、医学科学研究机构等信息数据。

6. 通信资源数据

通信资源数据包括通信保障机构数据和通信设备数据。

通信保障机构数据包括基础通信运营企业集团公司、基础通信运营企业省公司和基础通信运营企业地市分公司等数据。

通信设备数据包括短波通信系统、车载卫星通信系统、便携微波通信系统、移动通信卫星终端、宽带卫星通信终端、北斗卫星终端等数据。

7. 运输资源数据

运输资源数据包括运输保障机构数据、运输站场数据和运输设备数据。

运输保障机构数据包括航空企业、航运企业、铁路运输企业、汽车运输企业及其他运输保障机构数据。

运输站场数据包括机场客货集散区、港口码头客货集散区、火车站客货集散区、汽车站客货集散区及其他运输站场数据。

运输设备数据包括航空器、船舶、火车、汽车和其他运输设备数据。

8. 避难场所数据

避难场所数据包括救助管理站、公园、广场、绿地、体育场馆、宾馆、学校、停车场、人防工程等应急避难场所数据。

9. 通讯录数据

通讯录数据包括国家级相关部门通讯录、省级相关部门通讯录、市级相关部门通讯录、县级相关部门通讯录、乡级相关部门通讯录等数据。

1.2.6 应急业务数据

1. 应急预案数据

应急预案数据包括总体应急预案、专项应急预案、部门应急预案、大型活动保障应急预案、基层应急预案等数据。

2. 研判分析与评估数据

研判分析与评估数据包括预测分析产品、应急决策产品、评价检验产品、影响分析产品等数据。

3. 应急处置数据

应急处置数据包括应急值守信息、指挥调度信息、综合研判分析信息、应急方案信息、风险防控方案信息等数据。

4. 演练与培训数据

演练与培训数据包括演练数据和培训数据。其中:演练数据包括演练方案、演练过程记录、演练总结评估等数据;培训数据包括培训方案、培训课程、培训记录、培训反馈等数据。

5. 灾害情景数据

灾害情景数据主要包括情景数据和模型数据。其中:情景数据包括与海洋环境安全保障相关的描述信息、要素信息、推演信息、关联关系等数据;模型数据包括与海洋环境安全保障相关的预测预警模型、分析模型、评估模型等数据。

6. 历史案例数据

历史案例数据包括海洋动力灾害案例、海洋生态灾害案例、海上突发事件灾害案例等数据。

7. 应急知识数据

应急知识数据包括术语与定义、预防与准备知识、监测与预警知识、应急处置与救援知识、恢复与重建知识等数据。

8. 法律法规机制数据

法律法规机制数据包括与海洋环境安全保障相关的法律、条例、规章、机制等数据。

9. 标准规范数据

标准规范数据包括与海洋环境安全保障相关的国家标准、行业标准、团体标准、技术规范等数据。

1.3 数据来源分析

1.3.1 海洋业务化观监测数据

目前我国已基本建成了以海洋站、浮标、断面观测为主体，结合志愿船、岸基雷达、海上平台、卫星/航空遥感及应急观测等组成的海洋立体观测网，在自然资源部的领导和各海区局、中心站、海洋站、国家海洋信息中心、国家海洋环境预报中心、国家海洋技术中心等有关单位的共同努力下，海洋观测资料种类、数量和时效快速增长。根据《2020 年全国海洋预报减灾工作方案》，国家海洋信息中心业务化接收全国海洋观测实时/延时资料，其中海洋站共 155 个（试运行 22 个）、浮标 31 个、雷达 4 套、志愿船 78 艘。依据海洋环境安全保障大数据分类，海洋业务化观测数据属于观监测与预报数据，用于实时观测/监测海洋水文、气象、生物等学科要素信息。

1.3.2 "海洋环境安全保障专项"数据

"海洋环境安全保障专项"2016～2018 年已立项的各类项目总计 73 项，其中：第一层次是海洋监测仪器设备项目，共 22 个项目；第二层次是包含海洋动力、海洋生态、海洋维权、海上丝路、极地、海洋生物 6 大海洋环境安全领域的项目，共 50 个项目；第三层次有 1 个项目，即"国家海洋环境安全保障平台技术系统研发"。

海洋环境安全保障平台技术系统集成"海洋环境安全保障专项"各项目的观监测数据、预案案例方法模型、预测产品等成果，以确保能够完成对海洋环境安全灾害事件的常态/非常态应急管理。根据海洋环境安全保障数据分类，分析"海洋环境安全保障专项"数据对接情况，梳理可获取的海洋环境安全保障相关数据。

1. 基础数据

基础数据分为基础地理信息和海洋环境背景分析数据 2 个亚类，具体见表 1.1。

表 1.1　基础数据信息

大类	亚类	小类	属性和内容	数据接入方式	项目名称
基础数据	基础地理信息	—	示范海域基础地理信息	前置交换或开放系统数据库	重大海洋动力灾害致灾机理、风险评估、应对技术研究及示范应用
	海洋环境背景分析数据	海洋数值再分析产品	近30年海洋动力灾害再分析数据	前置交换或开放系统数据库	重大海洋动力灾害致灾机理、风险评估、应对技术研究及示范应用

2. 承灾体数据

承灾体数据分为沿岸重点保护目标数据和海上重点保护目标数据 2 个亚类，具体见表 1.2。

表 1.2　承灾体数据信息

大类	亚类	小类	属性和内容	数据接入方式	项目名称
承灾体数据	沿岸重点保护目标数据	—	灾害承灾体数据	前置交换或开放系统数据库	重大海洋动力灾害致灾机理、风险评估、应对技术研究及示范应用
	海上重点保护目标数据	—	灾害承灾体数据	前置交换或开放系统数据库	重大海洋动力灾害致灾机理、风险评估、应对技术研究及示范应用

3. 观监测与预报数据

观监测与预报数据分为海洋业务化观测数据和应急监测数据 2 个亚类，具体见表 1.3。

表 1.3　观监测与预报数据信息

大类	亚类	小类	属性和内容	数据接入方式	项目名称
观监测与预报数据	海洋业务化观测数据	浮标观监测数据	重要海域的海浪、海流、温度、盐度等动力环境要素	前置交换	"两洋一海"重要海域海洋动力环境立体观测示范系统研发与试运行
			示范海域环境监测要素	前置交换	区域海洋生态环境立体监测系统集成及应用示范
	应急监测数据	海洋动力灾害应急监测数据	海浪、海流等	前置交换或开放系统数据库	重大海洋动力灾害致灾机理、风险评估、应对技术研究及示范应用
		海洋生态灾害应急监测数据	示范海域水母灾害现场监测数据	前置交换或开放系统数据库	我国近海水母灾害的形成机理、监测预测及评估防治技术
		海上突发事件应急监测数据	危险化学品/放射性物质泄漏应急处置和海上搜救事件监测数据	服务接口	海上突发事件应急处置与搜救决策支持系统研发与应用

4. 应急业务数据

应急业务数据分为研判分析与评估数据、灾害情景数据、应急预案数据、历史案例数据、应急处置数据、应急知识数据、标准规范数据 7 个亚类，具体见表 1.4。

表 1.4　应急业务数据信息

大类	亚类	小类	属性和内容	数据接入方式	项目名称
应急业务数据	研判分析与评估数据	预测分析产品	赤潮发生条件预测产品	前置交换	区域海洋生态环境立体监测系统集成及应用示范
			重点海域生态动力模式预报产品	前置交换	区域海洋生态环境立体监测系统集成及应用示范
			生态灾害核心区演变预测产品	前置交换	区域海洋生态环境立体监测系统集成及应用示范
			溢油漂移路径预测产品	前置交换	区域海洋生态环境立体监测系统集成及应用示范
			典型动力环境要素产品	前置交换	"两洋一海"重要海域海洋动力环境立体观测示范系统研发与试运行
			动力灾害精细化预警预报产品	前置交换或开放系统数据库	重大海洋动力灾害致灾机理、风险评估、应对技术研究及示范应用
			浒苔绿潮应急预测预警产品	前置交换	浒苔绿潮形成机理与综合防控技术研究及应用
			灾害敏感区域统计图	前置交换	浒苔绿潮形成机理与综合防控技术研究及应用
			漂浮浒苔分布图	前置交换	浒苔绿潮形成机理与综合防控技术研究及应用
			浒苔绿潮漂移路径图	前置交换	浒苔绿潮形成机理与综合防控技术研究及应用
			水母灾害分级预警产品	前置交换	我国近海水母灾害的形成机理、监测预测及评估防治技术
		应急决策产品	主要海洋生态灾害防控对策产品	前置交换	区域海洋生态环境立体监测系统集成及应用示范
			动力灾害的多因子耦合危险性分析产品	前置交换或开放系统数据库	重大海洋动力灾害致灾机理、风险评估、应对技术研究及示范应用
			承灾体脆弱性评价指标体系	前置交换或开放系统数据库	重大海洋动力灾害致灾机理、风险评估、应对技术研究及示范应用
			动力灾害风险评估产品	前置交换或开放系统数据库	重大海洋动力灾害致灾机理、风险评估、应对技术研究及示范应用

大类	亚类	小类	属性和内容	数据接入方式	项目名称
应急业务数据	研判分析与评估数据	应急决策产品	典型致灾赤潮监测预警与风险评估产品	前置交换	我国近海致灾赤潮形成机理、监测预测及评估防治技术
		影响分析产品	主要海洋生态灾害影响评估产品	前置交换	区域海洋生态环境立体监测系统集成及应用示范
	灾害情景数据	模型信息	生态灾害漂移预报等模型	服务接口	区域海洋生态环境立体监测系统集成及应用示范
			动力群发性灾害精细化预警预报模型	服务接口	重大海洋动力灾害致灾机理、风险评估、应对技术研究及示范应用
			溢油漂移扩散模型	服务接口	海上突发事件应急处置与搜救决策支持系统研发与应用
			危化品漂移扩散模型	服务接口	海上突发事件应急处置与搜救决策支持系统研发与应用
			放射性物质漂移扩散模型	服务接口	海上突发事件应急处置与搜救决策支持系统研发与应用
			海上搜救漂移预测模型	服务接口	海上突发事件应急处置与搜救决策支持系统研发与应用
			浒苔绿潮的漂移预测模型	服务接口	浒苔绿潮形成机理与综合防控技术研究及应用
			赤潮灾害风险评估技术与方法	服务接口	我国近海致灾赤潮形成机理、监测预测及评估防治技术
			典型致灾赤潮监测预警模型	服务接口	我国近海致灾赤潮形成机理、监测预测及评估防治技术
			赤潮快速检测方法	服务接口	我国近海致灾赤潮形成机理、监测预测及评估防治技术
			近海藻毒素分布特征	服务接口	我国近海致灾赤潮形成机理、监测预测及评估防治技术
			重要水域水母灾害预警模型	服务接口	我国近海水母灾害的形成机理、监测预测及评估防治技术
	应急预案数据	总体应急预案	动力灾害应急响应程序预案	前置交换或开放系统数据库	重大海洋动力灾害致灾机理、风险评估、应对技术研究及示范应用
			海上突发事件应急处置响应程序预案	服务接口	海上突发事件应急处置与搜救决策支持系统研发与应用
	历史案例数据	海洋动力灾害案例	动力灾害应急响应程序案例库	前置交换或开放系统数据库	重大海洋动力灾害致灾机理、风险评估、应对技术研究及示范应用

大类	亚类	小类	属性和内容	数据接入方式	项目名称
应急业务数据	历史案例数据	海洋动力灾害案例	海上突发事件应急处置响应程序案例	服务接口	海上突发事件应急处置与搜救决策支持系统研发与应用
	应急处置数据	应急方案信息	动力灾害应急响应程序方案	前置交换或开放系统数据库	重大海洋动力灾害致灾机理、风险评估、应对技术研究及示范应用
			海上突发事件应急处置响应程序方案	服务接口	海上突发事件应急处置与搜救决策支持系统研发与应用
			高生物量浒苔绿潮应急处置技术报告	前置交换	浒苔绿潮形成机理与综合防控技术研究及应用
			浒苔绿潮早期防控方案	前置交换	浒苔绿潮形成机理与综合防控技术研究及应用
			核电站取水区等重要水域水母灾害防控方案	前置交换	我国近海水母灾害的形成机理、监测预测及评估防治技术
			核电站取水区等重要水域水母灾害应急处置方案	前置交换	我国近海水母灾害的形成机理、监测预测及评估防治技术
	应急知识数据	预防与准备知识	动力灾害应急响应程序知识	前置交换或开放系统数据库	重大海洋动力灾害致灾机理、风险评估、应对技术研究及示范应用
			海上突发事件应急处置响应程序知识	服务接口	海上突发事件应急处置与搜救决策支持系统研发与应用
	标准规范数据	行业标准	水母灾害分级预警标准	前置交换	我国近海水母灾害的形成机理、监测预测及评估防治技术

1.3.3 相关部委交换的涉海信息数据

交通运输部、生态环境部、应急管理部、农业农村部、水利部、中国气象局等相关部委及沿海省市产生的与海洋环境安全相关的涉海信息，主要利用全国政务信息共享网站、国家公共数据开放网站、部委间定向共享等方式实现数据共享交换。

1. 交通运输部

利用国家公共数据开放网站，获取海上交通、海上搜救等海洋环境安全相关数据，具体见表 1.5。

表 1.5　交通运输部获取的数据信息

大类	亚类	小类	资料名称	资料要素	数据接入方式
承灾体信息	海上重点保护目标数据	港口码头	港口码头信息	名称、经纬度、住港船舶数等	互联网
	海上活动数据	运输船舶	船舶自动识别系统信息	时间、经纬度等	互联网

2. 生态环境部

利用国家公共数据开放网站，从生态环境部获取生态敏感目标、浮标观测数据、统计公报等海洋环境安全相关数据，主要包括生态红线空间数据、海水浴场监测数据、生态环境统计年报等，具体见表1.6。

表1.6 生态环境部获取的数据信息

大类	亚类	小类	资料名称	资料要素	数据接入方式
承灾体数据	生态敏感目标数据	岸线	生态红线空间数据	边界、面积、用地性质、管控要求等	互联网
观监测与预报数据	业务化观测数据	浮标观监测数据	海水浴场监测数据	温度、石油类、pH值、粪大肠菌群、赤潮等	互联网
统计数据	灾害统计数据	统计公报	生态环境统计年报	—	互联网
			中国海洋生态环境状况公报	—	互联网
			中国生态环境状况公报	—	互联网

3. 应急管理部

利用国家共享交换平台，从应急管理部获取统计数据、应急保障资源数据等海洋环境安全相关数据，主要包括灾害统计数据、应急物资信息、应急装备信息、应急队伍信息等数据，具体见表1.7。

表1.7 应急管理部获取的数据信息

大类	亚类	小类	资料名称	资料要素	数据接入方式
统计数据	灾害统计数据	统计公报	突发事件统计信息月报	历史自然灾害和安全生产事故的类型、级别、行政区划、救援信息、灾情信息等	国家共享交换平台
应急保障资源数据	应急物资信息	—	—	物资类型、用途、责任单位、联系人、联系方式等	国家共享交换平台
	应急装备信息	—	—	装备名称、装备所处位置、装备类型、主要技术参数、所属部门联系电话等	国家共享交换平台
	应急队伍信息	—	—	队伍名称、人数、设备设施、详细地址、地理坐标、行政区划、联系方式、负责人等	国家共享交换平台
	应急专家信息	—	—	姓名、性别、出生日期、民族、职称、职务、工作单位、办公电话、移动电话、专业领域、相关工作经历、专家类别、电子邮箱等	国家共享交换平台
	应急机构信息	—	—	机构名称、地址、邮政编码、负责人、负责人固定电话、负责人移动电话、应急值班电话等	国家共享交换平台

4. 农业农村部

利用国家公共数据开放网站，从农业农村部获取渔业信息，主要包括中国渔业生态环境状况公报数据，具体见表1.8。

表1.8　农业农村部获取的数据信息

大类	亚类	小类	资料名称	资料要素	数据接入方式
统计数据	灾害统计数据	统计公报	中国渔业生态环境状况公报	—	互联网

5. 水利部

利用国家公共数据开放网站，从水利部获取实时水情信息、统计公报等海洋环境安全相关数据，主要包括江河湖泊洪水超警信息、江河湖泊实时水情信息、水情年报、水资源公报等，具体见表1.9。

表1.9　水利部获取的数据信息表

大类	亚类	小类	资料名称	资料要素	数据接入方式
观测监测与预报数据	业务化观测数据	海洋站观测数据	江河湖泊实时水情信息	主要江河、湖泊重点断面的实时水位、流量等信息	互联网
统计数据	灾害统计数据	洪水灾害统计产品	江河湖泊洪水超警产品	站名、经度、纬度、站址、数据时间、水位、流量、超警级别、超警幅度等	互联网
			主要江河湖泊水位日变幅产品	站名、经度、纬度、站址、数据时间、当前水位、最近1天水位变化幅度	互联网
			主要江河湖泊水位最近3天变幅产品	站名、经度、纬度、站址、数据时间、当前水位、最近3天水位变化幅度	互联网
			主要江河湖泊水位周变幅产品	站名、经度、纬度、站址、数据时间、当前水位、最近7天水位变化幅度	互联网
			中国水资源质量年度数据产品	水资源质量年度统计数据	互联网
应急业务数据	研判分析与评估数据	预测分析产品	全国水情预警信息产品	全国水情预警信息数据	互联网

6. 中国气象局

2019年5月，自然资源部海洋预警监测司与中国气象局预报与网络司签署资料共享协议，由国家海洋信息中心和国家气象信息中心作为双方资料共享的统一出口单位，负责海洋和气象资料的整理、传输、处理和共享使用。中国气象局共享资料包括国内自主气象观测数据、国内气象预报产品等，具体见表 1.10。

表 1.10　中国气象局获取的数据信息表

大类	亚类	小类	资料名称	资料要素	数据接入方式
观监测与预报数据	业务化观测	海洋站观测数据	国内地面气象资料	温度、气压、相对湿度、风向、风速、降水量、能见度	专线实时传输
			国内高空气象资料	规定等压面气温、气压、风速风向、位势高度、露点温度；温湿特性层气温、气压、风速风向、露点温度	专线实时传输
		浮标观监测数据	国内海洋气象资料	海表温度、海水盐度、波高、波向、海水电导率、表层海洋面流速等	专线实时传输
	预测预报数据	国内数值预报产品	GRAPES_MESO	温度、湿度、气压、10 风（UV）、位势高度、对流有效位能	专线实时传输
			GRAPES_GFS	西北太平洋、印度洋海平面、高空（925 hPa、850 hPa、700 hPa、500 hPa、200 hPa）温度、湿度、气压、10 风（UV）、位势高度、对流有效位能	专线实时传输
		国外数值预报产品	中央气象台台风路径预报	台风移动方向和速度、台风接近中心风速、台风接近中心气压	专线实时传输
			国家级气象灾害预警产品	强天气预警	专线实时传输

1.3.4　互联网发布数据和网络舆情信息

利用网络智能获取技术和社交网络融合方法，面向政府网站、微博、微信、论坛、博客、贴吧、新闻及评论等公开渠道，获取海洋环境安全事件本身描述信息、事态发展，以及事件引起的公众情感、态度和看法等相关信息。

参 考 文 献

范维澄, 晓讷, 2012. 公共安全的研究领域与方法. 劳动保护(12): 70-71.

侯学燕, 洪阳, 张建民, 等, 2017. 海洋大数据: 内涵、应用及平台. 海洋通报, 36(4): 361-369.

黄冬梅, 邹国良, 2016a. 海洋大数据. 上海: 上海科学技术出版社.

黄冬梅, 赵丹枫, 魏立斐, 等, 2016b. 大数据背景下海洋数据管理的挑战与对策. 计算机科学, 43(6): 17-23.

刘帅, 陈戈, 刘颖洁, 等, 2020. 海洋大数据应用技术分析与趋势研究. 中国海洋大学学报(自然科学版), 1(4): 361-369.

齐衍萍, 郭莉莉, 尹维翰, 等, 2016. 黄海浒苔绿潮防控对策研究. 海洋开发与管理, 8: 90-92.

宋晓, 梁建峰, 韩璐遥, 等, 2021. 海洋环境安全大数据内涵与外延分析研究. 海洋信息, 36(2): 57-61.

张珞平, 洪华生, 陈伟琪, 等, 2004. 海洋环境安全: 一种可持续发展的观点. 厦门大学学报(自然科学版)(8): 254-256.

张爽, 张硕慧, 刘晓丰, 等, 2012. 船舶及相关作业造成的海洋油污染之风险评价标准. 大连海事大学学报(社会科学版), 11(2): 39-42.

赵万忠, 2014. 南海海洋环境安全问题研究. 河北渔业, 244(4): 56-60.

第 2 章 面向信息采集的数据预处理方法

2.1 空间基准及其转换方法

2.1.1 海洋环境安全保障大数据采集中的空间基准

我国不同时期、不同区域采用的坐标系不同，多种空间坐标同时存在，主要有北京 54 坐标系、西安 80 坐标系、WGS84 坐标系、CGCS2000 坐标系等。这些坐标系为我国国民经济基础建设做出了突出贡献，也被应用到海洋环境安全大数据采集的过程中。随着空间技术的高速发展，特别是全球定位系统（global positioning system，GPS）技术和新的大地测量技术的发展，原有坐标系已不能适应新时期国民经济发展和科学研究的需要（王清泉 等，2008）。

1. 北京 54 坐标系

北京 54 坐标系采用苏联的克拉索夫斯基椭球参数（长半轴为 6 378 245 m，短半轴为 6 356 863 m，扁率为 1/298.3），并与苏联 1942 年坐标系进行联测。其坐标的原点不在北京，而是在俄罗斯的普尔科沃（东海宇，2011）。

2. 西安 80 坐标系

1980 年国家大地坐标系因其大地原点位于西安市境内，通常又被称为西安 80 坐标系。由于北京 54 坐标系自身存在很大缺陷而不能满足现代大地测量和有关科学发展的需要，为了清除局部平差和逐级控制产生的不合理影响，提高大地网的精度，1982 年我国完成了全国天文大地网整体平差，建立了新坐标系即西安 80 坐标系，其参考椭球采用国际大地测量学和地球物理学联合会（International Union of Geodesy and Geophysics，IUGG）和国际大地测量协会（International Association of Geodesy，IAG）推荐的地球参数（许家琨，2005）。该地球参数中椭球长半轴为 6 378 140 m，短半轴为 6 356 755 m，扁率为 1/298.257，第一偏心率 $e = 0.081\,819\,192\,21$，第二偏心率 $e' = 0.082\,094\,469$（黄国森，2013）。

3. WGS84 坐标系

WGS84 坐标系是由美国国防制图局建立的，该部门后并入美国国家地理空间情报局（National Geospatial-Intelligence Agency，NGA）。WGS84 坐标系由全球地心参考框架、地球重力场模型、WGS84 水准面等组成，采用地心坐标系，坐标原点为地球质心（赵忠海 等，2015）。WGS84 坐标系的地球参数中椭球长半轴为 6 378 137 m，短半轴为 6 356 752 m，扁率为 1/298.257 223 563，第一偏心率 e = 0.006 694 380 022 90，第二偏心率 e' = 0.006 739 496 775 48（姚连升 等，2019）。

4. CGCS2000 坐标系

2000 国家大地坐标系（CGCS2000）是我国目前正在推广并使用的新一代大地坐标系，属于 RF97 框架、2000.0 历元、三维地心坐标系统。它所采用的参考椭球赤道半径 a、地球自转速度 ω、地心引力常数 GM 均与 WGS84 坐标系一致，仅椭球扁率存在微小差异，因此可以认为 CGCS2000 坐标系和 WGS84 坐标系是一致的（赵忠海 等，2015）。

同时使用不同大地坐标系会带来很多问题。第一，多个大地坐标系之间的转换会造成测绘成果的精度损失；第二，不同部门的测绘成果不一致、不统一会造成不同坐标系下相邻地形图的拼接误差较大；第三，不同部门的测绘成果无法共享，会造成重复建设、资源浪费。国家测绘地理信息局宣布，2008 年 7 月 1 日正式在全国启用 CGCS2000 坐标系（田桂娥 等，2014）。因此，需要把北京 54 坐标系、西安 80 坐标系、WGS84 坐标系转换到 CGCS2000 坐标系。

2.1.2 典型空间基准到 CGCS2000 坐标系的转换方法

面向海洋环境安全大数据采集的空间基准转换方法的技术路线如图 2.1 所示。

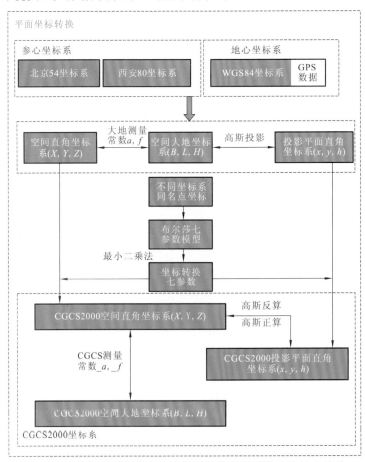

图 2.1 面向海洋环境安全大数据采集的空间基准转换技术路线

相同坐标系下不同坐标形式的转换采用高斯正反算和空间坐标转换方法，即空间大地坐标到投影平面直角坐标采用高斯投影，空间投影平面直角坐标采用高斯反算；不同坐标系下相互转换先将不同坐标系下的坐标转换到空间直角坐标，再利用最小二乘法根据三个及以上同名点求解出七参数，利用布尔莎七参数模型实现不同坐标系下坐标的转换。最终，将不同坐标基准转换到 CGCS2000 坐标基准。

1. 相同基准下坐标相互转换

同一种坐标基准下的坐标主要有三种表现形式，即空间大地坐标(B, L, H)、空间直角坐标(X, Y, Z)和投影平面直角坐标(x, y, z)。平面坐标的转换首先实现三种不同坐标之间的相互转换；对于不同空间直角坐标系坐标，根据布尔莎七参数模型（钱业宏，2019），利用最小二乘法求出七参数，将七参数代入布尔莎模型中实现不同空间直角坐标的转换；对于不同平面直角坐标，根据二维四参数模型（谢飞 等，2017），利用最小二乘法求解出四参数，将四参数代入二维四参数模型，实现不同投影平面直角坐标系的转换。

1）大地坐标转空间直角坐标

大地坐标(B, L, H)转空间直角坐标(X, Y, Z)的公式如式（2.1）所示。

$$\begin{cases} X = (N+H)\cos B\cos L \\ Y = (N+H)\cos B\sin L \\ Z = [N(1-e^2)+H]\sin B \end{cases} \quad （2.1）$$

式中

$$\begin{cases} N = \dfrac{a}{W} \\ W = \sqrt{1-e^2\sin^2 B} \\ e^2 = \dfrac{a^2-b^2}{a^2} \end{cases} \quad （2.2）$$

式中：N 为卯酉圈的曲率半径；e 为椭球的第一偏心率；a、b 为椭球的长短半径；W 为第一辅助系数（李岳，2010）。

为了实现空间大地坐标到空间直角坐标的转换，需要椭球常数，北京 54 坐标系、西安 80 坐标系、WGS84 坐标系、CGCS2000 坐标系的常用椭球常数如表 2.1 所示。

表 2.1　各类椭球常数

坐标系	长半轴 a/m	扁率 f
北京 54 坐标系	6 378 245	1/298.3
西安 80 坐标系	6 378 140	1/298.257
WGS84 坐标系	6 378 137	1/298.257 223 563
CGCS2000 坐标系	6 378 137	1/298.257 222 101

2）空间直角坐标转空间大地坐标

空间直角坐标(X, Y, Z)转空间大地坐标(B, L, H)的公式如式（2.3）所示（阳海峰，2010）。

$$
\begin{cases}
L = \arctan \dfrac{Y}{X} \\[2mm]
B = \arctan \dfrac{Z + e^2 b \sin^3 \theta}{\sqrt{(X^2 + Y^2)} - e^2 a \cos^3 \theta} \\[2mm]
H = \dfrac{\sqrt{X^2 + Y^2}}{\cos B} - N
\end{cases}
\tag{2.3}
$$

式中

$$
\theta = \arctan \frac{Za}{b\sqrt{X^2 + Y^2}}
\tag{2.4}
$$

3）空间大地坐标转投影平面直角坐标

空间大地坐标转投影平面直角坐标是为了方便计算，将物体在地球椭球体上的位置投影到平面，坐标单位由经纬度变成米。常用的投影坐标有高斯-克吕格投影、墨卡托投影。我国中大比例尺地图通常采用高斯-克吕格投影，墨卡托投影则常用于航海。

高斯-克吕格投影转换如式（2.5）所示（徐翰 等，2015）。

$$
\begin{cases}
x = X + \dfrac{N}{2\varphi''^2}\sin B \cos B l''^2 + \dfrac{N}{24\varphi''^4}\sin B \cos^3 B(5 - t^2 - 9\eta^2) l''^4 \\[2mm]
\quad + \dfrac{N}{720\varphi''^6}\sin B \cos^5 B(61 - 58t^2 + t^4)l''^6 \\[2mm]
y = \dfrac{N}{\varphi''}\cos B l'' + \dfrac{N}{6\rho''^3}\cos^3 B(1 - t^2 + \eta^2)l''^3 \\[2mm]
\quad + \dfrac{N}{120\rho''^5}\cos^5 B(5 - 18t^2 + t^4)l''^5
\end{cases}
\tag{2.5}
$$

式中：B 为点的纬度；$l'' = L - L_0$，L 为点的经度，L_0 为中央子午线经度；$t = \tan B$；$\eta^2 = e^2 \cos^2 B$；$\rho'' = \dfrac{180}{\pi}3600$；$X$ 为子午线弧长，有

$$
X = a_0 B - \frac{a_2}{2}\sin 2B + \frac{a_4}{4}\sin 4B - \frac{a_6}{6}\sin 6B + \frac{a_8}{8}\sin 8B
\tag{2.6}
$$

式中：a_0、a_2、a_4、a_6、a_8 为常数，不同坐标系基于的椭球子午线弧长不同。投影需要已知椭球常数长半轴 a 和扁率 f，还需要确定投影坐标的中央子午线。投影为 3°带或者 6°带，其带号与中央经线的计算公式如表 2.2 所示。

表 2.2 中央经线计算

分带类型	带号计算	中央经线计算
3°带	$n = B/3$	$l_0 = 3n$
6°带	$n = B/6 + 1$	$l_0 = 6n - 3$

墨卡托投影是正轴等角圆柱投影。墨卡托投影保持了方向和角度的正确性，具有等角

航线被表示成直线的特性，广泛用于编制航海图。因此需要研究大地坐标与墨卡托投影之间的相互转换。

取零子午线或自定义原点经线 L_0 与赤道交点的投影为原点，零子午线或自定义原点经线的投影为纵坐标 X 轴，赤道的投影为横坐标 Y 轴，构成墨卡托平面直角坐标系。标准纬度为 B_0，原点纬度为 0，原点经度为 L_0。正解公式如式（2.7）所示（刘丽萍，2013）：

$$\begin{cases} X_N = K \ln\left[\tan\left(\dfrac{\pi}{4} + \dfrac{B}{2}\right)\left(\dfrac{1 - e\sin B}{1 + e\sin B}\right)^{\frac{e}{2}}\right] \\ Y_E = K(L - L_0) \\ K = N_{B_0}\cos B_0 = \dfrac{\dfrac{a^2}{b}}{\sqrt{1 + e'^2\cos^2 B_0}}\cos B_0 \end{cases} \tag{2.7}$$

式中：X_N 和 Y_E 分别为纵直角坐标和横直角坐标；N_{B_0} 为卯酉圈曲率半径；K 为积分常数。

4）投影平面直角坐标转空间大地坐标

高斯投影反解是将高斯投影下的平面直角坐标转换到空间大地坐标，坐标单位由米转换为经纬度，反解公式如式（2.8）所示（徐翰 等，2015）。

$$\begin{cases} B = B_f - \dfrac{t_f}{2M_f N_f}y^2 + \dfrac{t_f}{24M_f N_f^3}(5 + 3t_f^2 + \eta_f^2 - 9\eta_f^2 t_f^2)y^4 \\ \qquad - \dfrac{t_f}{720M_f N_f^5}y(61 + 90t_f^2 + 45t_f^4)y^6 \\ L = L_0 + \dfrac{y}{N_f \cos B_f} - \dfrac{y^3}{6N_f^3 \cos B_f}(1 + 2t_f^2 + \eta_f^2) \\ \qquad + \dfrac{y^5}{120N_f^5 \cos B_f}(5 + 28t_f^2 + 24t_f^4 + 6\eta_f^4 + 8\eta_f^2 t_f^2) \end{cases} \tag{2.8}$$

式中：L_0 为中央子午线经度；$N_f = a(1 - e^2\sin^2 B_f)^{-\frac{1}{2}}$；$M_f = a(1 - e^2)(1 - e^2\sin^2 B_f)^{-\frac{3}{2}}$；$t_f = \tan B_f$；$\eta_f^2 = e'^2\cos^2 B_f$，$B_f$ 为底点纬度，B_f 的计算公式为

$$B_f = \dfrac{x}{a(1 - e^2)\left(1 + \dfrac{3}{4}e^2 + \dfrac{45}{64}e^4 + \dfrac{350}{512}e^6 + \dfrac{11\,025}{16\,384}e^8 + \dfrac{43\,659}{65\,536}e^{10}\right)} \tag{2.9}$$

5）墨卡托投影反解

墨卡托投影反解可实现将墨卡托投影下的平面直角坐标转换到空间大地坐标，坐标单位由米转换为经纬度，反解公式如式（2.10）所示（刘丽萍，2013）。

$$\begin{cases} B = \dfrac{\pi}{2} - 2\arctan\left[e^{-\frac{X_N}{K}}e^{\frac{e}{2}\ln\left(\frac{1 - e\sin B}{1 + e\sin B}\right)}\right] \\ L = \dfrac{Y_B}{K} + L_0 \end{cases} \tag{2.10}$$

2. 不同基准下坐标相互转换

采用布尔莎七参数模型，利用最小二乘法计算出坐标转换七参数，根据得到的七参数实现北京 54 坐标系、西安 80 坐标系、WGS84 坐标系、地方坐标系的空间坐标到 CGCS2000 坐标的转换。具体步骤如下。

1）七参数模型计算

以布尔莎七参数模型为基础，利用已知的三组或三组以上的点，通过最小二乘法可以反解出布尔莎模型中的参数（张清华 等，2015），即需要的七参数。具体过程如式（2.11）和式（2.12）所示。

$$
\begin{bmatrix} X_B \\ Y_B \\ Z_B \end{bmatrix} = \begin{bmatrix} X_A \\ Y_A \\ Z_A \end{bmatrix} + \begin{bmatrix} 1 & 0 & 0 & X_A & 0 & -Z_A & Y_A \\ 0 & 1 & 0 & Y_A & Z_A & 0 & -X_A \\ 0 & 0 & 1 & Z_A & -Y_A & X_A & 0 \end{bmatrix} \begin{bmatrix} \Delta X_0 \\ \Delta Y_0 \\ \Delta Z_0 \\ m \\ \varepsilon_X \\ \varepsilon_Y \\ \varepsilon_Z \end{bmatrix} \tag{2.11}
$$

$$
\begin{cases} X_B = \Delta X_0 + (1+m)X_A + \varepsilon_Z Y_A - \varepsilon_Y Z_A \\ Y_B = \Delta Y_0 + (1+m)Y_A + \varepsilon_Z X_A - \varepsilon_X Z_A \\ Z_B = \Delta Z_0 + (1+m)Z_A + \varepsilon_Y X_A - \varepsilon_X Y_A \end{cases} \tag{2.12}
$$

式中：m 为尺度变化参数；ε_X、ε_Y、ε_Z 为 3 个旋转参数；ΔX_0、ΔY_0、ΔZ_0 为 3 个平移参数（朱小美 等，2015）。

将求得的七参数代入布尔莎模型，实现不同基准坐标的转换（彭小强 等，2015）：

$$
\begin{bmatrix} X_B \\ Y_B \\ Z_B \end{bmatrix} = \begin{bmatrix} \Delta X_0 \\ \Delta Y_0 \\ \Delta Z_0 \end{bmatrix} + (1+m) \begin{bmatrix} 1 & \omega_Z & -\omega_Y \\ -\omega_Z & 1 & \omega_X \\ \omega_Y & -\omega_X & 1 \end{bmatrix} \begin{bmatrix} X_A \\ Y_A \\ Z_A \end{bmatrix} \tag{2.13}
$$

2）四参数模型计算

实现不同投影平面的转换主要是使用四参数（2 个平移参数、1 个旋转参数和 1 个尺度变换参数）转换的方法。其数学模型如式（2.14）所示（谢飞 等，2017）：

$$
\begin{bmatrix} x_2 \\ y_2 \end{bmatrix} = \begin{bmatrix} \Delta x_0 \\ \Delta y_0 \end{bmatrix} + (1+m)\boldsymbol{R}(\theta) \begin{bmatrix} x_1 \\ y_1 \end{bmatrix} \tag{2.14}
$$

式中：(x_1, y_1)、(x_2, y_2) 分别为两坐标系下的平面直角坐标；Δx_0、Δy_0 为平移参数；m 为尺度变换参数，$\boldsymbol{R}(\theta) = \begin{bmatrix} \cos\theta & \sin\theta \\ -\sin\theta & \cos\theta \end{bmatrix}$ 为旋转矩阵，θ 为旋转角。

当 θ 值很小时，有 $\cos\theta = 1$、$\sin\theta = 0$，则有

$$\begin{bmatrix} x_2 \\ y_2 \end{bmatrix} = \begin{bmatrix} x_1 \\ y_1 \end{bmatrix} + \begin{bmatrix} 1 & 0 & -y_1 & x_1 \\ 0 & 1 & x_1 & y_1 \end{bmatrix} \begin{bmatrix} \Delta x_0 \\ \Delta y_0 \\ \theta \\ m \end{bmatrix} \qquad (2.15)$$

由间接平差法可得

$$X_0 = (B^{\mathrm{T}} P B)^{-1} B^{\mathrm{T}} P L \qquad (2.16)$$

式中：$X_0 = \begin{bmatrix} \Delta x_0 \\ \Delta y_0 \\ \theta \\ m \end{bmatrix}$；$B = -\begin{bmatrix} 1 & 0 & -y_1 & x_1 \\ 0 & 1 & x_1 & y_1 \end{bmatrix}$；$L = \begin{bmatrix} x_2 - x_1 \\ y_2 - y_1 \end{bmatrix}$；$P$ 为单位矩阵。

利用两个或两个以上的公共点坐标，采用最小二乘法可求取 4 个参数。将求取的 4 个参数代入四参数模型即可实现不同平面坐标转换。

3）三维七参数模型计算

不同空间大地直角坐标转换一般涉及 7 个参数，即 3 个平移参数、3 个旋转参数和 1 个尺度变换参数。对于不同大地坐标系的换算，还应增加两个转换参数，即两种大地坐标系对应的地球椭球参数（李新光，2013）。已知一些公共点在两个不同坐标系中的大地坐标时，即可求得不同坐标系之间的转换参数，根据求得的转换参数即可将任意点的大地坐标由其他坐标系转换到 CGCS2000 坐标系，其过程可表示为

$$
\begin{aligned}
\begin{bmatrix} \Delta L \\ \Delta B \\ \Delta H \end{bmatrix} =&
\begin{bmatrix}
-\dfrac{\sin L}{(N+H)\cos B}\rho'' & \dfrac{\cos L}{(N+H)\cos B}\rho'' & 0 \\
-\dfrac{\sin B\cos L}{M+H}\rho'' & -\dfrac{\sin B\cos L}{M+H}\rho'' & \dfrac{\cos B}{M+H}\rho'' \\
\cos B\cos L & \sin B\sin L & \sin B
\end{bmatrix}
\begin{bmatrix} \Delta X \\ \Delta Y \\ \Delta Z \end{bmatrix} \\
&+
\begin{bmatrix}
\dfrac{N(1-e^2)+H}{N+H}\tan B\cos L & \dfrac{N(1-e^2)+H}{N+H}\tan B\sin L & -1 \\
-\dfrac{(N+H)-Ne^2\sin^2 B}{M+H}\sin L & \dfrac{(N+H)-Ne^2\sin^2 B}{M+H}\cos L & 0 \\
-Ne^2\sin B\cos B\sin L & Ne^2\sin B\cos B\cos L & 0
\end{bmatrix}
\begin{bmatrix} \varepsilon_X \\ \varepsilon_Y \\ \varepsilon_Z \end{bmatrix} \\
&+
\begin{bmatrix} 0 \\ -\dfrac{N}{M}e^2\sin B\cos B\rho'' \\ (N+H)-Ne^2\sin^2 B \end{bmatrix} m +
\begin{bmatrix}
0 & 0 \\
\dfrac{N}{Ma}e^2\sin B\cos B\rho'' & \dfrac{(2-e^2\sin B^2)}{1-f}\sin B\cos B\rho'' \\
-\dfrac{N}{a}(1-e^2\sin^2 B) & \dfrac{M}{1-a}(1-e^2\sin^2 B)\sin^2 B
\end{bmatrix}
\begin{bmatrix} \Delta a \\ \Delta f \end{bmatrix}
\end{aligned} \qquad (2.17)
$$

式中：ΔB、ΔL、ΔH 为同一点位在两个坐标系下的纬度差、经度差、大地高差；$\rho = 180 \times 3\,600/\pi$；$\Delta a$ 为长半轴差；Δf 为扁率差；ΔX、ΔY、ΔZ 为平移参数；ε_X、ε_Y、ε_Z 为旋转参数；m 为尺度变换参数。

2.2 深度基准及其转换方法

2.2.1 海洋环境安全保障大数据采集中的深度基准

随着我国对海洋开发利用力度日趋加大，海洋测绘作为一项非常重要的基础性工作越来越受到重视。垂直基准是国家大地测量基准的重要组成部分，也是空间地理基础框架的重要内容。在海岸带区域，垂直基准方面存在的问题尤为突出（黄志行 等，2017）。海岸带是海陆交互作用的过渡地带，在我国海岸带各种测绘信息中，地形图的高程基准采用 1985 国家高程基准或 1956 黄海高程基准，海图则是以理论深度基准面作为起算面（吴俊彦 等，2008）。海底地形测量垂直基准通常采用 1985 国家高程基准，远离大陆的岛、礁的高程基准可选取当地平均海面，而水深测量垂直基准则采用理论深度基准面（尹雪英，2012）。

当前，我国海洋垂直基准体系并不完善，不同的参考基准之间难以方便转换，使得海洋空间地理信息数据融合难度加大，导致数据使用价值和效能降低。由于长期缺乏统一的起算面，海图、陆图及相邻海图间的衔接问题日趋突出（暴景阳 等，2016）。陆地的高程基准和海域的深度基准不一致，二者的高程基准之间存在明显的差异。此外，深度基准面在各地沿海也不尽相同。在应用不同时期、不同地点的陆海图资料时，存在地形图之间、海图之间及陆海图之间垂直基准不一致的问题（赵建虎 等，2006）。因此，应将海洋各种垂直基准面纳入统一的基准框架，使其相应的垂直数据能相互转换，实现无缝衔接。特别是在同一海域，需要通过建立无缝垂直基准体系提高数据利用率，满足实际应用的需求。卫星遥感、海洋潮汐观测、重力观测等测量地理信息技术的进步使这一需求得以实现（黄文骞 等，2016）。

采用陆海统一的基准面后，只要应用海面地形和基准深度数据，按一定的转换关系，就可以把大量旧海图转换到新的统一基准系统中，从而可以充分地利用新旧资料（张明 等，2011）。

2.2.2 典型深度基准到理论深度基准的转换方法

本小节所述的典型深度基准到理论深度基准的转换方法采用 NAO.99b 全球潮汐模型。首先利用弗拉基米尔斯基方法计算得到深度基准（谢石建 等，2015）；接着利用 DTU10 平均海平面高模型，得到平均海平面到参考椭球的距离；然后利用 DTU 水面地形模型，得到平均海平面与大地水准面间距离，计算青岛验潮站差值得到平均海平面到 85 高程的距离；最后利用海洋总测深图（general bathymetric chart of the oceans，GEBCO）水深模型得到平均海平面到海底的距离。

1. 深度基准面基准

1）潮汐模型

全球潮汐模型主要有 NAO.99b、CSR4.0 和 TPXO7.2（张胜凯 等，2015）。研究表明，在我国海域，三种模型精度最差的海域均是黄海海域，NAO.99b 和 TPXO7.2 模型精度最好的是东海海域，CSR4.0 模型精度最好的是南海海域。在东海海域，NAO.99b 模型的平均精度是最高的；在黄海海域，TPXO7.2 模型的表现是最好的；在南海海域，三种模型的均方根（root mean square，RMS）差异较小，NAO.99b 模型略优于另外两个模型（胡志博 等，2014）。因此，采用 NAO.99b 全球潮汐模型进行相关计算。

NAO.99b 全球潮汐模型分辨率为 0.5°×0.5°，经度范围为 0.250°E～359.750°E，纬度范围为 89.75°S～89.75°N（付延光 等，2017）。提取我国近海区域范围：纬度 0°S～41°S，经度 100°E～130°E，利用 8 分潮调和常数 $K1$、$O1$、$P1$、$Q1$、$M2$、$S2$、$N2$、$K2$ 计算得到理论深度基准 L 值（谢石建 等，2015）。

2）深度基准面计算

深度基准面的计算主要包括 L 值计算、潮汐类型判断、L 值订正与精度评价 4 个部分（梁佳 等，2016）。

（1）L 值计算。理论深度基准面计算采用弗拉基米尔斯基方法，根据 NAO.99b 潮汐模型 8 分潮数据计算得到，如式（2.18）和式（2.19）所示。

$$
\begin{aligned}
L_8 = &R_{K1}\cos\varphi_{K2} + R_{K2}\cos(2\varphi_{K1}+2g_{K1}-180-g_{K2}) - \sqrt{R_{M2}^2 + R_{O1}^2 + 2R_{M2}R_{O1}\cos(\varphi_{K1}+\alpha_1)} \\
&- \sqrt{(R_{S2})^2 + (R_{P1})^2 + 2R_{S2}R_{P1}\cos(\varphi_{K1}+\alpha_2)} - \sqrt{R_{N2}^2 + R_{Q1}^2 + 2R_{N2}R_{Q1}\cos(\varphi_{K1}+\alpha_3)}
\end{aligned}
\tag{2.18}
$$

$$
\begin{cases}
\alpha_1 = g_{K1} + g_{O1} + g_{M2} \\
\alpha_2 = g_{K1} + g_{P1} - g_{S2} \\
\alpha_3 = g_{K1} + g_{Q1} - g_{N2} \\
\varphi_{M4} = 2\varphi_{M2} + 2g_{M2} - g_{M4} \\
\varphi_{MS4} = \varphi_{M2} + \varphi_{S2} + g_{M2} + g_{S2} - g_{MS4} \\
\varphi_{M6} = 3\varphi_{M2} + 3g_{M2} - g_{M6} \\
\varphi_{M2} = \arctan\dfrac{R_{O1}\sin(\varphi_{K1}+\alpha_1)}{R_{M2} + R_{O1}\cos(\varphi_{K1}+\alpha_1)} + 180 \\
\varphi_{S2} = \arctan\dfrac{R_{P1}\sin(\varphi_{K1}+\alpha_2)}{R_{S2} + R_{P1}\cos(\varphi_{K1}+\alpha_2)} + 180 \\
\varphi_{S_a} = R_{K1} - \dfrac{1}{2}\varepsilon_2 + g_{K1} - \dfrac{1}{2}g_{S2} - 180 - g_{S_a} \\
\varphi_{S_{sa}} = 2\varphi_{K1} - \varepsilon_2 + 2g_{K1} - g_{S2} - g_{S_{sa}} \\
\varepsilon_2 = \varphi_{S2} - 180
\end{cases}
\tag{2.19}
$$

式中：各下标为分潮类型，如表 2.3 所示；φ_{K1} 和 $K1$ 为分潮相角的函数。

表 2.3　升交点因子数值表

分潮	月球升交点经度 N	
	0°	180°
S_a	1.000	1.000
S_{sa}	1.000	1.000
$Q1$	1.183	0.807
$O1$	1.830	0.806
$P1$	1.000	1.000
$K1$	1.113	0.882
$N2$	0.963	1.038

分潮	月球升交点经度 N	
	0°	180°
M2	0.963	1.038
S2	1.000	1.000
K2	1.317	0.748
M4	0.928	1.077
MS4	0.963	1.038
M6	0.894	1.118

（2）潮汐类型判断。不同海域潮汐类型不同，在计算深度基准面时需要对潮汐类型进行判别，判断标准如式（2.20）所示。

$$
\begin{cases}
\dfrac{H_{K1}+H_{O1}}{H_{M2}} \leqslant 0.5, & \text{正规半日潮类型} \\[2mm]
0.5 < \dfrac{H_{K1}+H_{O1}}{H_{M2}} \leqslant 2.0, & \text{不正规半日潮类型} \\[2mm]
2.0 < \dfrac{H_{K1}+H_{O1}}{H_{M2}} \leqslant 4.0, & \text{不正规日潮类型} \\[2mm]
\dfrac{H_{K1}+H_{O1}}{H_{M2}} > 4.0, & \text{正规日潮类型}
\end{cases}
\qquad (2.20)
$$

式中：$O1$、$K1$、$M2$ 为分潮类型；H_{O1}、H_{K1}、H_{M2} 为 $O1$、$K1$、$M2$ 对应的交点因子。

依据潮汐类型由表 2.3 选取交点因子（李大炜，2013）。对于日潮海区，交点因子选取 $N=0°$ 时的值；对于半日潮海区，交点因子选取 $N=180°$ 时的值；对于混合潮海区，交点因子分别选取 $N=0°$ 和 $N=180°$ 时的值，对计算结果进行比较，大者为结果。

（3）L 值订正。考虑各海潮模型在近海的适用性较差，须对验潮站的实测潮位资料做调和分析，利用调和常数计算深度基准面，对海潮模型进行订正。

考虑验潮站一般沿近岸分布，设定验潮站有效控制半径为 R，即验潮站的潮位资料订正以 R 为半径圆周内的模型网格点，然后以反距离加权插值法计算其他网格点订正量（白亭颖，2015）。

设在以 R 为半径的圆周控制范围内的验潮站个数为 n，验潮站与模型深度基准面值的差异为 L，任意网格点到临近网格点的距离为 S_i，则该网格点的深度基准面数值订正量 ΔL 为（宋艳朋，2017）

$$
\Delta L = \frac{\displaystyle\sum_{i=1}^{n} \Delta L / S_i}{\displaystyle\sum_{i=1}^{n} 1 / S_i}
\qquad (2.21)
$$

（4）精度评价。选取我国近海各海域 70 个验潮站计算得到的理论深度基准 L 值对理论深度基准模型进行订正，订正后对验潮站计算得到的值进行插值验证。将订正后的模型计算值与验潮站计算得到的值进行比较（刘聚 等，2015），如表 2.4 所示。

表 2.4 订正后理论深度模型计算值误差

区域	验潮站	实测值/m	模型值/m	误差/%
黄渤海	大连	1.63	1.568 537	0.061 463
	秦皇岛	0.91	0.935 505	-0.025 510
	烟台	1.47	1.313 122	0.156 878
	青岛	2.39	2.320 173	0.069 827
	石臼所	2.70	2.678 924	0.021 076
	连云港	2.90	2.476 107	0.423 893
	燕尾港	2.78	2.380 985	0.399 015
	吕泗	3.10	3.280 029	-0.180 030
东海	定海	2.26	2.503 575	-0.243 570
	健跳	3.50	3.060 575	0.439 425
	坎门	3.30	3.477 323	-0.177 320
	三沙	3.49	3.733 173	-0.243 170
	厦门	3.28	3.438 273	-0.158 270
南海	东山	2.16	2.506 259	-0.346 260
	汕头	1.37	1.818 186	-0.448 190
	汕尾	1.00	1.336 945	-0.336 950
	赤湾	1.52	1.830 240	-0.310 240
	三灶	1.40	1.885 662	-0.485 660
	闸坡	1.70	2.012 915	-0.312 920
	北海	2.55	2.798 813	-0.248 810

2. 参考椭球基准向深度基准的转换方法

1）平均海面高模型

DTU10 平均海面高模型采用 T/P 卫星测高资料，测量的平均海面高为平均海平面到 T/P 参考椭球距离，数据范围覆盖全球，分辨率为 2′×2′。模型选取我国近海区域范围：纬度 0°S～41°S，经度 100°E～130°E。

2）椭球转换

由于测量数据基准面为 T/P 椭球坐标系统，为满足应用需求，需要将椭球转换至 CGCS2000 椭球面上，转换公式如式（2.22）所示。

$$\begin{cases} dB = \dfrac{N}{(M+h)^2} e^2 \sin B \cos B dr + \dfrac{M(2 - e^2 \sin^2 B)}{(M+h)(1-a)} \sin B \cos B d\alpha \\ dh = -\dfrac{N}{a}(1 - e^2 \sin^2 B) dr + \dfrac{M}{1-a}(1 - e^2 \sin^2 B) \sin^2 B d\alpha \\ dL = 0 \end{cases} \qquad (2.22)$$

式中：$B = B_0 + dB$；$h = h_0 + dh$；$L = L_0$。

3. 1985 国家高程基准向深度基准的转换方法

采用 DTU 水面动态地形模型计算平均海平面与 EGM08 大地水准面差值。1985 国家高程基准是以青岛验潮站多年平均海平面为起算基准，即该处的模型值为 0，将模型在青岛验潮站的值设定为差值，用模型数据减去差值即可得到平均海平面至 1985 高程基准的距离。

1）水面动态地形模型

DTU 水面动态地形模型可以计算平均海平面与 EGM08 大地水准面间的距离。模型分辨率为 $2' \times 2'$（申家双，2011），研究选取我国近海区域范围：纬度 $0°$S～$41°$S，经度 $100°$E～$130°$E。

2）高程订正

提取我国海域 DTU 水面动态地形数据，插值到青岛验潮站得到的值为 0.6878，该值即为模型与实际应用值的差值。将模型所有值减去该值实现对模型值的订正。将订正后的模型值与各验潮站值对比，从表 2.5 可以看出，误差控制在 20 cm 以内。

表 2.5　我国各海域平均海平面至 1985 国家高程基准实测值与模型值比较

海域	验潮站	实测值/m	模型值/m	误差/m
黄渤海	大连	-0.002	-0.041 651 432	0.039 651 4
	秦皇岛	0	-0.161 668 452	0.161 668 5
	烟台	0	-0.015 579 749	0.015 579 7
	青岛	0	0.000 009 22	-0.000 009 22
	石臼所	0.03	0.077 445 589	-0.047 446
	连云港	0	0.062 410 794	-0.062 411
	燕尾港	0.02	0.059 763 17	-0.039 763
	吕泗	0.03	0.055 765 635	-0.025 766
东海	定海	0.23	0.078 846 977	0.151 153
	健跳	0.20	0.102 469 965	0.097 53
	竹门	0.22	0.066 494 017	0.153 506
	二沙	0.26	0.123 651 637	0.1363 484
	厦门	0.24	0.191 398 415	0.048 601 6

海域	验潮站	实测值/m	模型值/m	误差/m
	东山	0.35	0.401 282 209	-0.051 282
	汕头	0.37	0.449 588 526	-0.079 589
	汕尾	0.31	0.382 063 267	-0.072 063
南海	赤湾	0.35	0.376 194 451	-0.026 194
	三灶	0.37	0.390 755 231	-0.020 755
	闸坡	0.33	0.476 912 78	-0.146 913
	北海	0.34	0.529 325 98	-0.189 326

4. 地方高程基准向深度基准的转换方法

由于历史原因，我国很多局部地区采用不同的高程基准，主要有 1956 黄海高程、吴淞高程基准、珠江高程基准、广州高程基准、大沽高程基准、渤海高程基准。高程基准不一致会产生历史资料与测量数据之间无法衔接的问题，导致不同地区协同工作难以进行。因此，需要将各地方主要高程基准统一到 1985 国家高程基准，各主要地方高程基准与我国主要采用的 1985 高程基准之间的转换关系如下（陈艳华，2010）。

（1）1956 黄海高程：1985 国家高程基准＝1956 黄海高程－0.029（m）。

（2）吴淞高程基准：1985 国家高程基准＝吴淞高程基准－1.717（m）。

（3）珠江高程基准：1985 国家高程基准＝珠江高程基准＋0.557（m）。

（4）广州高程基准：1985 国家高程基准＝广州高程基准－4.260（m）。

（5）大沽高程基准：1985 国家高程基准＝大沽高程基准－1.163（m）。

（6）渤海高程基准：1985 国家高程基准＝渤海高程基准＋3.048（m）。

2.3　数据审查和校验方法

针对海洋环境安全保障大数据专业性、关联性、空间性和时序性等特点，研究收集多源异构海洋环境数据信息，并进行数据分类整理和标准化处理，对处理后的海洋数据进一步开展数据审查和校验等处理工作，包括残缺/空值补足、异常值处理、重复项删除等，形成具有一致性特征的、完整的、有效的、高质量的海洋环境安全保障大数据。

2.3.1　残缺/空值补足

1. 统计法

海洋中的各种不确定因素及仪器本身的不稳定性，导致仪器设备可能传回空缺信息，即存在大量数据丢失的情况。残缺数据主要包括行缺失、列缺失、字段缺失等情况。其中：

行缺失是指丢失了一整行数据记录；列缺失是指丢失了一整列数据；字段缺失是指字段中的值为缺失值或空值。对于数值型数据，可使用均值、加权均值、中位数、众数等统计法技术补足；对于分类型数据，可使用类别众数最多的值进行补足。

2. 多重插补法

多重插补（multiple imputation，MI）法由哈佛大学的 Rubin 教授于 20 世纪 70 年代首先提出，经过不断完善已经形成比较系统的理论（郭超 等，2010）。多重插补法的主要步骤如下。

（1）为每个缺失值都插补 m 个可能的估计值，这些值反映了缺失模型的不确定性，这样形成 m 个完整数据集。

（2）对每个完整数据集分别使用相同的针对完整数据集的方法进行分析，得到 m 个分析结果。

（3）综合来自这 m 个插补数据集的结果，最终得到对目标变量的统计推断。

多重插补法的构造过程的实质是一种模拟方法，模拟一定条件下的估计值的分布，于是可以估计缺失变量的实际后验分布。

3. 牛顿插值法

假设函数 $f(x)$，已知其 $n+1$ 个插值节点为 (x_i, x_j)，i、$j = 0,1,2,\cdots,n$。定义 $f(x)$ 在 x_i 的零阶差商为 $f(x_i)$，$f(x)$ 在 x_i 与 x_j 的一阶差商为

$$f(x_i, x_j) = \frac{f(x_j) - f(x_i)}{x_j - x_i} \tag{2.23}$$

$f(x)$ 在 x_i、x_j、x_k 的二阶差商为

$$f(x_i, x_j, x_k) = \frac{f(x_j, x_k) - f(x_i, x_j)}{x_k - x_i} \tag{2.24}$$

一般地，$f(x)$ 在 $x_0, x_1, \cdots, x_k$ 的 k 阶差商为

$$f(x_0, x_1, \cdots, x_k) = \frac{f(x_1, x_2, \cdots, x_k) - f(x_0, x_1, \cdots, x_{k-1})}{x_k - x_0} \tag{2.25}$$

则函数 $f(x)$ 在任意点 x 处的牛顿插值函数为

$$f(x) = f(x_0) + (x - x_0)f(x_0, x_1) + (x - x_0)(x - x_1)f(x_0, x_1, x_2)$$
$$+ \cdots + (x - x_0)(x - x_1)\cdots(x - x_{n-1})f(x_0, x_1, \cdots, x_n) \tag{2.26}$$

可记为

$$f(x) = N_n(x) + R_n(x) \tag{2.27}$$

式中：$R_n(x)$ 为牛顿插值函数的余项或截断误差，当 n 趋于无穷大时 $R_n(x)$ 为零（马昌凤，2013）。

由于海洋中的各种不确定因素及仪器本身的不稳定性，海洋站、浮标可能传回空缺信息，当通过海洋业备休系揽入平台的业务化观测数据出现数据缺失时，需要对数据进行空值补足处理。采用统计法补足技术对观测数据中同一要素数据进行均值补足，将空缺值补全，如图 2.2 所示。

ARGOS –	SOLO_W	WHOI	5.22	851 US ARGO FAO	ERECK OWEn/a	Lithium	n/a	Ronald
ARGOS –	SOLO_W	WHOI	SB5.22 1	851 US ARGO FAO	ERECK OWEn/a	Lithium	n/a	n/a
ARGOS –	SOLO_W	WHOI	SB5.22 1	851 US ARGO FAO	ERECK OWEn/a	Lithium	n/a	n/a
ARGOS –	SOLO_W	WHOI	SB5.22 1	851 US ARGO FAO	ERECK OWEn/a	Lithium	n/a	n/a
ARGOS –	SOLO_W	WHOI	SB5.22 1	851 US ARGO FAO	ERECK OWEn/a	Lithium	n/a	n/a
ARGOS –	SOLO_W	WHOI	SB5.22 1	851 US ARGO FAO	ERECK OWEn/a	Lithium	n/a	n/a
ARGOS –	SOLO_W	WHOI	SB5.22 1	851 US ARGO FAO	ERECK OWEn/a	Lithium	n/a	n/a

图 2.2　空值补足处理

2.3.2　异常值处理

异常值是样本中明显偏离其余观测值的个别值。异常值分析的目的是检验数据是否录入错误及发现不合常理的数据。数据异常主要包括不符合现有模式的记录、不符合具有高置信度的异常数据及具有支持度规则的异常数据。在使用数据之前首先需要发现这些异常值并对它们进行标识，便于后期的数据融合和挖掘分析。

1. 异常值判别方法

1）正态分布判别法

根据正态分布 3σ 原则的定义可知，距离平均值 3σ 之外的概率为 $P(|x-\mu|>3\sigma)\leqslant 0.003$，这属于极小概率事件，在默认情况下可以认为，距离超过平均值 3σ 的样本是不存在的。若某数据远离该类数据平均值大于 3σ 标准差，则定义为异常数据。正态分布 3σ 原则如图 2.3 所示。

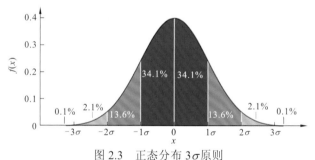

图 2.3　正态分布 3σ 原则

2）箱形图判别法

箱形图（图 2.4）提供了一个识别异常值的标准，即大于或小于箱形图设定的上下界的数值即为异常值。

首先定义上四分位和下四分位。将上四分位设为 U，表示的是所有样本中只有 1/4 的数值大于 U；将下四分位设为 L，表示的是所有样本中只有 1/4 的数值小于 L；设上四分位与下四分位的插值为 IQR，即 $IQR=U-L$。那么，箱形图的上界为 $U+1.5IQR$、下界为 $L-1.5IQR$。箱形图选取异常值比较客观，在识别异常值方面有一定的优越性。

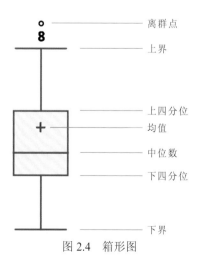

图 2.4　箱形图

2. 异常值的处理方法

1）异常值删除

异常值删除包括整条删除和成对删除。异常值删除方法简单易行，但缺点也很明显。首先，在观测值很少的情况下，直接删除异常值会导致样本量不足；其次，直接删除的观测值过多，也可能会改变变量的原有分布，从而造成统计模型不够准确。

2）不处理

若观测到的异常值对整个模型异常性质的影响并没有那么明显，最好经过综合分析，例如使用回归分析，利用残差分布情况来判断模型的优劣、残差有无超出经验范围、呈现什么分布等。另外，对于整个模型，会有一些指标可以提供某条观测或整体的拟合信息，这些指标也会提示异常值信息。因此，如果异常值相对于整个样本集表现得并不是很明显，就可以不处理。

3）均值或其他统计量取代

大部分的参数方法是针对均值来建模的，用均值取代的方法可以解决丢失样本的问题，但却丢失了样本的特色。当然如果是时序数据，用于取代的统计量可供选择的范围会多一些，可以针对序列选择合适的统计量（均值、中位数、众数等）取代异常值。

4）异常值（缺失值）填补

可利用统计模型填补的方法对异常值（缺失值）进行填补处理，该方法的好处是可以利用现有变量的信息对异常值（缺失值）进行填补。但具体需要视该异常值（缺失值）的特点而定，根据完全随机缺失、随机缺失、非随机缺失不同情况而确定填补方法。

海洋环境安全保障大数据处理过程中采用正态分布判别法判断数据是否为异常数据。由于海洋灾害、气象异常等有可能造成某类环境要素的异常，为了保证数据的准确性，使后期数据挖掘分析结果不受影响，对异常数据不进行取代或者填补处理，但是会根据质量控制方法对异常数据添加质量控制标签。

2.3.3 重复项删除

重复项删除是分析数据中存在重复记录或重复字段的原因，并对这些重复项进行去重处理。将数据库中的记录按类型、时间、位置、要素等规则进行排序，确定不同类别数据的重复准则，采用基本邻近排序法记录重复项。

为了从数据集中检测并归纳重复记录，首要问题就是判断两条记录是否重复。最可靠的检测重复记录的办法是比较数据库中每对记录（张建中 等，2014）。目前，常用的方法是基本邻近排序法（basic sorted-neighborhood method，SNM），其主要思想是：根据关键字对数据库记录进行排序，得到有序的记录集；设置一个固定大小的检测窗口，在有序数据集上移动，移动过程中，对检测窗口内的数据记录进行相似度匹配；根据相似度匹配条件判定检测窗口内的记录是否是重复记录，如果窗口大小为 W 个记录，将窗口中原有的第一条记录移出，将新进入的记录与原 $W-1$ 条记录进行比较并合并。SNM 执行步骤如下。

（1）创建排序关键字。抽取记录属性的一个子集序列或属性值的子串，计算数据集中每一条记录的键值。

（2）排序。根据排序关键字对整个数据集进行排序，尽可能地将潜在的、可能的重复记录调整到一个邻近的区域内。对于特定的重复记录可以将进行记录匹配的对象限制在一定的范围内。

（3）合并。在排序后的数据集上滑动一个固定大小的窗口，数据集中每条记录仅与窗口内的记录进行比较。窗口的大小为 W 条记录，每条新进入窗口的记录都要与先前进入窗口的 $W-1$ 条记录进行比较来检测重复记录，最先进入窗口的记录滑出窗口，最后一条记录的下一条记录移入窗口，再把此 W 条记录作为下一轮的比较对象。

2.4　基于机器学习的海洋定点观测数据质量控制方法

针对海洋观监测资料，开展基于机器学习的海洋定点观测数据质量控制模型研发，突破传统数据质量控制依赖质量控制阈值和人工经验的技术瓶颈，实现大数据技术在海洋观测业务化工作的正式落地和业务化应用。通过定点单要素开展单要素时间序列的质量控制分析，构建单要素神经网络模型，采用基于长短时记忆（long short-term memory，LSTM）网络的编码-解码（encode-decode）方法，形成单要素质量评价模型；通过定点多要素特征提取构建特征矩阵，通过降维和重建的方式构建卷积层，建立质量评估体系；通过相邻站点多要素开展相邻站点观测要素关联分析，构建时空关联的网络模型；建立多模型综合评价指标体系，综合分析多类质量控制结果，构建综合评价的海洋定点观测数据质量控制模型。

2.4.1　定点单要素质量控制方法

针对定点连续的长时间序列观测数据，采用基于 LSTM 网络的编码-解码方法实现数据的质量评估，其中编码器从时间序列中提取隐含层表示向量，解码器基于该表示向量获得重构后的时间序列，通过比较原始时间序列和重构时间序列识别出异常点。通过反复迭代、调参训练等方法，构建针对不同单要素的质量控制模型，找出单要素与质量符之间的长时间序列关系，实现基于机器学习的质量评估。

1. 数据预处理

不同数据的取值具有不同的量纲，会影响数据分析的结果。为了消除不同数据之间量纲的影响，需要进行数据标准化处理，以解决数据之间的可比性问题。原始数据经过数据标准化处理后，取值范围固定为[0, 1]，可以加速机器学习模型的收敛并有效提高模型的精度。

使用最大最小标准化（min-max normalization）方法，也称离差标准化方法，对原始数据进行线性变换，将结果映射到[0, 1]，如式（2.28）所示。

$$x' = \frac{x - \min}{\max - \min} \tag{2.28}$$

由于各观测要素的取值在一个较为稳定的范围内变化，在原始 nc 格式数据集中做出了明确定义，可直接用作最大值和最小值。以海表温度为例，查看 nc 文件，得到最小值 valid_min 为-5，最大值 valid_max 为 35，将其作为数据标准化的范围值。将数据值控制在 [0, 1]，以便于机器学习模型的训练。

2. 模型构建

对于连续观测的长时间序列数据，使用长度大小为 L 的滑动窗口在时间序列上进行连续滑动，获得固定长度为 L 的时间序列数据段。对于长度为 L 的时间序列 $X = \{X_1, X_2, \cdots, X_n\}$，其中 X_i 为某观测要素在时间点 i 的观测数据（经过标准化处理后），构建基于 LSTM 网络的编码-解码模型对时序数据段 X 进行重构，获得重构时序数据 X'，计算 X' 的异常分数，比较异常分数与异常分数阈值的关系，并判断是否存在异常。由于滑动窗口在原始长时间序列上连续滑动，每个数据都会多次出现在不同时序段中，由此可通过统计异常出现次数判断该数据点出现异常的可能性。

LSTM 网络是循环神经网络（recurrent neural network，RNN）的变体，LSTM 网络解决了 RNN 无法处理的递归权重指数级爆炸或梯度消失问题，使 RNN 能够真正有效地利用长距离的时序信息。

编码器读取输入的待检测的时间序列 $X = \{X_1, X_2, \cdots, X_n\}$，在时间步 i，读取输入数据 X_i，结合上一个时间步的隐含层状态 h_{i-1} 计算当前时间步的隐含层状态 h_i，如此迭代循环直到最后一个时间步。将最后一个时间步的隐含层状态 h_L 作为解码器的初始状态，在解码器之上连接一层线性全连接层以计算每一步的输出，获得重构后时序数据段。

模型的训练目标为最小化 $\sum_{X \in S_N} \sum_{i=1}^{L} \|X_i - X_i'\|$，其中 S_N 为训练集中时序数据段的数目。

使用峰值过阈值（peaks-over-threshold，POT）算法自动计算异常分数阈值。模型在预测时对每个样本计算异常分数（anomaly score），异常分数计算式可表示为

$$\text{anomaly score} = (e - \mu)\Sigma^{-1}(e - \mu)^{\mathrm{T}} \tag{2.29}$$

式中：均值 μ 和协方差 Σ 可在训练阶段根据训练样本获得。比较该样本的异常分数与异常阈值的关系（Pankaj et al.，2016），若异常分数大于异常阈值表示该数据异常，若小于异常阈值则表示该数据正常。

3. 训练阶段

将 25%数据的重构误差（均方误差）用于更新编码-解码的参数。

通过 75%数据的重构误差（L1 Loss）可计算得到均值 μ、协方差 Σ，用于建立高斯模型。

4. 测试阶段

使用训练得到的编码-解码模型获得重构序列的重构误差,并利用训练阶段建立的高斯模型计算每个预测样本的异常分数,比较异常分数与阈值的大小关系,判断该样本中是否存在异常。

2.4.2 定点多要素质量控制方法

对某一站点多个要素的时间序列同时进行分析,需要挖掘不同时序之间的关联。除此之外,由于大量的观测数据都是无标签的,而人工标签又需要消耗大量的人力或时间资源,有监督学习算法在这种情况下往往是不可行的。因此选择多尺度卷积递归编码-解码器(multi-scale convolutional recurrent encoder-decoder,MSCRED)算法进行定点多要素质量控制。

1. 特征提取

计算两两多元时间序列之间的协方差,将多元时间序列数据转换为多分辨率特征矩阵,再将特征矩阵作为自动编码器的输入。由此,可以通过观察特征图上各个位置的重建误差分布便捷地对产生异常的特征进行定位,而且可以通过比较不同时间尺度特征矩阵的重建误差推断误差的严重程度。

具体而言,对于长度为 T、包含 n 个特征的时间序列数据,在每一个时间点 $t(t<T)$,取长度为 w 的数据段,对 n 个特征两两计算内积,得到大小为 $n\times n$ 的特征矩阵。对数据中的每个时间点都进行同样的计算,把大小为 $t\times n$ 的时间序列转换成大小为 $t\times n\times n$ 的特征矩阵:

$$m_{ij}^t = \frac{\sum_{\delta=0}^{w} x_i^{t-\delta} x_j^{t-\delta}}{k} \tag{2.30}$$

2. 重构

MSCRED 算法模型是基于卷积长短时记忆(convolution long short-term memory,ConvLSTM)网络构建的。ConvLSTM 网络的核心与 LSTM 网络相同,是将上一层的输出作为下一层的输入。不同之处在于 ConvLSTM 网络加入卷积操作后,不仅能够得到时序关系,还能够像卷积层一样提取空间特征。ConvLSTM 网络可以同时提取时间特征和空间特征(时空特征),并且状态与状态之间的切换也换成了卷积运算。

在编码器的每一级中,模型首先让原始特征图或上一级输入经过一层卷积,而后将输出结果通过 ConvLSTM 层,使用注意力机制从 ConvLSTM 网络的各步的隐含层状态中获取当级输出特征。在解码器的每一级中,首先将解码器上一级的输出特征和编码器对应一级的输出特征级联,再经过一层反卷积得到输出。逐级重建得到原始特征图,并使用特征图重建误差的二范数作为训练的目标函数(Zhang et al.,2019)。MSCRED 算法模型框图如图 2.5 所示。

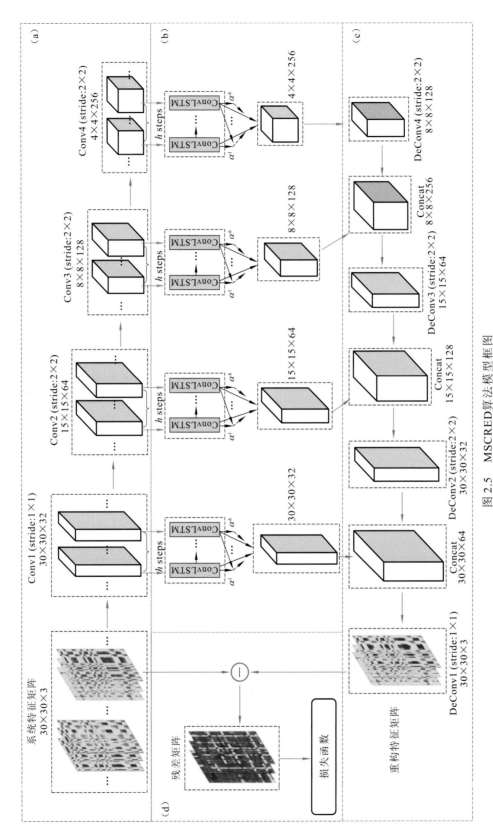

图 2.5　MSCRED算法模型框图

Concat：数组；steps：步数；stride：步幅

在空间维度上，模型可通过卷积层捕捉时序数据中各特征间的关系；在时间维度上，模型可通过 ConvLSTM 层进一步捕捉数据中时序相关的关系。解码器使用编码器每一级提取的特征而不是仅依靠最后一级的特征，这种方式使模型能够综合利用不同尺度的信息对数据继续进行重建。

3. 评估

对于测试集，首先对长度为 T 的时序段进行特征提取，得到特征矩阵。对特征矩阵按上述过程进行重构，将重构矩阵中对应元素相减再求平方得到该时序段的异常分数，比较异常分数和设定的阈值大小。若异常分数大于设定的阈值，则判定该时序段中存在异常数据。

4. 样本训练

选择 12 个要素进行模型训练，即 AIRT、WDIR、WSPD、SST、TEMP_500、TEMP_180、TEMP_140、TEMP_120、TEMP_100、TEMP_40、TEMP_20 和 TEMP_1。训练样本集如图 2.6 所示。

	A	B	C	D	E	F	G	H	I	J	K	L	M	N	O	P	Q	R	S	T	U
1	0.6568	0.6565	0.6564	0.6565	0.6562	0.6561	0.656	0.656	0.6565	0.6565	0.6572	0.6571	0.6577	0.658	0.6593	0.6587	0.6603	0.6608	0.66	0.6597	0.6
2	0.7305556	0.7222222	0.7361111	0.7055556	0.7055556	0.7277778	0.7222222	0.7055556	0.7083333	0.7055556	0.725	0.7277778	0.7277778	0.7055556	0.6888889	0.7194444	0.7166667	0.7	0.6833333	0.6777778	0.6944
3	0.0954286	0.0885714	0.0754286	0.0811429	0.0811429	0.0891429	0.0725714	0.0862857	0.0834286	0.1002857	0.0851429	0.084	0.0694286	0.0611429	0.0662857	0.0842857	0.078	0.0762857	0.0782857	0.0731429	0.
4	12.13	12.13	12.158	12.1475	12.137	12.1405	12.13	12.116	12.0845	12.088	12.1055	12.1055	12.095	12.102	12.0845	12.0845	12.0985	12.095	12.116	12.123	12.
5	7.37	7.356	7.3805	7.377	7.37	7.377	7.3665	7.356	7.3455	7.349	7.356	7.3595	7.349	7.349	7.342	7.342	7.363	7.342	7.3595	7.37	7.3
6	0.486975	0.4861	0.488475	0.488925	0.48915	0.48905	0.490775	0.491625	0.4919	0.49185	0.493125	0.491375	0.491175	0.493075	0.491925	0.4931	0.489025	0.489625	0.489175	0.48785	0.489
7	0.500825	0.502025	0.501	0.502	0.50235	0.5015	0.50255	0.5024	0.50265	0.502475	0.50245	0.502125	0.501525	0.502425	0.502875	0.502675	0.502775	0.501125	0.501925	0.499925	0.50
8	0.515875	0.52195	0.5199	0.520025	0.522875	0.5233	0.5237	0.524275	0.523275	0.52205	0.519225	0.5219	0.5195	0.520225	0.5226	0.52235	0.526375	0.520125	0.522325	0.519475	0.520
9	0.547975	0.5584	0.553575	0.564875	0.555625	0.55565	0.562775	0.556475	0.555975	0.555225	0.550725	0.5536	0.54855	0.55105	0.559325	0.5532	0.567125	0.552025	0.557875	0.554375	0.550
10	0.6843	0.682075	0.683725	0.6841	0.683	0.6817	0.677675	0.67605	0.67705	0.67905	0.6798	0.679725	0.681075	0.6786	0.676675	0.675375	0.675525	0.674775	0.674075	0.68	0.67
11	0.696525	0.69435	0.695675	0.693575	0.6887	0.6928	0.692075	0.688975	0.694925	0.687875	0.6878	0.684625	0.68765	0.690975	0.693125	0.687925	0.69105	0.69285	0.69405	0.682375	0.69
12	0.71485	0.71525	0.715825	0.714875	0.715425	0.719925	0.715975	0.717275	0.718475	0.71795	0.718175	0.7168	0.71645	0.717275	0.719675	0.717425	0.718675	0.718275	0.718775	0.717475	0.72

图 2.6　训练样本集

使用窗口长度大小为 L 的滑动窗口连续滑动得到预测数据集，使用训练好的模型进行异常检测，统计样本每个要素、每个时刻出现误差的次数，其中误差次数较多的时刻出现误差的概率较大。例如：样本[0, 3, 1, 2, 0, 11, 11, 2, 6, 2, 2, 4]中误差次数为 11 的时刻可能存在问题；样本[2, 4, 4, 1, 6, 0, 8, 5, 8, 3, 3, 0]中误差次数为 8 的时刻可能存在问题。

2.4.3　多点单要素质量控制方法

对不同站点的同一观测要素进行联合质量控制，需要同时考虑时间连续性和空间相关性。ConvLSTM 模型最早提出是用于降雨预报，它不仅可以像卷积神经网络（convolutional neural network，CNN）模型一样刻画局部空间特征，还能够像 LSTM 模型一样建立时序关系，并且 ConvLSTM 模型在获取时空关系上比 LSTM 模型有着更好的效果（Shi et al., 2015）。综合考虑海表温度（SST）的时间和空间相关性，采用 ConvLSTM 模型对观测要素的时空信息进行建模。

以 SST 要素为例，将区域内每天的 SST 构建成一个矩阵输入 ConvLSTM 模型，先通过卷积层获取局部空间特征，再通过注意力机制来分配权重，将特征与权重相乘得到加权特征，最后将加权特征作为 ConvLSTM 模型的输入，得到最终 SST 的预报结果。

1. 模型构建

（1）将区域内每天的 SST 数据处理成一个矩阵，依次按时间先后进行排列构成矩阵序列，作为模型的输入。

（2）对 SST 矩阵进行处理，通过卷积层提取各个记录点的分布特征。

（3）利用注意力机制为获得的矩阵特征分配注意力权重，然后将注意力权重乘以对应的矩阵特征，得到加权特征。

（4）将加权特征作为 ConvLSTM 模型的输入，利用 ConvLSTM 训练预报模型，最终获得待检测时刻的预测结果。

（5）预测结果与真实结果均为矩阵，将两个矩阵对应元素相减的平方作为每个点的异常分数，通过比较每个点异常分数和阈值的大小判断异常点。

2. 损失函数

模型训练过程中，使用均方根误差（root mean square error，RMSE）作为损失函数。

$$RMSE = \sqrt{\frac{\sum_{i=1}^{n}(Y_{real} - Y_{pred})^2}{n}} \tag{2.31}$$

式中：Y_{real} 为真实值；Y_{pred} 为预报值；i 为按行列顺序排列的第 i 个值；n 为区域宽和高的乘积。RMSE 越小，说明模型的性能越好。在训练模型时，可以通过比较 RMSE 的值来确定合适的模型结构和模型参数。

3. 数据处理

由于所使用的 SST 数据存在缺失，即部分记录点在该时间段内的 SST 数据为无效值，需要对 SST 数据进行预处理。实验选择的站点为 T5N95W、T5N110W、T5N125W、T5N155W、T5N170W、T2N95W、T2N125W、T2N140W、T2N155W、T2N180W、T0N125W、T0N140W、T0N155W、T0N170W、T0N180W、T2S110W、T2S125W、T2S140W、T2S155W、T2S180W、T5S110W、T5S125W、T5S140W、T5S155W、T5S170W，共 25 个。

对全部的 SST 数据进行划分，将 75%的数据作为训练集，用于训练 ConvLSTM 模型的参数，将余下 25%的数据作为验证集，用于验证模型的学习效果。比较预测值和真实值之间的差值，定义差值大于 1 的点为异常点。

参 考 文 献

白亭颖, 2015. 天津港邻近海域精密潮汐模型的构建. 海洋测绘, 35(3): 8-10, 15.

暴景阳, 翟国君, 许军, 2016. 海洋垂直基准及转换的技术途径分析. 武汉大学学报(信息科学版), 41(1): 52-57.

陈艳华, 2010. 局部海域无缝深度基准面的建立. 青岛: 自然资源部第一海洋研究所.

东海宇, 2011. 北京 54 坐标系向国家 2000 大地坐标系的转换. 甘肃冶金, 33(6): 85-86, 90.

付延光, 周兴华, 周东旭, 等, 2017. 利用验潮站资料的中国近岸海潮模型精度评估. 测绘科学, 42(8).

28-32.

郭超, 陆新建, 2010. 工业过程数据中缺失值处理方法的研究. 计算机工程与设计, 31(6): 1351-1354.

胡志博, 郭金运, 宗干, 等, 2014. 利用验潮站数据进行三种潮汐模型的精度分析. 海洋测绘, 34(3): 13-16.

黄国森, 2013. 基于ArcGIS的80西安坐标系转换到2000国家坐标系的研究. 测绘与空间地理信息, 36(8): 261-263, 266.

黄文骞, 王双喜, 苏奋振, 等, 2016. 海岸带空间地理数据垂直基准的统一. 海洋技术学报, 35(3): 17-21.

黄志行, 沈华, 2017. 关于我国区域海洋无缝垂直基准建模及其转换方法的探讨. 测绘与空间地理信息, 40(7): 73-76, 79.

李大炜, 2013. 多源卫星测高数据确定海洋潮汐模型的研究. 武汉: 武汉大学.

李新光, 2013. 不同基准坐标系统转换方法的研究. 科技创新导报(3): 120-121.

李岳, 2010. 坐标转换系统的设计与实现. 北京: 中国地质大学(北京).

梁佳, 张媛, 2016. 天津海域深度基准面L值模型构建. 海洋技术学报, 35(6): 91-95.

刘聚, 暴景阳, 许军, 2015. 基于验潮站组网的深度基准面确定. 海洋测绘, 35(6): 24-28.

刘丽萍, 2013. 墨卡托投影与高斯投影的坐标转换研究. 中国新技术新产品(4): 13-14.

马昌凤, 2013. 现代数值分析(MATLAB版). 北京: 国防工业出版社.

彭小强, 高井祥, 王坚, 2015. WGS84和CGCS2000坐标转换研究. 大地测量与地球动力学, 35(2): 219-221.

钱业宏, 2019. 采用布尔莎模型实现批量AutoCAD数据坐标转换. 测绘与空间地理信息, 42(11): 223-225.

申家双, 2011. 海岸带等水位线信息提取与垂直基准转换技术研究. 郑州: 中国人民解放军信息工程大学.

宋艳朋, 2017. 潮汐调和分析预报与基准面计算软件实现及南海应用研究. 青岛: 山东科技大学.

田桂娥, 宋利杰, 尹利文, 等, 2014. 地方坐标系与CGCS2000坐标系转换方法的研究. 测绘工程, 23(8): 66-69.

王清泉, 王磊, 2008. 基于EPS地下管线测量内外业一体化技术的研究. 测绘通报(5): 54-57.

吴俊彦, 韩范畴, 成俊, 等, 2008. 我国深度基准面不统一所带来的问题与对策. 海洋测绘, 28(4): 54-56.

谢飞, 郭正鑫, 2017. 几种常用坐标转换方法的比较分析. 现代测绘, 40(2): 53-55.

谢石建, 朱首贤, 马疆, 等, 2015. 基于NAO.99b资料对南海主要岛礁潮汐特征的分析. 解放军理工大学学报(自然科学版), 16(6): 593-599.

许家琨, 2005. 常用大地坐标的分析比较. 海洋测绘, 25(6): 71-74.

徐翰, 周强波, 2015. 基于MATLAB的高斯投影正反算与相邻带坐标换算程序设计. 中国水运(下半月), 15(2): 72-73.

阳海峰, 2010. 2000国家大地坐标系与我国常用坐标系在大地控制成果转换方面的研究. 西安: 西安科技大学.

姚连升, 狄冰, 陈建红, 等, 2019. CGCS2000与WGS84之间转换的研究. 中国石油和化工标准与质量, 39(18): 248-249.

尹雪英, 2012. 对高程基准统一方法的几点评述. 测绘科学, 37(5): 43-45.

张明, 高建尽, 韦国和, 等, 2011. 建立我国陆海统一基准面的思考. 中国新技术新产品(7): 79.

张胜凯, 雷锦韬, 李斐, 2015. 全球海潮模型研究进展. 地球科学进展, 30(5): 579-588.

张建中, 方正, 熊拥军, 等, 2014. 对基于SNM数据清洗算法的优化. 中南大学学报(自然科学版), 41(6): 2240-2245.

张清华, 王源, 曾京, 等, 2015. WGS 84 & CGCS2000坐标基准转换参数的初步求取. 测绘与空间地理信息, 38(5): 10-12, 17.

赵建虎, 张红梅, JOHN E, 2006. 局部无缝垂直参考基准面的建立方法研究. 武汉大学学报(信息科学版), 31(5): 448-450.

赵忠海, 蒋志楠, 朱李忠, 2015. WGS 84(G1674)与 CGCS2000 坐标转换研究. 测绘与空间地理信息, 38(4): 188-189, 192.

朱小美, 张官进, 朱楠, 2015. 基于 MATLAB 的布尔莎模型七参数解算实现. 北京测绘(5): 61-65.

PANKAJ M, ANUSHA R, GAURANGI A, et al., 2016. LSTM-based encoder-decoder for multi-sensor anomaly detection. International Conference on Machine Learning(ICML), New York, USA.

SHI X J, CHEN Z R, WANG H, et al., 2015. Convolutional LSTM network: A machine learning approach for precipitation nowcasting. Conference and Workshop on Neural Information Processing Systems(NIPS), Montreal, Canada.

ZHANG C X, SONG D J, CHEN Y C, et al. , 2019. A deep neural network for unsupervised anomaly detection and diagnosis in multivariate time series data. Association for the Advancement of Artificial Intelligence(AAAI), 33(6): 2508-2516.

第3章 典型海洋环境安全保障大数据融合方法

3.1 海洋环境安全多源异构大数据融合分析框架

海洋环境安全保障大数据为政府部门、社会组织认识海洋灾害、控制海洋灾害提供了重要的信息来源。海洋环境安全保障大数据主要通过卫星遥感、监测船舶与监测飞机等技术手段获取。然而，受限于不同观测手段的感知方式、观测周期、观测范围和观测精度的差异性，在特定的时空尺度下进行海洋灾害的观测时，海洋环境安全保障大数据存在不完备与多源异构的情况。本节以浒苔灾害、溢油灾害和风暴潮灾害等典型海洋环境安全事件为例，分析海洋环境安全多源异构大数据融合需求。业务化部门在进行浒苔、溢油、风暴潮的监测与治理时，主要包括"预防准备—监测预警—应急救援—恢复重建"4个阶段（图 3.1）。其中，预防准备、监测预警、应急救援三个阶段对数据融合的需求较高。在预防准备阶段，灾害尚未发生，此时重在融合多源的遥感数据，以发现可能存在灾害风险的区域。在监测预警阶段，灾害已经发生并造成了一定的损失，此时需要融合遥感数据、飞机与监测船等数据进行精细化监测以获得准确的灾害信息。在应急救援阶段，需要将敏感区域（海水浴场、海水养殖区等）与灾害分布进行融合分析以辅助制订救援方案。本节根据海洋环境安全事件的监测数据的情况，设计不同的数据融合方法。当监测区域内存在多个重叠的监测数据时，可使用冗余观测下数据时空融合方法；当监测区域内仅存在一类且质量较低的监测数据时，可使用单一观测下数据时空融合方法；当监测区域中不存在直接的监测数据时，可使用无观测下时空推估融合方法。

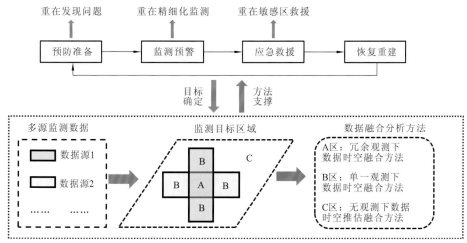

图 3.1 海洋灾害监测与治理阶段划分与重点需求

3.1.1 浒苔灾害事件下的数据融合需求

自 2007 年以来,我国黄海海域每年都会暴发不同规模的浒苔灾害,对当地养殖业、旅游业、交通运输业、海洋生态环境等造成了严重危害(图 3.2)。与不定期发生的溢油灾害、风暴潮灾害相比,浒苔灾害的发生时间相对固定,一般在每年 5 月中旬开始暴发,6~7 月持续发展,8 月逐渐消亡(杨静 等,2017)。浒苔灾害发展的过程遵循"出现—发展—暴发—消亡—消失"的生命周期(Cao et al.,2019;Wang et al.,2019)。

(a)浒苔影响下的海水浴场　　　(b)浒苔影响下的码头　　　(c)浒苔危害下的海洋景观

图 3.2　浒苔灾害

在浒苔灾害发生时,业务化部门主要使用卫星遥感数据、无人机监测数据、船舶监测数据与网络舆情信息对浒苔灾害进行监测(表 3.1)。其中卫星遥感数据,尤其是中低分辨率遥感影像(如 MODIS 影像),由于具有较好的时效性、较大的覆盖范围,在浒苔监测中得到了广泛的应用。MODIS 影像的最小空间分辨率为 250 m,在使用的过程中常常会遇到云层覆盖的情况,提取得到的浒苔结果常常被高估(Cao et al.,2018;Cui et al.,2018;Sun et al.,2018)。MODIS 影像可以在较大尺度上对浒苔的发展趋势与变化情况进行监测,但对浒苔分布的细节特征把握不够到位。除 MODIS 等低分辨率遥感影像外,中高分辨率遥感影像(如 Sentinel-2)、微波遥感影像、无人机和船舶等也在浒苔监测过程中使用。由于其重访周期、覆盖范围等原因,MODIS 等遥感数据无法进行连续的、大范围的浒苔监测。在浒苔监测过程中,MODIS 等遥感数据是从宏观上监测浒苔灾害的主要数据源,微波遥感数据、无人机与船舶监测数据则作为遥感数据的有效补充(顾行发 等,2011)。

表 3.1　浒苔灾害监测各类数据源

数据类别	数据格式	数据源	数据频次	时效性
卫星遥感数据	GeoTIFF	MODIS	每天至少 1 次	当天数据
		GF-3		
		GF-4		
		HY-1C		
		Landsat 系列		
		哨兵系列		
无人机监测数据	文字、图片等	包括发现浒苔的经纬度信息、浒苔分布面积、现场照片等	按需	
船舶监测数据			—	<2 天
网络舆情信息			—	<2 天

不同数据源得到的浒苔监测结果在空间范围、时效性、精准度和数据形式上具有显著的差异。如何有效地在数据层、特征层和决策层对多源异构的浒苔监测数据进行融合，得到合理的浒苔分布图以满足浒苔灾害的监测预警和应急救援的需要，是一个亟待解决的问题。

基于卫星、无人机等多平台提供遥感数据源进行数据融合以满足浒苔灾害监测的需要，国内外许多学者对此进行了深入的研究。施英妮等（2012）通过应用 HJ-1A/B 卫星的电荷耦合器件（charge coupled device，CCD）传感器数据对黄海和东海海域的绿潮灾害进行研究，并将监测结果与 MODIS 数据进行对比分析，发现 CCD 传感器数据比 MODIS 数据能够提供更多的精细化信息，包括浒苔的范围和变化情况等；顾行发等（2011）利用 MODIS、HY-1、BJ-1、福卫-2 等基于卫星、船舶等多遥感平台的数据构建了一个针对绿潮生态灾害进行实时调查的立体化监测系统，并在青岛奥帆赛海域进行了成功应用，得到了较好的验证效果，证明了该系统在浒苔监测工作中的可行性。除光学遥感数据外，微波遥感数据在浒苔的监测工作中也有广泛的应用。Shen 等（2014）应用 Radarsat-2 雷达数据，通过后向散射系数法和灰度阈值分割法建立了一套有效的绿潮自动识别算法。王国伟等（2010）首先利用 MODIS 数据对浒苔进行提取，并将 Radarsat 数据作为云层较厚时的有力补充，用于辅助绿潮的判定和计算，得到较好的分离效果。Cui 等（2018）首先假设高分辨率影像与合成孔径雷达（synthetic aperture radar，SAR）影像中的浒苔单元都是纯净的，并基于此假设探究了 MODIS 影像中浒苔覆盖面积与 SAR 影像和高分辨率影像中浒苔覆盖面积的关系。

3.1.2　溢油灾害事件下的数据融合需求

随着油气设施发展逐渐向海洋延伸，石油海上开发与集装运输在带来了巨额经济利益的同时，也产生了潜在的环境污染。石油泄漏入海造成的溢油污染已成为海洋环境污染的主要形式之一，引起了各国的高度重视。得不到及时处理的溢油灾害，将会严重污染水质，造成水环境恶化、水生动植物死亡，严重破坏海洋生态系统。溢油灾害的发生具有偶然性，目前业务化部门在溢油灾害发生时主要使用卫星遥感数据、船舶数据、输油管道或其他设备信息、网络舆情信息进行监测（表 3.2）。

表 3.2　溢油灾害监测各类数据源

数据类别	数据格式	数据源	数据频次	时效性
卫星遥感数据	GeoTIFF	GF-3	事故发生时	当天数据
		哨兵系列（微波遥感）		
船舶数据	文字、图片等	包括发现溢油灾害的经纬度信息、溢油分布面积、现场照片等	—	<2 天
输油管道或其他设备信息			—	<2 天
网络舆情信息			—	<2 天

目前，关于溢油灾害的研究主要使用 SAR 影像进行溢油范围的提取。国内外的研究主要是提取 SAR 影像上溢油样本和疑似溢油样本的多个特征，对特征进行优化组合分析，并将其输入信息融合模型来判别样本目标是否属于溢油。这类方法主要是依靠 SAR 影像本身

所具有的表观信息来进行溢油的识别。Calabresi 等（1999）利用多层感知神经网络对获取的多个样本特征进行融合分析来区分 ERS SAR 影像上的溢油现象及疑似溢油现象。Zhang 等（2008）通过提取 SAR 目标上的纹理特征并利用支持向量机融合分类器来对目标进行识别分类。Liu 等（2010）根据方差选择特定的 5 个特征参量并利用模糊逻辑系统进行疑似溢油的识别。Solberg 等（2004）在利用贝叶斯分类器进行溢油现象的识别时，除考虑 SAR 影像的一般特征外，首次将环境信息（如油膜区域风场、油膜至船只的距离）融合到模型中，得到较高的识别准确率。杨明等（2012）利用决策层 D-S 证据理论融合算法将不同方法提取得到的两类纹理特征进行融合，改善了单类特征判别的识别结果。Singha 等（2013）在 SAR 影像分割和目标分类过程中均引入人工神经网络来进行溢油和疑似溢油的识别，得到了较好的识别效果。在实际应用方面，目前许多国家已经开发了针对 SAR 影像识别溢油灾害的监测系统，其中主要有挪威的 KSAT 系统、加拿大的 OMW 系统、法国的 Boost 系统及俄罗斯的 PHOTMOD Radar 系统。上述系统中的溢油监测模块主要是基于 SAR 影像的海洋溢油监测，且都是在计算机自动或半自动监测溢油的基础上结合专家解译的方式来对是否溢油做出最终的预测。KSAT 系统与 Boost 系统均提供风场、航道、平台等信息，为专家人工解译提供依据。OMW 系统和 PHOTOMOD Radar 系统除了溢油探测模块，还配有风模块和海况分析模块，以便为专家人工解译提供信息（朱宗斌，2015）。

3.1.3　风暴潮灾害事件下的数据融合需求

风暴潮通常指由强烈的气象扰动（如强风和低气压等）引起的海水异常升高或者下降现象（杨万康，2019）。在河口海湾地区，当风暴潮叠加天文潮高潮位时会形成高水位，超过沿岸防护海堤的设计标准，淹没沿岸城镇社区及工业园区，对各种海洋工程造成严重的损毁，带来巨大的经济损失和人员伤亡。风暴潮是对我国影响最为严重的海洋灾害，尤其是对人口密集的近岸海湾区域。因此深入开展风暴潮的精确监测与危险评估，具有重要的现实意义与应用价值。针对风暴潮灾害，我国现已基本形成了"观测—预警—服务"的链条式灾害预警服务与保障体系，并逐步建立了沿岸观测、海底观测、海上平台观测、浮标观测、潜标观测、船舶观测、航空遥感与卫星遥感观测等多种手段相结合的海洋灾害立体观测网（奚民伟，2019）。

目前基于多源数据进行风暴潮灾害的融合监测研究工作较少，现有的工作大多停留在寻找合适的数据源进行风暴潮监测上。传统的风暴潮监测手段覆盖范围小，而且无法同步观测。散射计、辐射计、高度计和 SAR 等星载微波仪器具有全天时、全天候和覆盖范围宽等优势，进而成为风暴潮监测的重要工具（代彭坤，2018）。辐射计和散射计的分辨率一般为几十千米，这种较低的分辨率无法满足对台风风场结构进行精细化描述的要求，而且无法获取靠近海岸区域的信息。台风登陆过程中的变化情况也是一个很值得研究的问题。高度计无法获取风向，而且观测范围很有限。SAR 分辨率很高，能够获取到台风的很多细节信息，因此在观测台风时有着很大的优势（张彪 等，2015；Horstmann et al.，2015）。地球物理模型函数（geophysical model function，GMF）是用来描述雷达后向散射系数与海表面风场信息的一种经验函数，而海洋表面的风作用于海表产生的表面波会改变海面的粗糙度，进而改变雷达的后向散射系数（周旋 等，2012）。在无雨、风速较低的条件下，后向散射系数随着海面风速的增大基本呈现出一种单调增加的趋势。在这种情况下，利用 GMF 计算风速会得到一个精度比较高的结果。而当风速继续增加，达到高风速区的时候，GMF 随风速的变化趋于停滞，海面风速反演精度将会迅速下降（张庆红 等，2010）。中等海况下，风向反演的均方根误差能够达到约 2 m/s，而风向反演的均方根误差则小于 20%。这一精度结果使 SAR 在中低风速条件下能够较好地应用于海洋表面风场的监测。当风速大于 25 m/s 时，垂直极化的 SAR 后向散射系数不再随风速的增加而增大，这会导致多个风速对应相同的归一化雷达横截面（normalized radar cross section，NRCS），出现风速的多解现象（Mouche et al.，2017）。Nie 等（2008）提出从信号的衰减、散射和海面粗糙度的变化等方面来定量分析降雨的影响，研究结果表明降雨会在很大程度上影响 C 波段 SAR 测量风场的精度。

3.2　冗余观测下数据时空融合方法

冗余观测是使用不同观测手段对同一事件进行观测，得到不同精度和不同形式的结果（唐琎 等，2005；Quartulli et al.，2003）。冗余观测下数据时空融合方法的目的就是有机组合各观测手段的数据，给出更为合理的观测结果。假设要把 n 个冗余观测数据融合为一个观测结果。设原数据为 $X_1, X_2, X_3, \cdots, X_n$，它们是不同观测手段对同一事件进行观测得到的。融合后的数据为 Y，冗余观测下数据时空融合方法的目的就是让 Y 比所有的 $X_i (i=1,2,\cdots,n)$ 更加精确。

3.2.1　海洋环境安全事件要素数据的多维证据抽取方法

浒苔、溢油、风暴潮等海洋环境安全事件具有各自的要素特征。例如在海洋监测的过程中，覆盖范围、分布范围、灾害中心三个特征是业务化部门重点考虑的三个要素特征。覆盖范围指海洋灾害在卫星影像上实际覆盖的像元，分布范围为灾害分布的外轮廓线，灾害中心为灾害分布的中心位置。海洋环境安全事件要素数据的多维证据抽取指从不同监测数据源中抽取出海洋灾害不同维度、不同精度的特征作为证据支持海洋灾害的研判。

浒苔、溢油、风暴潮等海洋灾害的数据来源包括卫星监测、无人机监测、飞机监测、船舶监测、志愿者拍摄相片和社会舆情数据等。数据的来源不同，监测结果也会存在差异。因此，这些监测结果的表现特征也不同。例如：卫星监测的范围大，其监测结果具有面状分布特征，对海洋灾害的分布范围这一特征监测效果较好；无人机和飞机航拍数据具有条带分布特征；船舶监测数据范围小，具有点状分布特征，可以作为浒苔、溢油等海洋灾害监测的有效数据；志愿者提供的数据具有点状分布特征，但精度不够，可以作为辅助数据使用；微博、微信等提供的社会舆情数据呈现出点状、面状的分布特征，所描述的区域是社会舆论重点关注的区域，在应急救援阶段需要重点关注。表 3.3 总结了海洋灾害各监测方式表现形式。

表 3.3　海洋灾害各监测方式的表现形式

监测方式	属性	数据形式	特点	监测属性
光学卫星遥感	卫星种类、时相、分辨率、幅宽、重复周期、监测原理	面数据、光学遥感影像、雷达卫星影像	包含多波段数据,雷达卫星受天气影响小	海洋灾害覆盖范围、海洋灾害分布范围、海洋灾害等漂移方向
微波卫星遥感	卫星种类、重复周期、监测原理	面数据、微波卫星影像	可以穿透云层,作为光学卫星遥感数据的有效补充	海洋灾害覆盖范围、海洋灾害分布范围、海洋灾害漂移方向
无人机航拍	无人机种类、数量、航程、最大续航时间、续航速度、巡航线路、监测原理	面数据、航拍影像、视频	受天气影响大,续航时间和飞行里程有限,但影像分辨率高、实时性好	海洋灾害覆盖范围、海洋灾害分布范围、浒苔、溢油等漂移方向
志愿者数据	灾害发现位置、近岸区域灾害规模	点数据、照片和视频	覆盖范围较小、随机性较大,可以作为其他数据的有效补充	海洋灾害覆盖范围
船舶监测	船舶数量、监测范围、行进速度、船舶监测区域分工	点数据	可实测海水特性,对事件发生发展记录更为真实详细,但可监测范围有限	海洋灾害的蔓延速度、水流速度、海水温度、溶解氧、营养盐浓度、海水 pH
社会舆情数据	舆论关心位置、舆论情感导向	文本数据、点数据、面数据	可以为态势图监测提供时空验证	海洋灾害重点关注区域

　　图 3.3 展示了 2018 年 6 月 3 日飞机监测、船舶监测在浒苔灾害监测中的表现形式。卫星遥感监测的范围大,可以在较大的尺度上确定浒苔、溢油、风暴潮的分布范围。飞机监测和船舶监测可以在小范围内进行补充监测。舆情监测虽然精度较低,但可以发现浒苔、溢油等灾害的重点关注区域,为应急救援提供依据。在监测过程中,飞机和船舶与浒苔、溢油等灾害距离较近,可以提供精确的灾害分布信息。

（a）飞机监测　　　　　　　　　　　　　（b）船舶监测

图 3.3　浒苔灾害飞机监测与船舶监测实景照片

3.2.2 多维证据互证下的要素数据时空融合框架与方法

多维证据互证下的要素数据时空融合是对不同数据源获取的海洋灾害的不同特征进行融合，获得准确的海洋灾害信息。多维证据互证下的要素数据时空融合框架如图 3.4 所示。

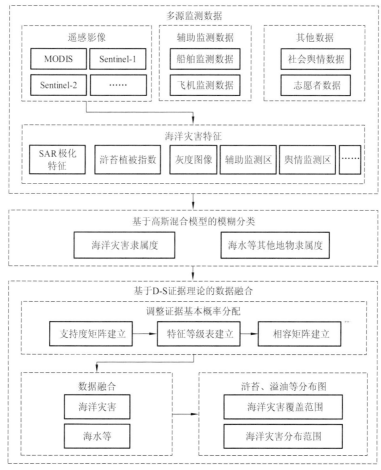

图 3.4　多维证据互证下的要素数据时空融合框架

本小节对 MODIS 影像数据、Sentinel-2 影像数据和船舶监测数据进行融合，以浒苔监测为例，进行多维证据互证下的要素数据时空融合框架与方法的阐述。

1. 特征提取

首先根据 MODIS 影像数据与 Sentinel-2 影像数据进行植被指数的提取，表征浒苔生长情况。植被指数包括归一化植被指数（normalized difference vegetation index，NDVI）、比值植被指数（ratio vegetation index，RVI）、浮游藻类指数（floating algae index，FAI）和差值植被指数（difference vegetation index，DVI），几类指数的计算公式如下：

$$NDVI = \frac{NIR - RED}{NIR + RED} \tag{3.1}$$

$$RVI = \frac{NIR}{RED} \tag{3.2}$$

$$DVI = NIR - RED \tag{3.3}$$

$$FAI = NIR - [RED + (SWIR - RED)]\frac{\lambda_{NIR} - \lambda_{RED}}{\lambda_{SWIR} - \lambda_{RED}} \tag{3.4}$$

式中：NIR、RED、SWIR 分别为 MODIS 影像数据和 Sentinel-2 影像数据中的近红外波段、红波段和短波红外波段；λ_{NIR} 和 λ_{RED} 分别为 MODIS 影像数据和 Sentinel-2 影像数据中近红外波段、红波段的波长。

NDVI 对中、低覆盖度的植被监测效果好，并且具有一定的抑云去噪效果，因此可以很好地用于监测早期的浒苔[图 3.5（a）]；RVI 对高密度的植被非常敏感，因此可以运用于晚期浒苔的监测[图 3.5（b）]；DVI 对植被和背景的边界十分敏感，可以很好区分出浒苔和海水[图 3.5（c）]；FAI 在浒苔监测过程中，可以降低藻类监测的不确定性[图 3.5（d）]。

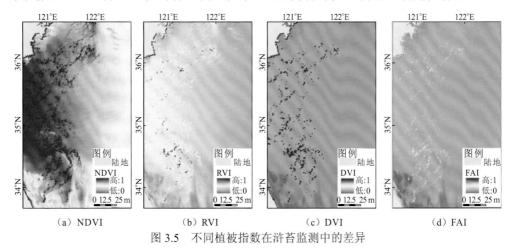

（a）NDVI   （b）RVI   （c）DVI   （d）FAI

图 3.5   不同植被指数在浒苔监测中的差异

2. 基于高斯混合模型的模糊分类

高斯混合模型（Gauss mixture model，GMM）是一个参数概率密度函数模型，表示为高斯分量密度的加权和。GMM 通常被用作生物识别系统的连续测量或测量特征的概率分布的参数模型。GMM 参数由训练数据估计，使用迭代最大期望（expectation-maximization，EM）算法或训练良好的先验模型的最大后验（maximum a posteriori，MAP）进行估计（陈莹 等，2014）。

高斯混合模型是 M 个分量的高斯密度的加权和，可表示为

$$p(\boldsymbol{x}\mid\lambda) = \sum_{i=1}^{M} w_i g(\boldsymbol{x}\mid\mu_i,\sigma_i) \tag{3.5}$$

式中：M 为分类的个数，本小节将各植被指数图像代表的地物分为浒苔和海水两类；$\boldsymbol{x}$ 为一个连续数据的向量，w_i 为混合的权重，$\sum_{i=1}^{M} w_i = 1$；$g(\boldsymbol{x}\mid\mu_i,\sigma_i)$ 为第 i 类的高斯密度，可定义为

$$g(\boldsymbol{x}\mid\mu_i,\textstyle\sum i) = \frac{1}{(2\pi)^{\frac{D}{2}}\left|\sum i\right|^{\frac{1}{2}}} \tag{3.6}$$

由于高斯混合模型可以提供任意形状的整体分布拟合，本小节使用高斯混合模型对NDVI 图像、RVI 图像、DVI 图像和 FAI 图像进行模糊分类。经过分类后得到每个地点对浒苔和海水两类地物的隶属度。

3. 基于 D-S 证据理论的数据融合

1）支持度矩阵筛选证据

在 D-S 证据理论中，证据的冲突程度越小，证据的支持度就越高。为了防止这些冲突，需要发现证据间存在的高冲突。简明 JS（belief Jensen-Shannon，BJS）散度指标可以计算成对证据项之间的支持度。BJS 散度理论将 D-S 证据理论与 Jensen-Shannon 分歧理论相结合，能够度量证据之间的差异和冲突程度。证据 m_1 和 m_2 之间的 BJS 散度定义为

$$
\begin{aligned}
\mathrm{BJS}(m_1, m_2) &= H\left(\frac{m_1 + m_2}{2}\right) - \frac{1}{2}H(m_1) - \frac{1}{2}H(m_2) \\
&= \frac{1}{2}\left\{\sum_i m_1(A_i)\log_2\left[\frac{2m_1(A_i)}{m_1(A_i) + m_2(A_i)}\right] + \sum_i m_2(A_i)\log_2\left[\frac{2m_2(A_i)}{m_1(A_i) + m_2(A_i)}\right]\right\}
\end{aligned}
\tag{3.7}
$$

式中：$\mathrm{BJS}(m_1, m_2) \in [0,1]$；$H(m_j)$ 为香农信息熵；A_i 为第 i 个高斯混合模型模糊分类的结果，本小节中仅有浒苔和海水两类；$m_j(A_i)$ 为隶属度。

支持度矩阵的构建如式（3.8）所示：

$$
\mathbf{SM} = \begin{bmatrix}
0 & \cdots & 1-\mathrm{BJS}_{1i} & & 1-\mathrm{BJS}_{1k} \\
\vdots & & \vdots & & \vdots \\
1-\mathrm{BJS}_{i1} & \cdots & 0 & \cdots & 1-\mathrm{BJS}_{ik} \\
\vdots & & \vdots & & \vdots \\
1-\mathrm{BJS}_{k1} & \cdots & 1-\mathrm{BJS}_{ki} & \cdots & 0
\end{bmatrix}
\tag{3.8}
$$

式中：k 为证据的数量；$\mathbf{SM}$ 为所有证据之间的支持程度。本小节计算每条证据的支持度和：

$$
\mathrm{Sup}_j = \sum_{m=1}^{k}\mathbf{SM}(m, j)
\tag{3.9}
$$

设置一个用于存放特征的 Source 集合，用 Sup_j 表示证据的受支持程度，对 Sup_j 从大到小排序，并选出前一半的证据加入 Source 集合。支持度矩阵可以帮助选择拥有高支持度的证据进行浒苔态势图的融合。

2）特征等级表补充证据

利用支持度矩阵可能会将船舶监测数据和其他拥有高分辨率的遥感影像删除。然而船舶监测数据和分辨率较高的遥感影像可信度较高。为了保证这些拥有较高可信度的数据不被删除，建立特征等级表进行证据的二次筛选。以 MODIS 影像数据、Sentinel-2 影像数据、SAR 数据和船舶监测数据为例构建特征等级表，构建的特征等级表如表 3.4 所示。若未被加入 Source 集合的后一半证据中有等级高于 Source 集合中等级的，且 Source 集合中不存在等级与其相当的证据，则这个特征需要作为证据被加入 Source 集合中。

执行该步骤的目的是保证高等级的数据不会因为支持度过小而被支持度矩阵剔除在外。

表 3.4　特征等级表

特征	等级
船舶监测数据	1
SAR 数据	2
NDVI（Sentinel-2）、FAI（Sentinel-2）	3
NDVI（MODIS）、FAI（MODIS）	4
DVI（Sentinel-2）、RVI（Sentinel-2）	5
DVI（MODIS）、RVI（MODIS）	6

3）证据相容矩阵修改基本概率分配

在使用特征等级表重新加入高等级的数据后，并不是所有 Source 集合中的证据都具有较高的支持度，即它们的冲突可能性较大。为了缓和这类冲突，防止结果中出现反常的情况，使用证据相容矩阵进行基本概率分配的修正。

首先，需要计算两两证据之间的相容性 R，这一指标是用来衡量两两证据之间的相容与冲突：

$$R_{p,q} = \frac{2m_p(A_i)m_q(A_i)}{m_p(A_i)^2 + m_q(A_i)^2} \tag{3.10}$$

式中：$m_p(A_i)$ 和 $m_q(A_i)$ 为 Source 集合两个证据对浒苔/海水的隶属度。

用相容矩阵 $\mathbf{R}(A_i)$ 表示两两证据之间对浒苔/海水的相容性：

$$\mathbf{R}(A_i) = \begin{bmatrix} R_{1,1} & R_{1,2} & \cdots & R_{1,n} \\ R_{2,1} & R_{2,2} & \cdots & R_{2,n} \\ \vdots & \vdots & & \vdots \\ R_{n,1} & R_{n,2} & \cdots & R_{n,n} \end{bmatrix} \tag{3.11}$$

接着，根据 $\mathbf{R}(A_i)$ 对 Source 集合中证据的基本概率分配进行修正：

$$D_p(A_i) = \sum_{p=1,q\neq j}^{n} R_{p,q}(A_i) \tag{3.12}$$

$$m_p(A_i)' = \frac{D_p(A_i)}{n-1} m_p(A_i) \tag{3.13}$$

式中：$D_p(A_i)$ 为证据对浒苔/海水相容性的加和；$m_p(A_i)'$ 为修正后的基本概率分配。

最后，对 Source 集合的证据进行融合（Dempster，1967）：

$$\begin{cases} M(A_i) = \begin{cases} \dfrac{1}{K} \displaystyle\sum_{A_1 \cap A_2 \cap \cdots \cap A_n = A} m_1(A_1)'m_2(A_2)'\cdots m_n(A_n)', & A_i = \varnothing \\ 0, & A_i \neq \varnothing \end{cases} \\ K = \displaystyle\sum_{A_1 \cap A_2 \cap \cdots \cap A_n \neq \varnothing} m_1(A_1)'m_2(A_2)' \quad m_n(A_n)' \\ \quad = 1 - \displaystyle\sum_{A_1 \cap A_2 \cap \cdots \cap A_n = \varnothing} m_1(A_1)'m_2(A_2)'\cdots m_n(A_n)' \end{cases} \tag{3.14}$$

3.2.3 典型事件要素的冗余观测数据时空融合实例

本小节选取 2018 年 6 月 3 日黄海海域的浒苔灾害作为典型事件要素的冗余观测数据时空融合实例。2018 年 6 月 3 日黄海浒苔灾害处于暴发期,黄海海域天气情况良好,MODIS 与 Sentinel-2 在黄海海域均有成像,如图 3.6 所示。业务化部门也派遣监测船舶对浒苔灾害进行了监测。因此 2018 年 6 月 3 日的数据满足冗余观测数据时空融合条件,使用 3.2.2 小节所述的多维证据互证下的要素数据时空融合方法对 Sentinel-2、MODIS 与船舶监测数据进行时空融合。

 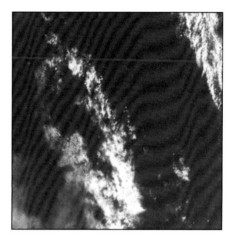

(a) MODIS影像   (b) Sentinel-2 影像

图 3.6 冗余观测数据实例

1. 空间位置评价

图 3.7 为实例结果与当日浒苔实际分布对比。实例结果和浒苔实际分布的总面积分别为 26 440 km² 和 28 845 km²。实例结果覆盖了参考数据 16 887 km²,占 63.87%。考虑船舶监测数据的影响,实例结果中的北部有 5 708 km² 的船舶监测数据,约占 21.86%。所以,实例结果的精度为 85.73%。由于参考数据是手工绘制的,考虑这一因素,实例结果的精度将会更高。在浒苔实际分布数据中,离岸最近的部分为江苏省响水附近至如东附近,这与实例提取的浒苔分布范围吻合。在浒苔实际分布数据中,离岸最远为 33°30′N、123°E 附近区域,实例得到的结果最远分布在 33°30′N、123°45′E 附近区域,两者具有相似性。在浒苔实际分布数据中,最南端为江苏省如东附近区域,这与实例提取的浒苔分布范围吻合。浒苔实际分布数据中,最北端为 33°N、120°45′E 附近,实例得到的结果最北端为 35°25′11″N、121°14′17″E,此处二者具有较大的差异。通过对比,发现监测船在此位置明显监测到了浒苔,因此实例结果是正确的。

2. 几何形态与位置评价

使用标准差椭圆对实例结果和浒苔实际分布数据分别进行评价,如图 3.8 所示。实例结果的标准差椭圆的平均中心为 33.70° N、121.47° E,而浒苔实际分布标准差椭圆的平均

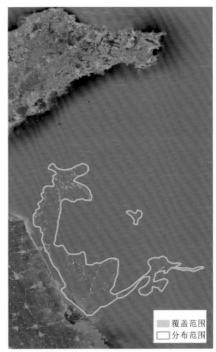

（a）实例结果 　　　　　　　　　　　（b）浒苔实际分布

图 3.7　实例结果与浒苔实际分布对比

中心为 33.83°N、121.42°E。实例结果的标准差椭圆旋转了 158.91°，而浒苔实际分布则旋转了 158.88°。在平均中心和旋转这两项指标上两者没有很大的差异，较大的差异来自短半轴和长半轴。通过对比，这一差异是由北部船舶监测的数据导致的。

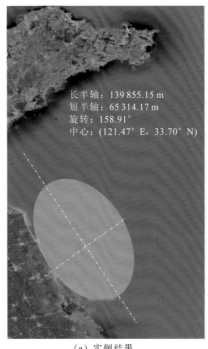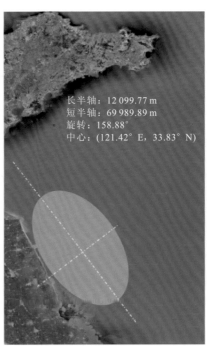

长半轴：139 855.15 m
短半轴：65 314.17 m
旋转：158.91°
中心：(121.47°E，33.70°N)

长半轴：12 099.77 m
短半轴：69 989.89 m
旋转：158.88°
中心：(121.42°E，33.83°N)

（a）实例结果 　　　　　　　　　　　（b）浒苔实际分布

图 3.8　实例结果与浒苔实际分布几何形态与位置评价

3.3 单一观测下数据时空融合方法

3.3.1 要素数据尺度的时空融合转换方法

浒苔、溢油、风暴潮等海洋环境灾害存在不同尺度的监测结果，用于满足不同层级的应急需要。覆盖范围、分布范围、漂移中心是浒苔、溢油、风暴潮灾害的三个重要的要素数据尺度。漂移中心[图 3.9（a）]指灾害分布的中心，对灾害演变、转移和预测等具有重要的意义；分布范围[图 3.9（b）]指灾害覆盖范围的外轮廓线，可以用于分析灾害分布的形态和影响范围；覆盖范围[图 3.9（c）]指灾害实际发生的区域，可以在灾害发生时准确描述灾害发生的位置。

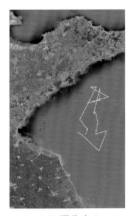

（a）漂移中心　　　　　　　（b）分布范围　　　　　　　（c）覆盖范围

图 3.9　不同要素的数据尺度

1. 覆盖范围向分布范围的时空融合转换方法

为实现浒苔、溢油、风暴潮的覆盖范围尺度向分布范围尺度的时空融合转换，以满足不同监测层级的需要，本小节提出一种基于内缓冲区的覆盖范围向分布范围的时空转换方法。首先以灾害覆盖范围的像元大小为初始值，像元大小为步长，求出灾害覆盖范围的所有内缓冲区。当整个缓冲区形成的图斑个数为 1 时求解结束。对上述求得的所有内缓冲区使用图斑个数（N）、面积（S）、周长（C）、形状指数（S_i）和斑块密度（P_d）进行评价。可认为当这 5 个指标的变化情况[图 3.10（a）]趋于稳定时，得到的结果是合理的。形状指数和斑块密度的计算式分别为式（3.15）和式（3.16）。最终得到的分布范围如图 3.10（b）所示。

$$S_i = \frac{0.25C}{S} \tag{3.15}$$

$$P_d = \frac{N}{S} \tag{3.16}$$

本小节设计的覆盖范围向分布范围的时空融合转换方法具体步骤如下。

（1）设置内缓冲区初始阈值 d 为像元大小。

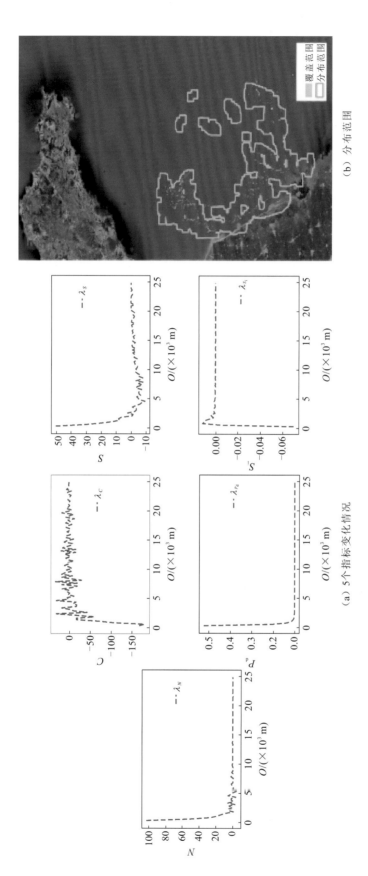

（b）分布范围

（a）5个指标变化情况

图 3.10　分布范围生成过程

λ：变化率；O：距离

（2）从未选择的浒苔覆盖像元集合中取一个元素 F 作为初始种子点，将这个点标记为已经选择。

（3）根据邻域追踪算法的思想，从 F 向右、向下、向右下三个方向不断搜索。若在某一方向上遇到新的浒苔覆盖像元，则该方向的搜索停止。若搜索距离超过了 d，则停止。

（4）设置 d=d+cellsize，其中 cellsize 为像元大小，重复步骤（2）和步骤（3），直到形成的多边形数量为 1。

（5）针对每个 d 得到的多边形，评价斑块个数、周长、面积、形状指数和斑块密度的变化，寻找变化趋于 0 的值作为内缓冲的距离，最终得到分布范围。

2. 分布范围向漂移中心的时空融合转换方法

设漂移中心 $(\bar{x}, \bar{y})$ 为浒苔分布的中心位置，用于分析浒苔、溢油、风暴潮等海洋灾害的分布位置与漂移方向。漂移中心的计算较为简单，可表示为

$$
\begin{cases}
\bar{x} = \dfrac{\sum\limits_{i=1}^{n} x_i}{n} \\[4mm]
\bar{y} = \dfrac{\sum\limits_{i=1}^{n} y_i}{n}
\end{cases}
\tag{3.17}
$$

式中：n 为发现灾害要素的实际像元数；x_i 和 y_i 为要素的横纵坐标。

图 3.11 给出了 2016～2019 年浒苔灾害中心分布。

（a）2016年　　　　（b）2017年　　　　（c）2018年　　　　（d）2019年

图 3.11　2016～2019 年浒苔灾害中心分布

3.3.2　不同分辨率要素数据间的时空融合转换方法

随着近年来遥感技术的迅速发展，遥感数据已经成为浒苔、溢油、风暴潮等海洋灾害的重要监测数据源。其中具有高空间分辨率的密集时间序列卫星影像对海洋环境灾害的动态监测越来越重要。然而，从单个卫星传感器获取的数据往往无法满足监测的需求，因此，许多要素数据分辨率的时空融合方法被提出，通过对具有高时间低空间分辨率的影像和低

时间高空间分辨率的影像进行融合，以产生同时具有高空间和高时间分辨率的合成卫星影像。现有的要素数据分辨率时空融合方法主要包括基于加权重建的方法（Gao et al.，2006）和基于像元混解的方法（Gevaert et al.，2015）。

基于加权重建的方法中最经典且应用最多的一种方法是 Gao 等（2006）提出的时空自适应反射融合模型（spatial and temporal adaptive reflectance fusion model，STARFM）方法。STARFM 假设高、低空间分辨率影像间的反射率数据具有较高的一致性，且不计大气校正和几何匹配过程中的误差。STARFM 方法的关键步骤是筛选出与待处理影像像元光谱相似的同质像元。对于空间分辨率较低的影像数据的同质像元，可以通过相应时刻的较高空间分辨率的影像来表达：

$$L(x_i, y_i, t_k) = M(x_i, y_i, t_k) + \varepsilon_k \tag{3.18}$$

式中：$L(x_i, y_i, t_k)$ 和 $M(x_i, y_i, t_k)$ 分别为 t_k 时刻相应的高、低空间分辨率影像的地表反射率；ε_k 为高、低空间分辨率影像的反射率差值。

若设 t_0 时刻为预测目标时刻，则 t_0 时刻的高空间分辨率像元的地表发射率 $L(x_i, y_i, t_0)$ 可表示为

$$L(x_i, y_i, t_0) = M(x_i, y_i, t_0) + \varepsilon_0 \tag{3.19}$$

进一步假设某像元 (x_i, y_i) 的系统误差 ε 和地表覆盖类型在 t_0 时刻与 t_k 时刻都保持不变，则有 $\varepsilon_0 = \varepsilon_k$，进而可得

$$L(x_i, y_i, t_0) = M(x_i, y_i, t_0) + L(x_i, y_i, t_k) - M(x_i, y_i, t_k) \tag{3.20}$$

基于像元混解的方法中应用较多的为 Zhu 等（2016）提出的一种灵活时空数据融合（flexible spatio temporal data fusion，FSDAF）方法。由于遥感成像数据受传感器性能、大气状况、地面地物复杂多样性等因素的影响，单个像元探测到的光谱反映的不一定只是一种物质的特性，可能是不同地表覆盖类型的组合，这样的像元称为混合像元（mixed pixel）。对于低空间分辨率的影像数据，其单个探测像元对应的地面范围较大，可能包含不同类型、不同性质的地物，使混合像元问题更加突出。为了提高遥感应用的精度，FSDAF 方法将混合像元分解为不同的"基本组分单元"，或称为"端元"（endmember），并求得这些基本组分单元所占的比例，称为"丰度"（abundance fractions）。基于像元混解的方法主要包括以下三个步骤。

（1）对 t_1 时期的高分辨率影像进行分类。对一个位于 b 波段的像元位置在 (x_i, y_i) 的低分辨率像元 $C(x_i, y_i, b)$ 来说，它的像元值可以看成丰度与端元 $F(c, b)$ 的聚合：

$$C(x_i, y_i, b) = \sum_{c=1}^{I} f_c(x_i, y_i) F(c, b) \tag{3.21}$$

式中：I 为低分辨率像元内部的地物类别数；$f_c(x_i, y_i)$ 为地物类别属于 c 的地物组分的丰度，可以通过对高分辨率影像进行分类得到或者从具有精细尺度的地表覆盖图上获得。

（2）估计 $t_1 \sim t_2$ 时期每一类地物发生的变化。低分辨率像元地表覆盖类型的时相变化 $\Delta C(x_i, y_i, b)$ 可表示为

$$\Delta C(x_i, y_i, b) = C_2(x_i, y_i, b) - C_1(x_i, y_i, b) \tag{3.22}$$

式中：$C_1(x_i, y_i, b)$ 和 $C_2(x_i, y_i, b)$ 分别为 t_1 与 t_2 时刻低分辨率像元值。假设从 $t_1 \sim t_2$ 时期低分

辨率像元内部没有变化，则可使用步骤（1）中的分类结果对 t_2 时刻的低分辨率影像进行解混。根据光谱线性混合理论，式（3.22）又可表示为低分辨率像元内部所有端元的时相变化，即可以表示为 $\Delta F(c,b)$ 的加权和：

$$\Delta C(x_i, y_i, b) = \sum_{c=1}^{l} f_c(\ ) \Delta F(c,b) \tag{3.23}$$

（3）预测 t_2 时刻的高分辨率影像。将两个时期影像间的时相变化值分配给 t_1 时刻的高分辨率像元值 $F_1(x_{ij}, y_{ij}, b)$，即可得到 t_2 时刻的预测高分辨率像元值 $F_2^{\mathrm{TP}}(x_{ij}, y_{ij}, b)$：

$$F_2^{\mathrm{TP}}(x_{ij}, y_{ij}, b) = F_1(x_{ij}, y_{ij}, b) + \Delta F(c,b) \tag{3.24}$$

式中：(x_{ij}, y_{ij}) 为均属于同一地物类别 c 的像元位置。

尽管上述基于加权重建与像元混解的方法在要素数据时空融合转换中取得了较为成功的应用，但将其运用于单一观测数据下的海洋灾害监测的过程中仍然存在许多局限性，具体表现如下。①基于加权重建的时空融合方法假设参考日期与预测日期之间的地物类型没有发生变化，而浒苔、溢油、风暴潮等海洋环境灾害的每日变化均很大，很难寻找到满足这一假设的时刻。②基于像元混解的方法需要计算出每一组分的丰度值，而在海洋环境灾害，尤其是浒苔灾害中存在明显的"零星"漂浮的现象，"零星"分布的海洋灾害对日常监测十分重要，在低分辨率影像上难以计算出其丰度值。

基于上述两个方法各自的优势与局限性，本小节以单一观测数据下的浒苔灾害监测为例，介绍一种针对海洋环境灾害的基于卷积神经网络要素数据分辨率时空融合转换模型（convolutional neural network based spatial-temporal fusion model，CNNSTFM）（图 3.12）。

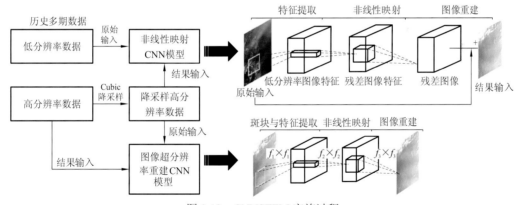

图 3.12　CNNSTFM 实施过程

CNNSTFM 假设用于监测浒苔、溢油、风暴潮的高分辨率图像与低分辨率图像的差异来自两个部分。第一部分差异来源于卫星传感器之间的系统误差 ε_1，第二部分差异来源于浒苔、溢油、风暴潮的迅速演变而带来的地物误差 ε_2。为了消除上述两项误差，可以分两个步骤完成。

步骤一的目的是消除卫星传感器之间的系统误差 ε_1。步骤一中需要训练两个模型，分别为非线性映射 CNN 模型与图像超分辨率重建 CNN 模型。为了训练非线性映射 CNN 模型，首先将用于训练的高分辨率图像 Y 进行 Cubic 降采样，得到与对应低分辨率图像 X 具有同样分辨率的降采样高分辨率图像 Y_l。非线性映射 CNN 模型将低分辨率图像作为训练的输入数据 X，将降采样的高分辨率图像作为训练的输出数据 Y_l。考虑 X 与 Y_l 具有一定的相似性，非线性映射 CNN 模型定义残差图像 $R = Y_l - X$ 作为模型的目标。非线性映射 CNN 模型的目标就是要构建低分辨率图像与残差图像之间的映射关系。

非线性映射 CNN 模型的第一层为特征提取层。为了提取输入的低分辨率图像的特征，模型采用 n_1 个大小为 $k_1 \times k_1$ 的卷积核对低分辨率图像进行特征提取。为了在保证精度的同时加速网络的收敛速度，线性整流函数 ReLU 被作为激活函数使用。

$$F_1^M(X) = \max(0, W_1 * X + b_1) \tag{3.25}$$

式中：$W_1 \in \mathbb{R}^{k_1 \times k_1 \times n_1}$ 为个数为 n_1、尺寸为 $k_1 \times k_1$ 的卷积核组；$b_1 \in \mathbb{R}^{n_1}$ 为偏差组；运算符"$*$"为卷积操作，卷积网络将通过不断优化 W_1 与 b_1 得到低分辨率图像中最有效的特征。

非线性映射 CNN 模型的第二层为映射层。为了建立低分辨率图像与高分辨率图像之间关系，模型将第一层提取到的低分辨率图像特征映射到残差图像特征上。模型采用 n_2 个大小为 $k_2 \times k_2$ 的卷积核对低分辨率图像特征进行处理，以获取残差图像特征。

$$F_2^M(X) = \max(0, W_2 * F_1^M(X) + b_2) \tag{3.26}$$

式中：$W_2 \in \mathbb{R}^{k_2 \times k_2 \times n_2}$ 为个数为 n_2、尺寸为 $k_2 \times k_2$ 的卷积核组；$b_2 \in \mathbb{R}^{n_2}$ 为偏差组；运算符"$*$"为卷积操作。

非线性映射 CNN 模型的第三层将残差图像特征映射到残差图像上，以实现对高分辨率图像的重建。模型采用 n_3 个大小为 $k_3 \times k_3$ 的卷积核对残差图像特征进行重建，得到降采样的高分辨率图像。

$$F_3^M(X) = \max(0, W_3 * F_2^M(X) + b_3) + X \tag{3.27}$$

式中：$W_3 \in \mathbb{R}^{k_3 \times k_3 \times n_3}$ 为个数为 n_3、尺寸为 $k_3 \times k_3$ 的卷积核组；$b_3 \in \mathbb{R}^{n_3}$ 为偏差组；运算符"$*$"表示卷积操作。

通过式（3.25）～式（3.27）可以发现，$F^M(X)$ 是一个参数为 Θ 的函数，其中 $\Theta = \{W_1, W_2, W_3, b_1, b_2, b_3\}$。为了准确求解 Θ，非线性映射 CNN 模型使用均方根误差作为模型的损失函数，设用于训练的低分辨率图像和高分辨率图像有 N 组，分别为 $\{(x_i, y_i)\}_{i=1}^{N}$，则损失函数可以描述为

$$L(\Theta) = \frac{1}{N} \sum_{i=1}^{N} \left\| F^M(X_i, \Theta) - Y_i \right\|^2 \tag{3.28}$$

非线性映射 CNN 模型采用随机梯度下降和标准反向传播使这种损失最小化，网络的学习率设置为 10^{-4}。

超分辨率重建 CNN 模型的输入数据为降采样高分辨率图像 Y_l，输出数据为高分辨率图像 Y。与非线性映射 CNN 模型类似，除了输入层与输出层，超分辨率重建 CNN 模型具有三个隐含层，分别对应特征提取、非线性映射与特征重建。超分辨率重建 CNN 的参数为 $\Theta' = \{W_1', W_2', W_3', b_1', b_2', b_3'\}$，其映射函数为 $F^S(X)$。用于训练的 CNN 模型的损失函数可以表示为

$$L(\Theta') = \frac{1}{N} \sum_{i=1}^{N} \left\| F^S(Y_{l_i}, \Theta') - Y_i \right\|^2 \qquad (3.29)$$

超分辨率重建 CNN 模型同样采用随机梯度下降和标准反向传播使损失最小化，网络的学习率设置为10^{-4}。

步骤二的目的是消除由浒苔、溢油、风暴潮的迅速演变带来的地物误差ε_2。在实际的应用中，零星分布的浒苔（图 3.13）、溢油、风暴潮灾害难以在低分辨率图像上发现，且变化迅速（图 3.14），这部分信息无法通过学习和训练的方式获得。因此 CNNSTFM 使用 WINDSAT 提供的海洋环境信息与高分辨率图像中的海洋灾害信息进行关联分析，构建海洋环境数据与灾害分布的关联规则，将海洋环境信息作为低分辨率图像的有效补充。表 3.5 为在浒苔灾害发生时进行关联的字段，表 3.6 所示为得到的关联的结果。结果中包含条件、预测、含义三项，当监测的区域存在海洋环境信息时，使用关联规则进行研判分析。代入关联规则后，若预测的结果与融合的结果不一致，则将结果调整为关联规则预测的结果。

图 3.13　零星分布的浒苔

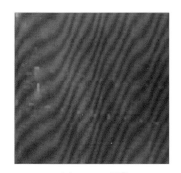 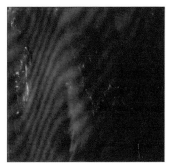

（a）MODIS影像　　　　　　　　　　　（b）Sentinel-2影像

图 3.14　零星分布的浒苔在不同影像上的表现

表 3.5　海洋环境数据字段

字段	含义
NIR	近红外波段反射率
RED	红波段反射率
NDVI	归一化植被指数
SST	海表温度
WLF	10 m 海面风速（低频）

字段	含义
WMF	10 m 海面风速（高频）
RAIN	降雨量
WAW	全天候 10 m 表面风速
WDIR	海面风向

表 3.6　浒苔灾害与海洋环境数据关联结果

规则编号	条件	预测	含义
1	21.6≤SST<22.2 -0.469≤NDVI<-0.386	0.144≤NIR<0.239	当海表温度为 21.6～22.2℃时，NDVI 为-0.469～-0.386，近红外波段预测为 0.144～0.239
2	4.56≤WLF<5.04 -0.469≤NDVI<-0.386	0.144≤NIR<0.239	当低频 10 m 海面风速为 4.56～5.04 m/s 时，NDVI 为-0.469～-0.386，近红外波段预测为 0.144～0.239
3	4.16≤WMF<4.62 -0.469≤NDVI<-0.386	0.144≤NIR<0.239	当高频 10 m 海面风速为 4.16～4.62 m/s 时，NDVI 为-0.469～-0.386，近红外波段预测为 0.144～0.239
4	71.70≤WDIR<107.55 -0.469≤NDVI<-0.386	0.144≤NIR<0.239	当海面风向为 71.70°～107.55°时，NDVI 为-0.469～-0.386，近红外波段预测为 0.144～0.239
5	21.6≤SST<22.2 4.56≤WLF<5.04 -0.469≤NDVI<-0.386	0.144≤NIR<0.239	当海表温度为 21.6～22.2℃时，低频 10 m 海面风速为 4.56～5.04 m/s 时，NDVI 为-0.469～-0.386，近红外波段预测为 0.144～0.239
6	4.74≤WAW<5.16 -0.469≤NDVI<-0.386	0.144≤NIR<0.239	当全天候 10 m 表面风速为 4.74～5.16 m/s 时，NDVI 为-0.469～-0.386，近红外波段预测为 0.144～0.239
7	WMF≥5.360	RED≥0.288 5	当高频 10 m 海面风速≥5.36 m/s 时，红波段反射率预测≥0.288 5
8	RAIN≥26.61 WLF≥53.01	RED≥0.288 5	当降雨量≥26.61 mm、低频 10 m 海面风速≥53.01 m/s 时，红波段反射率预测≥0.288 5

3.3.3　要素属性数据的时空融合方法

在进行浒苔、溢油、风暴潮等海洋灾害的监测过程中，除了考虑各类数据源的监测特性，灾害要素本身的特性对灾害监测的验证也起着重要的作用。例如降雨量、风速等海洋环境因素是影响浒苔灾害分布的重要因素。了解海洋灾害适合发展的环境，对监测海洋环境灾害具有重要的意义。本小节设计一种基于遗传算法的要素属性数据的时空融合方法，其技术路线图如图 3.15 所示。

1. 海洋环境数据与海洋灾害特征的获取

海洋环境数据包括海表温度（SST）、低频海面风速（WLF）、高频海面风速（WMF）、降雨量（RAIN）、海面风向（WDIR）等。海洋灾害特征即海洋灾害要素属性，包括灾害

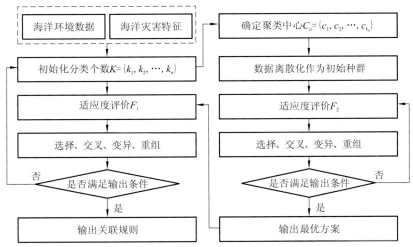

图 3.15 基于遗传算法的要素属性数据的时空融合方法技术路线图

分布位置、灾害分布形态、灾害分布中心等。为了将历史海洋环境数据与历史海洋灾害要素属性相融合以预测在相同环境下的海洋灾害，需要将二者进行关联分析。

2. 基于遗传算法与 Apriori 算法的数据融合

由于海洋环境数据与海洋灾害要素数据属于连续型数据，需要进行离散化处理才能进行关联操作。如何离散化海洋环境数据与海洋灾害要素数据直接影响要素数据属性的时空融合结果的质量。本小节将同时使用遗传算法与 Apriori 算法进行要素属性的数据融合，算法分为两层。第一层的目的是确定数据离散化的分组组数，第二层的目的是在确定离散分组组数时调整每个组的大小。设有 n 个待融合的属性字段，第一层首先针对每一项数据随机初始化分组个数 $K = \{k_1, k_2, \cdots, k_n\}$，并将其提交给第二层进行离散化。第二层使用 k-means 方法，根据每一项数据的分组数量确定每个数据的聚类中心 $C_n = \{c_1, c_2, \cdots, c_n\}$，并进行数据离散化操作。将离散化后的各项数据作为初始种群，使用 Apriori 算法进行关联规则的提取，将提取到的关联规则进行适应度评价、选择、交叉、变异、重组的遗传算法步骤以调整每种离散分组的边界。当满足输出条件（达到一定的遗传代数）时，提交给第一层进行适应度评价，并进行第一层的选择、交叉、变异、重组操作以调整每类数据的分组数量。当满足输出条件（达到一定的遗传代数）时，将关联规则进行输出。在本算法中，适应度评价函数 F_1 与 F_2 分别为第一层和第二层提取得到的规则的置信度总和，置信度总和越大，其适应度越好。

3.3.4 典型事件要素的单一观测数据时空融合实例

本小节选取 2019 年 7 月 23 日黄海浒苔灾害作为典型事件要素的单一观测数据时空融合实例。2019 年 7 月 23 日，黄海浒苔处于消亡期，部分区域呈现"零星"分布的状态。当日天气情况良好，MODIS 与 Sentinel-2 在黄海海域均有成像，在进行时空融合后可以进行对比分析。同时，零星分布的浒苔灾害在 MODIS 影像上难以识别，在 Sentinel-2 影像上清晰可辨。本实例的目的是在仅有单一的 MODIS 影像时实现对浒苔灾害的精确监测。3.3.2 小节归纳了 MODIS 影像与 Sentinel-2 影像之间的两类误差 ε_1 与 ε_2。本实例使用 2016 年、2017 年与 2018 年的 MODIS 影像与 Sentinel-2 影像对 CNNSTFM 进行训练，同时使用 WINDSAT 数据提取浒苔灾害与海洋环境之间的关联规则，作为对低分辨率影像信息量的有效补充。

图 3.16 展示了 CNNSTFM 在本实例中的可视化融合过程。从可视化结果来看，在消除了 ε_1，即卫星传感器之间的差异后，呈"面状"分布的浒苔灾害已经有了较好的可视化描述。在消除了 ε_2，即浒苔灾害发展造成的差异后，已经可以发现部分零星分布的浒苔灾害，较为接近原始的 Sentinel-2 影像。

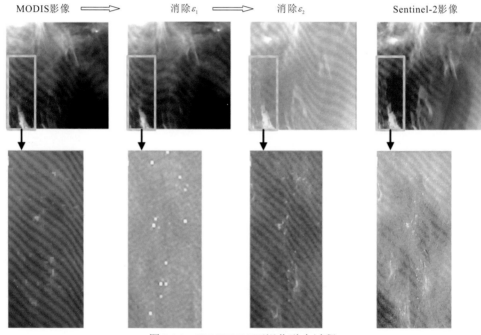

图 3.16 CNNSTFM 可视化融合过程

为了更进一步评价本实例的时空融合结果，拟合优度（R^2）、平均绝对偏差（average absolute deviation，AAD）、平均相对偏差（average relative deviation，ARD）与相关系数（correlation coefficients，CC）（Guo et al.，2018）对原始 MODIS 影像、消除 ε_1 后的影像、消除 ε_1 与 ε_2 后的影像进行评价。

$$R^2 = \frac{\sum\limits_{i=1}^{M}\sum\limits_{j=1}^{N}(P(i,j)-\bar{P})}{\sum\limits_{i=1}^{M}\sum\limits_{j=1}^{N}(L(i,j)-\bar{L})} \tag{3.30}$$

$$AAD = \frac{\sum\limits_{i=1}^{M}\sum\limits_{j=1}^{N}|L(i,j)-P(i,j)|}{MN} \tag{3.31}$$

$$ARD = \frac{\sum_{i=1}^{M}\sum_{j=1}^{N}\left|\dfrac{L(i,j)-P(i,j)}{L(i,j)}\right|}{MN} \tag{3.32}$$

$$CC = \frac{\sum_{i=1}^{M}\sum_{j=1}^{N}(L(i,j)-\overline{L})(P(i,j)-\overline{P})}{\sqrt{\sum_{i=1}^{M}\sum_{j=1}^{N}(L(i,j)-\overline{L})^2}\sqrt{\sum_{i=1}^{M}\sum_{j=1}^{N}(P(i,j)-\overline{P})^2}} \tag{3.33}$$

式中：M、N 分别为影像的行、列像素数；P 为预测数据；L 为观测数据；$\overline{L}$、$\overline{P}$ 分别为 L 与 P 的均值。

表 3.7 所示为本实例时空融合的过程中使用 R^2、AAD、ARD 与 CC 对红波段与近红外波段进行评价的结果。在时空融合的过程中，红波段与近红外波段的 R^2 与 CC 都在逐渐升高，说明模型在不断逼近真值。ARD 与 AAD 呈现出先升高后降低的趋势。MODIS 影像和 Sentinel-2 影像不具有明显的相似性。消除 ε_1 后 AAD 与 ARD 增加，这是因为浒苔灾害每日的变化很大。消除 ε_2 后，AAD 与 ARD 都有所减小。

表 3.7 实例结果评价表

项目		R^2	AAD	ARD	CC
近红外波段	MODIS	−1.426	872.660	1.175	0.366
	消除 ε_1	0.721	32 695.000	45.340	0.699
	消除 ε_2	0.898	39.890	0.054	0.844
红波段	MODIS	−1.409	187.950	0.106	0.793
	消除 ε_1	0.870	31 521.000	17.630	0.817
	消除 ε_2	0.889	79.790	0.022	0.949

3.4 无观测下数据时空推估融合方法

无观测下数据时空推估融合方法指受云层覆盖、天气状况不佳等因素影响，直接的探测手段（卫星遥感、监测飞机与监测船等）无法直接对海洋环境灾害进行观测时，借助海洋环境数据、网络舆情数据、时空邻近数据等对当前的海洋灾害进行推算估计的方法。浒苔、溢油、风暴潮等海洋环境灾害在时空分布上具有一定的连续性，同时与海洋环境、网络舆情等数据又具有一定的相关性。本节重点介绍时间邻近下的要素数据时空推估方法、空间邻近下的要素数据时空推估方法。

3.4.1 时间邻近下的要素数据时空推估融合方法

在浒苔、溢油、风暴潮的每日监测过程中，受天气等因素的影响，往往无法获得当日有效监测数据。业务化部门常常结合往期的浒苔、溢油、风暴潮监测结果，以及浒苔、溢油、风暴潮一般的发展规律对当日的受灾情况进行推估。本小节提供一种基于元胞自动机的时间邻近下的要素数据时空推估方法。图 3.17 为时间邻近下的要素数据时空推估示意图。同一区域中，在往期的 T_0 与 T_1 时刻存在完备的浒苔、溢油与风暴潮的监测结果，而当前 T_2 时刻的数据处于缺失的状态。时间邻近下的要素数据时空推估方法就是根据 T_0 与 T_1 时刻的浒苔、溢油、风暴潮等完备的监测结果，对 T_2 时刻的浒苔、溢油、风暴潮的分布与覆盖情况进行有效的推估。

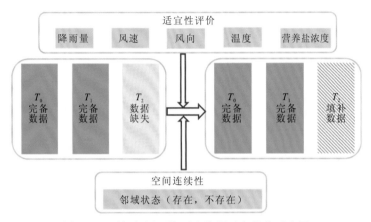

图 3.17　时间邻近下的要素数据时空推估示意图

　　浒苔、溢油、风暴潮灾害的发展往往与降雨量、风速、风向、温度、营养盐浓度等因素息息相关。在卫星影像、船舶监测等监测方式不完备甚至完全缺失的情况下，风速、温度、降雨量等数据的获取不会受到影响。因此在 t 时刻的直接观测数据处于不完备与缺失的情况时，本小节设计的时间邻近下的要素数据时空推估方法首先基于往期数据进行基于元胞自动机的适宜性评价。对于往期结果中存在浒苔、溢油、风暴潮灾害的元胞，根据 WINDSAT 等数据源提供的风速、温度、降雨量等信息进行适应度评价，以估计这个元胞中的浒苔、溢油、风暴潮灾害的发展状态。同时考虑浒苔、溢油、风暴潮灾害在空间上的连续性，加入邻域元胞的影响以最终确定这个元胞的状态。

　　本小节所述的基于元胞自动机的时间邻近下的要素数据时空推估方法具体如下。

　　某元胞 (i, j) 在 t_{i-1} 时刻的状态为 $p_{d,ij}^{t-1}$，其值为 1 表示存在灾害，否则不存在。则其在 t 时刻发展成浒苔、溢油、风暴潮灾害的概率为 $p_{d,ij}^{t}$，可表示为

$$p_{d,ij}^{t} = R_A P_g \, con(s_{i,j}^{t}) \Omega_{i,j}^{t} \tag{3.34}$$

式中：R_A 为随机项，用于模拟浒苔、溢油、风暴潮的发展与不确定性，可表示为

$$R_A = 1 + (-\ln r)^{\omega} \tag{3.35}$$

式中：r 为 $[0,1]$ 的随机数；ω 为控制随机变量大小的参数。

　　P_g 为综合评价各影响因子对浒苔、溢油、风暴潮等发展的适宜性评价函数，可表示为

$$P_g = \frac{1}{1 + e^{-\left(a + \sum_{k=1}^{ij} b_k x_k\right)}} \tag{3.36}$$

式中：a 为常数项；x_k 为影响因子，如海表温度、海面风向等；b_k 为影响因子的权重，用来

表征影响因子贡献值的大小，b_k 的大小可以通过要素属性的时空融合与关联方法进行确定。例如在浒苔灾害发生时，使用 WINDSAT 数据作为环境数据时，b_k 的取值如表 3.8 所示。

表 3.8　浒苔灾害中不同影响因子的权重取值

x_k	b_k
RAIN	0.16
WLF	0.04
WMF	0.34
WAW	0.03
SST	0.28
WDIR	0.20

$\text{con}(s_{i,j}^t)$ 为约束外部因子的条件函数，主要对模拟区域边界等进行约束，其值域为 $[0,1]$；$s_{i,j}^t$ 为 t 时刻元胞的状态，若该状态为不利于浒苔、溢油、风暴潮发展的区域，则其值接近于 0，否则，接近于 1。

$\Omega_{i,j}^t$ 为邻域函数，表示 t 时刻元胞的 3×3 邻域对其影响值，以保证浒苔、溢油、风暴潮灾害在空间上连续性：

$$\Omega_{i,j}^t = \sum_{3\times3} (S_{i,j} = 1) / (3 \times 3 - 1) \tag{3.37}$$

得出元胞发展的概率 $p_{d,ij}^t$ 后，还需要判断这个元胞是否会发展为灾害发生区域。

$$S_{t+1}(i,j) = \begin{cases} 1, & p_{d,ij}^t \geq p_{\text{th}} \bigcap \gamma \leq \beta \\ 0, & p_{d,ij}^t < p_{\text{th}} \bigcap \gamma > \beta \end{cases} \tag{3.38}$$

式中：p_{th} 为阈值，范围为 $[0,1]$；γ 为随机变量；$\beta = \dfrac{1}{K}$，K 为迭代次数。

对监测区域的每一位置进行判断，即可得到浒苔、溢油与风暴潮灾害覆盖与分布的有效推估。

3.4.2　空间邻近下的要素数据时空推估融合方法

在浒苔、溢油、风暴潮灾害的每日监测过程中，观测数据的完备性在不同区域呈现出显著差异。监测过程中除考虑灾害的时间邻近性以满足无观测数据下的要素推估外，灾害要素的空间邻近性也可以作为推估的证据。例如在进行浒苔、溢油与风暴潮灾害监测时，云层可能仅遮挡了部分的直接观测数据，一种思路是仅针对数据完备的区域使用 3.4.1 小节所述的时间邻近下的要素数据时空推估方法，另一种思路是使用当日空间邻近的灾害要素对无观测数据区域的灾害要素进行推估。针对第二种思路，本小节设计一种基于普通克里金算法的空间邻近下的要素数据时空推估方法。图 3.18 为空间邻近下的要素数据时空推估方法框架图。在同一时段下，监测区域中部分区域存在数据不完备的情况，其他区域的监测数据处于完备的状态。空间邻近下的要素数据时空推估方法就是要实现在部分区域数据不完备时，对当前的浒苔、溢油、风暴潮灾害进行有效的推估。在同一时段内，监测范围内的浒苔、溢油、风暴潮灾害往往出现在相同的海洋环境条件下。本小节设计的基于普通克里金算法的空间邻近下要素数据时空推估方法首先对不完备区域的降雨量、风速、风向、温度、营养盐浓度等海洋环境因素与完备区域的海洋环境进行相似性评价，以确定同一时段下不完备区域内浒苔、溢油、风暴潮灾害可能发生的区域。在浒苔、溢油、风暴潮灾害可能发生的区域，使用普通克里金方法对遥感影像的相应波段进行插值处理。普通克里金算法的插值假设包括区域化变量增量均值为 0、区域化变量增量的方差与位置无关。基于普通克里金算法的空间邻近下要素数据时空推估方法还需要考虑浒苔、溢油、风暴潮灾害在轨迹与分布上的连续性。

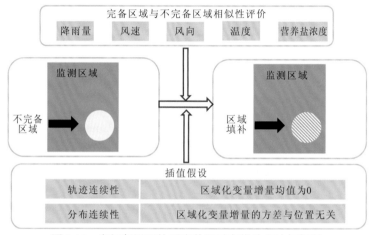

图 3.18　空间邻近下的要素数据时空推估方法框架图

空间邻近下的要素数据时空推估方法基于两个重要假设：①区域化变量增量的均值为 0；②距离为 h 时，区域化变量增量的方差存在，且该方差与 x 无关。

$$E[Z(x+h) - Z(x)] = 0 \tag{3.39}$$

$$\mathrm{Var}[Z(x+h) - Z(x)] = 2\gamma(h) \tag{3.40}$$

式中：$Z(x+h)$ 为 $x+h$ 位置处的观测值；$Z(x)$ 为 x 位置处的观测值；$\gamma(h)$ 为距离 h 对应的半变异函数值，可以表示为

$$\gamma(h) = \frac{1}{N_h} \sum_{i=1}^{N_h} [Z(x+h) - Z(x)]^2 \tag{3.41}$$

式中：N_h 为距离为 h 的观测数据点对的个数。在距离 h 相同的条件下，不同半变异函数的值的大小可以反映数据空间相关性的强弱。当距离 h 相同时，半变异函数值越大，数据的空间相关性越弱，反之则越强。根据式（3.41）计算出半变异函数值后，可以以 h 为自变量、相应的半变异函数值为因变量，对常见的半变异函数模型进行拟合，选出结果最好的曲线作为半变异函数的模型曲线。常见的半变异函数模型主要有球形模型、指数模型、高斯模型、立方休模型，计算公式见表 3.9。

表 3.9　常见的半变异函数模型公式

半变异函数模型	公式
球形模型	$\gamma(h) = \begin{cases} C_0 + C\left(\dfrac{3h}{2a} - \dfrac{h^3}{2a^3}\right), & 0 \leqslant h \leqslant a \\ C_0 + C, & h > a \end{cases}$
指数模型	$\gamma(h) = C_0 + C\left(1 - \mathrm{e}^{-\frac{3h}{a}}\right)$
高斯模型	$\gamma(h) = C_0 + C\left(1 - \mathrm{e}^{-\frac{3h^2}{a^2}}\right)$
立方体模型	$\gamma(h) = \begin{cases} C_0 + C\left(\dfrac{7h^2}{a^2} - \dfrac{35h^3}{4a^3} + \dfrac{7h^5}{2a^5} - \dfrac{3h^7}{4a^7}\right), & 0 \leqslant h \leqslant a \\ C_0 + C, & h > a \end{cases}$

假设在研究区域 D 内存在一组观测点，其位置为 $x_1, x_2, \cdots, x_n$，相应的观测值分别为 $Z(x_1), Z(x_2), \cdots, Z(x_n)$，则在区域 D 内任意一未知点 x_0 处的估计值 $Z^*(x_0)$ 为

$$Z^*(x_0) = \sum_{i=1}^{n} \lambda_i Z(x_i) \tag{3.42}$$

式中：$Z(x_i)$ 为 x_i 位置的观测值；n 为观测个数；λ_i 为分配给 $Z(x_i)$ 的权重系数。普通克里金方法是一种最优线性无偏估值方法，满足两个条件：①估计值误差期望为 0；②若估计值误差的方差最小，则估计值是最优的。

为求得合适的权重系数，需要满足式（3.43）中的条件（宣腾，2016）。

$$\begin{bmatrix} \gamma_{11} & \gamma_{12} & \cdots & \gamma_{1n} & 1 \\ \gamma_{21} & \gamma_{22} & \cdots & \gamma_{2n} & 1 \\ \vdots & \vdots & & \vdots & \vdots \\ \gamma_{n1} & \gamma_{n2} & \cdots & \gamma_{nn} & 1 \\ 1 & 1 & 1 & 1 & 0 \end{bmatrix} \begin{bmatrix} \lambda_1 \\ \lambda_2 \\ \vdots \\ \lambda_n \\ \mu \end{bmatrix} = \begin{bmatrix} \gamma_{01} \\ \gamma_{02} \\ \vdots \\ \gamma_{0n} \\ 1 \end{bmatrix} \tag{3.43}$$

根据上述普通克里金法的基本原理，本小节设计的基于普通克里金算法的空间邻近下要素数据时空推估方法主要包括如下几个步骤。

（1）将已知点 $x_n(n = 1, 2, \cdots, n)$ 存在浒苔、溢油、风暴潮灾害的概率作为观测值 $Z(x_n)$。

（2）对于存在海洋环境数据（盐度、温度、风场等）的未知点，使用灾害适宜因子 P_g 对灾害进行适应性评价：

$$P_\mathrm{g} = \frac{1}{1 + \mathrm{e}^{-\left(a + \sum\limits_{k=1}^{k} b_k x_k\right)}} \tag{3.44}$$

式中：a 为常数项；x_k 为影响因子，如海表温度、海面风向等；b_k 为影响因子的权重，用来表征影响因子贡献值的大小。

（3）考虑浒苔、溢油、风暴潮灾害在轨迹与分布上的连续性，使用 $\mathrm{con}(s_{i,j})$ 对灾害的边界与轨迹进行约束。若该状态为不利于浒苔、溢油、风暴潮灾害发展的区域，则其值接近于 0，否则，接近于 1。可估计出未知点中存在海洋环境数据的观测值 $Z(x_n)$：

$$Z(x_n) = R_\mathrm{A} P_\mathrm{g} \, \mathrm{con}(s_{i,j}) \tag{3.45}$$

（4）根据式（3.41）计算观测数据之间的半变异函数值 $\gamma_{ij}(1 \leqslant i, j \leqslant n)$。

（5）选择合适的半变异函数模型，对半变异函数值进行拟合，得到该模型的表达式。

（6）利用模型表达式计算任意两个观测点之间的半变异函数值及预测点和各个观测点之间的半变异函数值，将结果代入式（3.43）中，求得权重系数。

（7）计算观测点的估计值 $Z^*(x_0)$，并判断是否存在浒苔、溢油、风暴潮灾害。

3.4.3 典型事件要素的无观测数据时空推估融合实例

本小节选取 2019 年 6 月 24 日的浒苔灾害作为典型事件要素的无观测数据时空推估融合实例。如图 3.19 所示，2019 年 6 月 24 日浒苔灾害处于暴发期，并且有登陆的趋势。当日仅存在光学遥感影像，天气情况不佳，有大量的云层存在，严重影响浒苔灾害的识别与监测。在云层存在的区域，满足使用无观测数据时空推估融合的条件。

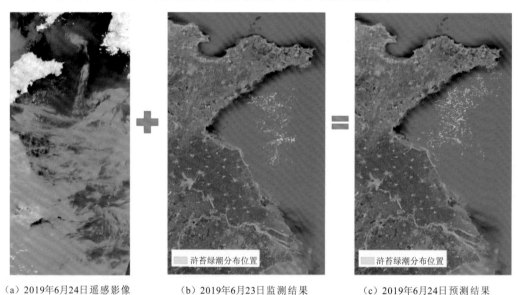

（a）2019年6月24日遥感影像   （b）2019年6月23日监测结果   （c）2019年6月24日预测结果

图 3.19 无观测数据下浒苔灾害时空推估融合实例

本实例首先提取不存在云层覆盖区域的浒苔灾害，结合 2019 年 6 月 23 日浒苔监测结果，使用基于元胞自动机的时间邻近下的要素数据时空推估方法进行时空融合。考虑浒苔发展的过程具有连续性，将推估的结果与 2019 年 6 月 23 日的浒苔监测结果进行比较。实例的结果符合连续发展，并且满足浒苔暴发期登陆的趋势，因此可以作为监测结果使用。

参 考 文 献

陈莹, 朱明, 李兆泽, 2014. 基于高斯混合模型的遥感数字图像增强. 中国激光, 41(12): 229-235.

代彭坤, 2018. 基于 Sentinel 1 的 SAR 台风风场反演研究. 厦门: 厦门大学.

顾行发, 陈兴峰, 尹球, 等, 2011. 黄海浒苔灾害遥感立体监测. 光谱学与光谱分析, 31(6): 1627-1632.

施英妮, 石立坚, 夏明, 等, 2012. HJ-1A/1B 星 CCD 传感器数据在黄东海浒苔监测中的应用. 遥感信息(2):

47-50.

唐琎, 张闻捷, 高琰, 等, 2005. 不同精度冗余数据的融合. 自动化学报, 31(6): 122-130.

王国伟, 李继龙, 杨文波, 等, 2010. 利用 MODIS 和 RADARSAT 数据对浒苔的监测研究. 海洋湖沼通报(4): 1-8.

奚民伟, 2019. 我国的海洋灾害及其监测方法. 中国测绘(9): 55-58.

宣腾, 2016. 基于克里金法的地质勘探位置分析. 哈尔滨: 哈尔滨工业大学.

杨静, 张思, 刘桂梅, 2017. 基于卫星遥感监测的 2011～2016 年黄海绿潮变化特征分析. 海洋预报, 34(3): 56-61.

杨明, 朱杰, 高延铭, 2012. 基于信息融合的海洋溢油识别判据的研究. 信息技术, 36(4): 40-42.

杨万康, 2019. 典型海湾风暴潮的非线性与共振效应及其危险性评估研究. 北京: 中国科学院大学.

张彪, 何宜军, 2015. 高海况海洋遥感信息提取技术研究进展. 海洋技术学报, 34(3): 16-20.

张庆红, 韦青, 陈联寿, 2010. 登陆中国大陆台风影响力研究. 中国科学: 地球科学, 40(7): 941-946.

周旋, 杨晓峰, 李紫薇, 等, 2012. 降雨对 C 波段散射计测风的影响及其校正. 物理学报, 61(14): 532-542.

朱宗斌, 2015. SAR 海洋溢油监测多源信息融合研究. 青岛: 中国海洋大学.

CALABRESI G, DEL FRATE F, LICHTENEGGER J, et al., 1999. Neural networks for the oil spill detection using ERS-SAR data. IEEE 1999 International Geoscience and Remote Sensing Symposium. IGARSS'99 (Cat. No. 99CH36293), 1: 215-217.

CAO S, HU D, HU Z, et al., 2018. An integrated soft and hard classification approach for evaluating urban expansion from multisource remote sensing data: A case study of the Beijing-Tianjin-Tangshan metropolitan region, China. International Journal of Remote Sensing, 39(11): 3556-3579.

CAO Y, WU Y, FANG Z, et al., 2019. Spatiotemporal patterns and morphological characteristics of Ulva prolifera distribution in the Yellow Sea, China in 2016-2018. Remote Sensing, 11(4): 445.

CUI T W, LIANG X J, GONG J L, et al., 2018. Assessing and refining the satellite-derived massive green macro-algal coverage in the Yellow Sea with high resolution images. ISPRS Journal of Photogrammetry and Remote Sensing, 144: 315-324.

DEMPSTER A P, 1967. Upper and lower probabilities induced by a multivalued mapping. Annals of Mathematical Statistics, 38: 325-339.

GAO F, MASEK J, SCHWALLER M, et al., 2006. On the blending of the Landsat and MODIS surface reflectance: Predicting daily Landsat surface reflectance. IEEE Transactions on Geoscience and Remote Sensing, 44(8): 2207-2218.

GEVAERT C M, GARCÍA-HARO F J, 2015. A comparison of STARFM and an unmixing-based algorithm for Landsat and MODIS data fusion. Remote Sensing of Environment, 156: 34-44.

GUO S, SUN B, ZHANG H K, et al., 2018. MODIS ocean color product downscaling via spatio-temporal fusion and regression: The case of chlorophyll-a in coastal waters. International Journal of Applied Earth Observation and Geoinformation, 73: 340-361.

HORSTMANN J, FALCHETTI S, WACKERMAN C, et al., 2015. Tropical cyclone winds retrieved from C-band cross-polarized synthetic aperture radar. IEEE Transactions on Geoscience and Remote Sensing, 53(5): 2887-2898.

LIU P, ZHAO C, LI X, et al., 2010. Identification of ocean oil spills in SAR imagery based on fuzzy logic algorithm. International Journal of Remote Sensing, 31(17-18) : 4819-4833.

MOUCHE A A, CHAPRON B, ZHANG B, et al., 2017. Combined co- and cross-polarized SAR measurements under extreme wind conditions. IEEE Transactions on Geoscience and Remote Sensing, 55(12): 6746-6755.

NIE C, LONG D G, 2008. A C-band scatterometer simultaneous wind/rain retrieval method. IEEE Transactions on Geoscience and Remote Sensing, 46(11): 3618-3631.

QUARTULLI M, DATCU M, 2003. Information fusion for scene understanding from interferometric SAR data in urban environments. IEEE Transactions on Geoscience and Remote Sensing, 41(9): 1976-1985.

SHEN H, PERRIE W, LIU Q, et al., 2014. Detection of macroalgae blooms by complex SAR imagery. Marine Pollution Bulletin, 78(1-2): 190-195.

SINGHA S, BELLERBY T J, TRIESCHMANN O, 2013. Satellite oil spill detection using artificial neural networks. IEEE Journal of Selected Topics in Applied Earth Observations and Remote Sensing, 6(6): 2355-2363.

SOLBERG A S, BREKKE C, SOLBERG R, 2004. Algorithms for oil spill detection in radarsat and ENVISAT SAR images. IEEE International Geoscience and Remote Sensing Symposium, 2004. IGARSS'04 Proceedings, 7: 4909-4912.

SUN X, WU M, XING Q, et al., 2018. Spatio-temporal patterns of Ulva prolifera blooms and the corresponding influence on chlorophyll-a concentration in the Southern Yellow Sea, China. Science of The Total Environment(640-641): 807-820.

WANG Z, FANG Z, WU Y, et al., 2019. Multi-Source evidence data fusion approach to detect daily distribution and coverage of Ulva prolifera in the Yellow Sea, China. IEEE Access, 7: 115214-115228.

ZHANG F, SHAO Y, TIAN W, et al., 2008. Oil Spill Identification based on Textural Information of SAR image. 2008 IEEE International Geoscience and Remote Sensing Symposium, 6: 1308-1311.

ZHU X, HELMER E H, GAO F, et al., 2016. A flexible spatiotemporal method for fusing satellite images with different resolutions. Remote Sensing of Environment, 172: 165-177.

第4章 典型海洋环境安全事件链时空关联分析方法

4.1 典型海洋环境安全事件链时空关联分析框架设计

海洋环境安全事件指由自然或人为因素引起的、导致海洋环境的安全性受到妨害的突发性事件。典型海洋环境安全事件包括风暴潮、浒苔、原油泄漏等。在某种海洋环境安全事件发生后，根据自然生态系统间相互依存、相互制约的关系，容易产生连锁效应，进而诱发一系列的次生安全事件，这一现象称为安全事件链。为了实现典型海洋环境安全事件链时空关联分析，设计典型海洋环境安全事件链时空关联分析框架（图4.1），包括观测数据与灾害事件要素的时空关联、灾害事件要素与灾害事件链的时空关联、观测数据与灾害事件链的时空关联三个部分。观测数据与灾害事件链的时空关联分析包括事件链相连节点关系量化方法与事件链不相连节点关系挖掘方法，对应4.2节。观测数据与灾害事件要素的时空关联分析包括数据到特征（D-F）时空关联分析方法与特征到特征（F-F）时空关联分析方法，分别对应4.3节和4.4节。为了阐述灾害事件要素与灾害事件链之间的关系，本章使用三个实例，即灾害事件与人群活动时空关联分析、灾害事件与海上敏感对象时空关联分析、灾害事件与海洋环境要素时空关联分析，分别对应4.2.3小节、4.3.3小节和4.4.4小节。

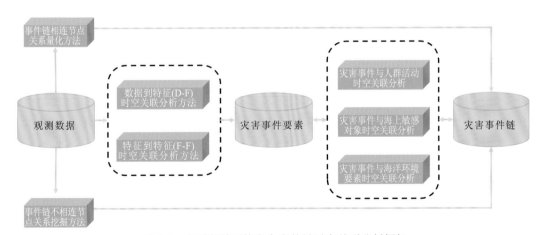

图 4.1 典型海洋环境安全事件链时空关联分析框架

4.2　多源数据融合下的海洋环境安全事件节点关系分析

安全事件链的链式效应会扩大事件的波及范围和影响力，损坏基础设施、影响居民生活，对社会经济造成巨大损失。因此，建立安全事件之间的关联机制，构建安全事件链，能够为次生安全事件的预测和预防提供依据，降低其负面影响，具有重大意义。

安全事件链由事件节点和节点间的连接关系组成。构建事件链的一般方法是从历史数据中提取相关的灾害事件集，基于不同事件发生的频次等信息，利用共现矩阵和条件概率分析等方法对事件间的关系进行定量化描述。

在实际构建安全事件链的过程中，由于次生安全事件的类型众多，且尚未形成完备的观测体系，常常出现某些节点数据缺失的情况，无法通过传统方式构建与其他节点间的关系，为灾害预防工作带来不便。针对这一问题，研究不完备观测下的安全事件链构建方法具有重要的现实意义。

本节介绍不完备观测情况下安全事件链相邻节点及不相邻节点间关系量化的方法，并列举几种典型海洋环境安全事件链的构建结果。

4.2.1　事件链相连节点关系量化方法

事件链中相邻节点间的关系较为直接，且多为因果关系。因果关系指前一事件的发生引发后一事件，如大旱之后容易滋生蝗灾、大地震之后有大疫等。相邻节点间的因果作用机理一般较为明确，可以建立正向因果关系模型。

系统动力学模型适用于作用机理明确的建模情况，该模型主要依据系统内部组成要素互为因果反馈的特点，从系统的内部结构来寻找问题发生的根源，而不是用外部的干扰或随机事件来说明系统的行为性质（李晗，2016）。在建模过程中，首先围绕两个安全事件节点，明确其组成的微系统的边界，然后抽象出其中起作用的系统因子及相互作用关系，初步构建系统的因果关系图（图 4.2），并形成回路。至此，系统因子间的关系只是被定性描述为正作用（+）或反作用（-），仅表明逻辑意义。对于不同的海洋安全事件，其受灾体和在实际应用中的关注点存在差异，因此，抽象出的系统因子及因果关系回路图的复杂程度也不尽相同。浒苔灾害链相连节点间因果关系图如图 4.3 所示。

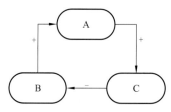

图 4.2　因果关系回路示意图

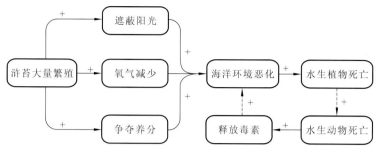

图 4.3　浒苔灾害链相连节点间因果关系图

建立具有计算意义的系统流图，实质上是为因果关系图填充定量化描述。在流图中，变量被划分为积累变量和流速变量，积累变量是流的堆积和系统活动结果的表现，流速变量是对流的描述，二者的区别在于若系统停止活动，流速变量会迅速为 0，而积累变量则不会。变量间的关系及系统的运作依赖 6 种基本方程式：①积累（L）方程式；②流速（R）方程式，用于描述积累变量中的流在单位时间内流入和流出的量；③辅助（A）方程式，用于简化计算；④附加（S）方程式；⑤给定常量（C）方程式；⑥赋初始值（N）方程式，用于在仿真开始时刻为所有累积变量和部分辅助变量赋初值。

完成建模后，运行仿真程序即可得到系统变量状态随时间的变化，完整的系统动力学模型建模流程如图 4.4 所示。

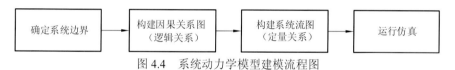

图 4.4　系统动力学模型建模流程图

系统动力学模型能够灵活增减系统因子，在遵循逻辑关系的前提下，重构因果关系图。这个抽象过程很好地利用了系统内部逻辑关系的复杂性和多样性。系统动力学模型的这一特性对数据的环节性整体缺失情形非常适用，除此之外，观测不完备问题还包括数据的区域性缺失（只获取到部分区域的数据）和时段性缺失（只获取到部分时段的数据），涉及由部分推估整体的量化建模问题。

1. 观测数据区域性缺失

针对观测数据区域性缺失的情形，需要根据已知的空间数据，通过空间内插的方法获取未知区域的数据。选择一个适应于数据空间分布特征的内插方法是空间内插的关键，可选的方法包括几何方法、统计方法、空间统计方法、函数方法、随机模拟方法、物理模拟方法（李新 等，2000）。

几何方法的假设基于地理学第一定律，常见的算法是反距离加权法。统计方法认为空间数据互相相关，预测值的趋势和周期是与它相关的其他变量的函数，常用的方法是趋势面法。趋势面法计算开销不大，有理论基础，可以做误差的整体估计，但受采样设计影响较大。空间统计方法假设空间随机变量具有二阶平稳性或服从空间统计的基本假设，常见方法是克里金插值法。空间统计方法能够对误差进行逐点的理论估计，不会产生回归分析的边界效应，但存在计算量大、变异函数的选择依赖经验等不足。函数方法不需要对空间结构进行预先估计，不需要统计假设，但在采样点稀疏时精度较差，且难以对误差进行估计，常用方法有傅里叶级数法、样条函数法、双线性内插法、立方卷积法。随机模拟方法认为地理空间具有非平稳性和空间异质性，定义了各种随机变量之间的空间相关，但存在建模困难、计算量大等问题，常见方法有高斯过程法、马尔可夫过程法、蒙特卡罗法等。物理模拟方法不同于空间统计方法，它认为空间分布规律受物理定律控制，对观测样本的依赖度低，对空间现象的不确定性特质考虑较少。

2. 观测数据时段性缺失

针对观测数据在某些时段缺失的情形，需要结合历史数据对缺失数据进行推估。可用的模型包括马尔可夫模型、神经网络模型等。马尔可夫模型是一种常用的统计模型，被广泛用于时序数据的修复。传统的马尔可夫模型只考虑了单边的信息，即待预测点的前置信息或后继信息。有研究提出了 4 种不同方向组合的马尔可夫模型，可以综合 4 种模型来考虑缺失点的双向信息，研究结果表明该模型的时间敏感度更高，可以为相关应用提供有益参考（彭秋芳，2018）。

利用神经网络模型补全观测缺失数据方面也积累了一些研究成果。基于数据缺失的时间越长、其历史记忆的衰减程度越大这一特性，罗永洪（2019）提出能够处理缺失时序数据的填充循环神经网络。该网络可以通过衰减时序数据的历史记忆向量来有效地编码缺失时序数据，从而得到缺失时序数据的本质特征与缺失规律。该网络首先通过学习获得缺失时序数据的数学分布，并引入衰减因子来更新历史记忆向量，然后针对每一条时序数据寻找最优的填充值，进而填充数据中的缺失值，从而提高了时序数据缺失值填充的准确度。

此外，常见的因果关系定量化的建模方法主要有两种：一是回归分析法，包括一元线性回归、多元线性回归和非线性回归，为保证模型的可靠性，该方法对建模数据量有一定要求，不适用于数据缺失严重的情况；二是趋势外推法，即利用事物过去的发展规律推导未来的趋势，常用的函数模型包括多项式模型、指数曲线模型、生长曲线模型和包络曲线模型。相较于回归分析法，趋势外推法的数据属性更弱、模型属性更强，更适用于数据量较少的情况。

4.2.2　事件链不相连节点关系挖掘方法

事件链中不相连的节点间的联系相对模糊且不直接，难以从作用机理出发来建立模型，人工神经网络（artificial neural network，ANN）方法则较适用于这类情况。ANN 通过人工神经元和彼此之间的连接关系对神经网络进行仿真，它可以从不完善的数据中学习，找出输入变量和输出变量之间的内在关系（李晶 等，2010）。这种关系存在于 ANN 的整个系统中，并不局限于某一存储单元，这使得 ANN 具有很高的容错性，因此 ANN 被广泛应用于灾害事件的预测。

基于 ANN 建立节点之间的联系，关键在于特征的提取和选择。对于 ANN，特征决定模型的上限，对模型的影响最大。海洋环境安全事件的特征可分为自然属性特征和社会经济属性特征。自然属性特征反映海洋环境安全事件在时空维度上的强度，社会经济属性则反映海洋环境安全事件发生后受灾体的受灾程度。

由于不同海洋环境安全事件的自然成因不同，本小节针对三种典型海洋环境安全事件（浒苔、风暴潮、溢油）分别介绍其常用的自然属性特征，其中包含一些能够描述灾害时空特征的指标。

1. 浒苔灾害

浒苔是近海常见的环境适应能力和繁殖能力强的大型海藻（陈磊 等，2018）。浒苔灾害指由水体富营养化、水温升高、臭氧层破坏及其他自然和人为要素引起的浒苔大量繁殖，影响海洋生态环境和人类活动的灾害。浒苔的时空分布特征可通过覆盖面积、中心位置、分布旋转角度及分布长宽4个特征来描述。

1）覆盖面积

通过遥感数据集可以提取海洋区域的归一化植被指数（NDVI），可以通过该特征识别出被浒苔覆盖的面积（Area），其计算式如式（4.1）与式（4.2）所示。

$$\text{NDVI} = \frac{\text{NIR} - \text{RED}}{\text{NIR} + \text{RED}} \tag{4.1}$$

$$\text{Area} = S_{\text{NDVI}>0} \tag{4.2}$$

式中：NIR 为近红外波段的反射率；RED 为红波段的反射率。

2）中心位置

浒苔漂移重心（$\bar{x}$，$\bar{y}$）为浒苔分布的中心位置，可用于分析浒苔分布的位置与漂移方向，其计算如式（4.3）和式（4.4）所示。

$$\bar{x} = \frac{\sum_{i=0}^{n-1} x_i}{n} \tag{4.3}$$

$$\bar{y} = \frac{\sum_{i=0}^{n-1} y_i}{n} \tag{4.4}$$

式中：x_i、y_i 分别为浒苔发生位置的横、纵坐标。

3）分布旋转角度

分布旋转角度 θ 是描述浒苔形态特征的重要指标，表示当前浒苔分布的最小外接矩形与正北方向的夹角，其计算如式（4.5）～式（4.10）所示。首先设置 θ 为 0，并绘制出 θ 为 0 时的最小外接矩形。接着调整 θ 的值，对所有的浒苔分布点围绕原点旋转 θ，并绘制出当前的最小外接矩形。不断调整 θ 值，得到面积最小的外接矩形，并对此最小外接矩形旋转 $-\theta$，即为浒苔的分布范围，对应的 θ 为浒苔分布旋转角度。

$$x_i' = \bar{x} + (x_i - \bar{x}) \begin{vmatrix} \cos\theta & -\sin\theta \\ \sin\theta & \cos\theta \end{vmatrix} \tag{4.5}$$

$$y_i' = \bar{y} + (y_i - \bar{y}) \begin{vmatrix} \cos\theta & -\sin\theta \\ \sin\theta & \cos\theta \end{vmatrix} \tag{4.6}$$

$$L_1(\theta) = R(X'), \ X = \{x_0'(\theta), x_1'(\theta), \cdots, x_{n-1}'(\theta)\} \tag{4.7}$$

$$L_2 = R(Y'), \quad Y = \{y_0'(\theta), y_1'(\theta), \cdots, y_{n-1}'(\theta)\} \tag{4.8}$$

$$S = F(\theta) = L_1(\theta)L_2(\theta) \tag{4.9}$$

$$\min F(\theta) \rightarrow -\theta \tag{4.10}$$

式中：$R(x)$为极差函数。

4）分布长宽

在得到浒苔的分布后，其分布范围的长与宽（L_1 与 L_2）也是描述浒苔形态特征的重要指标。浒苔的长和宽可分别表示为

$$L_1 = RX', \quad X = \{x_0', x_1', \cdots, x_{n-1}'\} \tag{4.11}$$

$$L_2 = R(Y'), \quad Y = \{y_0', y_1', \cdots, y_{n-1}'\} \tag{4.12}$$

2. 风暴潮灾害

风暴潮是一种由强风掀起的巨浪，在高潮位时发生的猛烈增水现象（肖启华 等，2011）。根据《中国海洋灾害公报》（1989~2008 年）的数据，我国沿海地区风暴潮灾害共发生 114 次，其中 88.6%为台风风暴潮灾害（潘嵩，2012）。因此，风暴潮灾害相应的自然属性特征包括一些台风灾害的指标，如中心气压、中心风力、最大风速半径等，此外，还包括潮位警戒指数、增水指数等指标。

1）中心气压、中心风力

台风是一种来自热带海洋的气旋，最大风速达 17.2 m/s 以上（张丽佳 等，2009；饶村曜 等，1990）。台风的强度是以台风中心地面最大风速和台风中心海平面最低气压为依据的（姜昊，2009）。近中心风速越大，中心气压越低，则台风越强（诸晓明 等，2006）。台风中心气压对风暴潮增水有着重要的影响，中心气压值越低，增水值越大，越容易产生强降水（李旋，2016）。

2）最大风速半径

最大风速半径指气旋中心到其最强烈风带之间的距离。在最大风速半径范围内，降雨量通常也最高（胡邦辉 等，2004），这个参数反映了台风最大潜在强度，进而能够对其所产生风暴潮的规模做出估算。最大风速半径通常随着最大持续风速的增加而减小（孙军波 等，2010），即风力的影响范围和影响强度此消彼长。最大风速半径能够对风暴潮增水产生明显的影响。

3）潮位警戒指数

潮位又称潮水位，指受潮汐影响周期性涨落的水位。最高潮位是衡量风暴潮灾害程度的重要指标。依据国家海洋局发布的《风暴潮、海浪、海啸和海冰灾害应急预案》，风暴潮相应的灾害响应标准可依据最高潮位划分为红、橙、黄、蓝等警戒级别（王晶 等，2010），见表4.1。

表 4.1　风暴潮警戒级别划分

最高潮位	警戒级别
超过当地警戒潮位 80 cm 以上	红色（I 级）
超过当地警戒潮位 30（不含）～80 cm	橙色（II 级）
低于当地警戒潮位 0（不含）～30 cm 的高潮位； 验潮站风暴潮增水达 120 cm 以上	黄色（III 级）
低于当地警戒潮位 0（不含）～30 cm 的高潮位； 验潮站风暴潮增水达 70 cm 以上	蓝色（IV 级）

在警戒级别划分的基础上，可构建潮位超警戒指数 H_g（任姝彤，2015）。H_g 是通过一次风暴潮过程中各标准站出现的潮位超警戒级别来计算的，用各站出现的超警戒等级 W_i（I 级、II 级、III 级、IV 级）乘以各自的权重系数 S_i：

$$H_g = \sum_{i=1}^{M} W_i \times S_i \qquad (4.13)$$

式中：M 为潮位超警戒级别数（$M=4$）。

4）增水指数

增水是风暴潮所影响的海区潮位超过正常潮位的现象，通常用测量潮位与正常潮位的差值来度量。研究发现，最大增水与风暴潮灾害呈正相关关系。根据研究需要，可对增水进行分级，实现对灾害程度的区分。在此基础上，可构建增水指数 S_g 来量化风暴潮的灾害程度。风暴潮增水指数 S_g 可通过各标准站出现的风暴潮增水等级，按照增水指数公式计算得到：

$$S_g = \sum_{i=1}^{N} S_i \times g_i \qquad (4.14)$$

式中：N 为增水量划分的等级数；S_i 为第 i 级（$S_i \in [1, N]$, $S_i \in A$）风暴潮增水等级；g_i 为第 i 级风暴潮增水等级的权重系数。

3. 溢油灾害

海上石油作业事故、石油设施故障及航船碰撞等都会不同程度地引发溢油事故（段均炫 等，2010）。溢油事故会破坏海洋环境并危及海洋生物，导致严重后果。溢油一旦发生，会在海洋表层形成油膜。遥感技术由于能够快速高效地捕捉到油膜的时空信息，已经成为目前溢油监测不可替代的一种手段（兰国新，2012）。

1）归一化差值溢油指数

溢油水体对可见光的反射强度与纯水体不同，为区分二者提供了可能。任广波等（2019）采集了不同油膜厚度下的溢油水体反射波谱特征，发现溢油水体光谱在 560 nm、650 nm、675 nm、699 nm 处的吸收和反射峰值差异较大，其中在 675 nm 和 699 nm 处曲线发生突变，且突变程度与油膜厚度呈现正相关关系，因此通过这两个波段构建归一化差值溢油指数（normalized difference oil spill index，NDOSI）能够较好地捕捉不同厚度的油膜信息：

$$\text{NDOSI} = \frac{R_{699} - R_{675}}{R_{699} + R_{675}} \qquad (4.15)$$

式中：R_{699} 和 R_{675} 分别为反射光谱曲线上 699 nm 和 675 nm 处的反射率。

2）基于 SAR 数据的特征参数

利用 SAR 数据进行海上溢油探测已成为一个重要的研究方向（邹亚荣 等，2010）。SAR 影像数据包含丰富的纹理信息。纹理是像元灰度值在空间位置上反复出现的某种模式，是一种灰度的空间相关特性，通常使用灰度共生矩阵 $\boldsymbol{P}$ 来描述。$\boldsymbol{P}$ 定义为 θ 方向上相隔 d 个像元的一对像素灰度值为 i 和 j 的像元(i, j)出现的概率，可表示为

$$p_{ij} = \frac{\boldsymbol{P}(i,j,d,\theta)}{\sum_i \sum_j \boldsymbol{P}(i,j,d,\theta)} \tag{4.16}$$

基于灰度共生矩阵 $\boldsymbol{P}$ 可提取多种特征向量进行纹理分析，筛选出 5 种可以有效辨别溢油纹理的特征量，依次为均值（MEAN）、方差（VAR）、熵（ENT）、二阶距（ASM）、相关性（COR）（牛莹，2009）：

$$\text{MEAN} = \frac{1}{M} \sum_{i=0}^{255} \sum_{j=0}^{255} \boldsymbol{P}(i,j,d,\theta) \tag{4.17}$$

$$\text{VAR} = \sum_{i=0}^{255} \sum_{j=0}^{255} (i-\mu)^2 \boldsymbol{P}(i,j,d,\theta) \tag{4.18}$$

$$\text{ENT} = \sum_{i=0}^{255} \sum_{j=0}^{255} \boldsymbol{P}(i,j,d,\theta) \log_2 \boldsymbol{P}(i,j,d,\theta) \tag{4.19}$$

$$\text{ASM} = \sum_{i=0}^{255} \sum_{j=0}^{255} \boldsymbol{P}(i,j,d,\theta)^2 \tag{4.20}$$

$$\text{COR} = \sum_{i=0}^{255} \sum_{j=0}^{255} \frac{(i-\mu)(j-\mu)\boldsymbol{P}(i,j,d,\theta)^2}{\sigma^2} \tag{4.21}$$

式中：μ 为均值；σ 为标准差；d 为灰度共生矩阵中的步长；θ 为方向。

海洋环境安全事件会造成直接的经济损失，也会导致基础设施破坏、人员伤亡等。本小节介绍直接经济损失、基础设施破坏和社会因子三个常用的灾害社会属性指标，见表 4.2（赵琪琪，2018）。需要取得的数据包括灾害损失历史数据、承灾体数据、社会经济发展数据。

表 4.2　灾害社会属性指标体系

一级指标	二级指标
直接经济损失	农作物受灾面积
	水产养殖受灾面积
	损毁房屋面积
	伤亡牲畜数
	沉没损毁船只数
基础设施破坏	损毁海洋工程
	城市道路破坏长度
	受灾港口数
社会因子	受灾人数
	成灾人数
	死亡失踪人数

海洋环境安全事件的强度与灾度指标间的关系很难从作用机理出发正向建立模型，这种关系类似于"黑匣子"，与机器学习的建模原理类似，因此机器学习方法被广泛地用于构建海洋灾害链中的定量关系。

4. 基于 BAM 神经网络的浒苔-舆情双向联想过程

从应用需求来看，往往需要通过网络舆情推断浒苔的发生和发展状况，也需要通过浒苔的空间分布了解浒苔灾害波及的区域（舆情信息的空间分布）。因此，为服务于实际应用，需要建立这二者之间的双向联系。本小节采用双向联想记忆（bidirectional associative memory，BAM）神经网络实现这一关系的构建。

BAM 神经网络是一种双层双向网络，当向其中一层加入输入信号时，另一层可得到输出。由于初始模式可以作用于网络的任一层，信息可以双向传播，所以没有明确的输入层或输出层。

浒苔的特征指标包括浒苔覆盖面积、中心位置、浒苔分布旋转角度和分布长宽，舆情的特征指标包括累计时空强度、泊松群径向、标准差椭圆等。

1）累计时空强度

若将舆情的发展过程看作一个连续的时空点过程，则每一个数据点可以表示为海洋环境安全事件发生的位置 x_i 和其对应的时间 t_i。一个完整的海洋环境安全事件可以相应地表示为 $\{(x_i, t_i) : i = 1, 2, \cdots, n\}$，其中每个 $(x_i, t_i) \in A * T$ 对应于一个预先定义好的空间区域 A 和时间区域 T，其一阶属性可以用它的时空强度函数表示为

$$\lambda(x_i, t_i) = \lim_{|dx||dt|} \left\{ \frac{E[N(\mathrm{d}x, \mathrm{d}t)]}{|\mathrm{d}x||\mathrm{d}t|} \right\} \tag{4.22}$$

由于存在不完备观测情况，为保证特征提取的有效性，可使用累计时空强度，表示为

$$\lambda = \int_0^T \lambda(x_i, t_i)\mathrm{d}t \tag{4.23}$$

2）泊松群径向

在数据预处理过程中，已经探索到舆情的分布满足泊松群特征，通过归纳得到山东东部（青岛）、山东西部（济南）、江苏南通和北京 4 个舆情中心，因此对应 4 个舆情中心的径向 $(\sigma_{0,x}, \sigma_{1,x}, \sigma_{2,x}, \sigma_{3,x}, \sigma_{0,y}, \sigma_{1,y}, \sigma_{2,y}, \sigma_{3,y})$ 可以作为特征 $\sigma_{0,x}, \sigma_{1,x}, \sigma_{2,x}, \sigma_{3,x}, \sigma_{0,y}, \sigma_{1,y}, \sigma_{2,y}, \sigma_{3,y}$ 使用。通过这 8 个特征可以进一步估计舆情的空间分布特征，进而在基于 BAM 神经网络进行浒苔-舆情的联想时，可模拟舆情的分布位置。计算如式（4.24）～式（4.26）所示。

$$h(X, Y) = \frac{1}{2\pi\sigma_1\sigma_2} e^{-\frac{1}{2}\left[\frac{(X-\mu_1)^2}{\sigma_1^2} + \frac{(Y-\mu_2)^2}{\sigma_2^2}\right]} \tag{4.24}$$

$$\sigma_{i,x} = \sqrt{\frac{\sum_{i=1}^{n}(x_i - \mu_{i,x})^2}{n}} \tag{4.25}$$

$$\sigma_{i,y} = \sqrt{\frac{\sum_{i=1}^{n}(y_i - \mu_{i,y})^2}{n}} \tag{4.26}$$

3）标准差椭圆

标准差椭圆（standard deviational ellipse，SDE）通过以中心、方位角、长半轴、短半轴为基本参数的空间分布椭圆来定量描述研究对象的空间分布态势与演化特征。本小节根据标准差椭圆探究浒苔灾害和对应舆情数据点的空间分布情况及特征。以椭圆中心为起点，对要素的 x 坐标和 y 坐标的标准差进行计算，从而定义椭圆的轴，利用该椭圆可以查看要素分布是否属于狭长形，据此判断是否具有特定的分布方向，椭圆计算公式如式（4.27）～式（4.36）所示。

$$\text{SDE}_x = \sqrt{\frac{\sum_{i=1}^{n}(x_i - \overline{x})^2}{n}} \tag{4.27}$$

$$\text{SDE}_y = \sqrt{\frac{\sum_{i=1}^{n}(y_i - \overline{y})^2}{n}} \tag{4.28}$$

$$\overline{x} = \frac{\sum_{i=0}^{n-1} x_i}{n} \tag{4.29}$$

$$\overline{y} = \frac{\sum_{i=0}^{n-1} y_i}{n} \tag{4.30}$$

$$\theta = \arctan\frac{A+B}{C} \tag{4.31}$$

$$A = \sum_{i=1}^{n}\overline{x}_i^2 - \sum_{i=1}^{n}\overline{y}_i^2 \tag{4.32}$$

$$B = \sqrt{\left(\sum_{i=1}^{n}\overline{x}_i^2 - \sum_{i=1}^{n}\overline{y}_i^2\right)^2 + 4\left(\sum_{i=1}^{n}\overline{x}_i\overline{y}_i\right)^2} \tag{4.33}$$

$$C = 2\sum_{i=1}^{n}\overline{x}_i\overline{y}_i \tag{4.34}$$

$$\sigma_x = \sqrt{2}\sqrt{\frac{\sum_{i=1}^{n}(\overline{x}_i\cos\theta - \overline{y}_i\sin\theta)^2}{n}} \tag{4.35}$$

$$\sigma_y = \sqrt{2}\sqrt{\frac{\sum_{i=1}^{n}(\overline{x}_i\sin\theta - \overline{y}_i\cos\theta)^2}{n}} \tag{4.36}$$

式中：A、B、C 为过程变量；n 为点要素的数量；(x_i, y_i) 为点要素 i 的坐标；$(\overline{x}, \overline{y})$ 为要素的平均中心；$(\overline{x}_i, \overline{y}_i)$ 表示 (x_i, y_i) 到平均中心的距离；θ 为椭圆角度；σ_x、σ_y 分别为 x 轴和 y 轴的标准差。

BAM 神经网络的训练目标为浒苔和舆情在网络中所代表的两端达到"稳定不变"的状态，即网络能量达到最小，能量函数可表示为

$$E(\boldsymbol{A},\boldsymbol{B})=-\boldsymbol{A}^{\mathrm{T}}\boldsymbol{W}\boldsymbol{B}+\boldsymbol{A}^{\mathrm{T}}\theta_i+\boldsymbol{A}^{\mathrm{T}}\mu_i \tag{4.37}$$

式中：$\boldsymbol{A}$ 为舆情特征层；$\boldsymbol{B}$ 为浒苔特征层；$\boldsymbol{W}$ 为由 $\boldsymbol{A}$ 到 $\boldsymbol{B}$ 的权矩阵，训练过程可表示为

$$\boldsymbol{W}\boldsymbol{B}(t)\to\boldsymbol{A}(t+1) \tag{4.38}$$
$$\boldsymbol{W}^{\mathrm{T}}\boldsymbol{A}(t+1)\to\boldsymbol{B}(t+2) \tag{4.39}$$
$$\boldsymbol{W}\boldsymbol{B}(t+2)\to\boldsymbol{A}(t+1) \tag{4.40}$$

完成模型训练后，BAM 神经网络达到稳态，其在应用中的双向联想过程如图 4.5 所示。当输入样本 $\boldsymbol{A}(t-1)$ 作用于 A 侧时，该侧将其通过 $\boldsymbol{W}$ 传递到 B 侧，通过 B 侧的转移函数 $f_y[\boldsymbol{W}\boldsymbol{A}(t-1)]$ 进行非线性变换后得到该侧输出 $\boldsymbol{B}(t-1)$，然后将该输出通过 $\boldsymbol{W}^{\mathrm{T}}$ 传递回 A 侧，并通过转移函数 $f_x[\boldsymbol{W}^{\mathrm{T}}\boldsymbol{B}(t-1)]$ 进行非线性变换后得到该侧输出 $\boldsymbol{A}(t)$。其中，$\boldsymbol{B}(t-1)$ 即为经过联想后的结果。

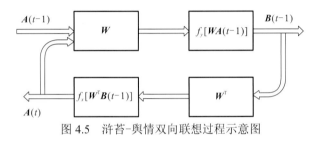

图 4.5　浒苔-舆情双向联想过程示意图

5. 基于 BP 神经网络的风暴潮引起的渔业经济损失估算

在风暴潮事件链中，节点间的联系包括一对一、多对多、一对多、多对一等模式，这里以渔业经济损失估算（多对一）为例，阐述基于 BP 神经网络模型的设计、创建和训练过程。BP 神经网络的基本构成要素包括输入层、隐含层、输出层、激活函数。

BP 神经网络的设计，主要在于确定层数和各层神经元的个数。一般来说，一个输入层和一个输出层即可。在渔业经济损失估算过程中，输入层的神经元个数取决于衡量渔业经济损失的影响因素，输出层为渔业经济损失，神经元个数为 1。隐含层节点数目可表示为

$$N_{\mathrm{h}}=N_1+N_0+a \tag{4.41}$$

式中：N_{h} 为隐含层节点数；N_1、N_0 分别为输入层和输出层的节点数；a 为调节常数，可设置为 1~10 的任意常数。

在 BP 神经网络中，激活函数的作用是给神经网络加入一些非线性因素。引入非线性函数作为激活函数，它可以逼近任意函数，使神经网络可以更好地解决较为复杂的问题。隐含层的激活函数采用 sigmoid 函数［式（4.42）］来逼近影响因素与经济损失之间的非线性关系，该函数可以将任意输入值变换为 $(0, 1)$ 的输出。而经济损失理论上可以取任意非零值，为了保障这一点，输出层的激活函数选择 logsig 对数函数，如式（4.43）所示。

$$f(x)=\frac{1-\mathrm{e}^{-x}}{1+\mathrm{e}^{-x}} \tag{4.42}$$

$$f(x) = \frac{1}{1 + e^{-x}} \qquad (4.43)$$

在 MATLAB 中进行网络的创建和训练。首先,利用 newff 函数建立网络对象,并将动量梯度下降函数作为训练函数。该函数能够从当前的梯度方向和前一时刻的梯度方向对权值和阈值进行更新,进而大大降低网络性能对参数调整的敏感程度,有效避免训练过程中容易出现的局部最小问题。实验结果显示,受风暴潮影响的各省之间渔业损失差距很大,总体来说沿海地区损失比内陆高,且内陆的损失受沿海地区传导作用影响较大。因此应重点加强风暴潮影响下防灾减灾机制薄弱的沿海地区的防灾减灾建设。

6. 基于 RBF 神经网络的溢油污染面积估算

溢油入海后,受污染的海域面积估算是一个受到广泛关注的问题。污染面积受油品特性、海洋环境等众多因素的影响,不同因素对估算结果的影响存在差异。径向基函数(radical basic function,RBF)神经网络的结构具有自适应性,可以针对不同的输入变量相应地调整隐含层的神经元个数,因此采用 RBF 神经网络进行建模。

RBF 神经网络是一个三层的神经网络,除输入层、输出层外仅有一个隐含层。它的基本原理是将复杂问题非线性地投射到高维空间,从而将在低维空间内非线性可分的问题转变为在高维空间内线性可分的问题。相较于其他人工神经网络,RBF 神经网络具有很多优势,如训练时间短、对函数的逼近能力强等。RBF 神经网络理论上可以以任意精度逼近任意连续函数,逼近程度取决于隐含层中的神经元数量,神经元数量越多逼近越精确。

将影响溢油范围的因素确定为 7 种:溢油量、油品黏度、油品密度、潮流流速、风速、波高及潮汐情况(涨潮或落潮),并将这些变量作为 RBF 网络的输入层,依次标记为 $X_1 \sim X_7$,输出层变量为溢油扩散面积 Y_1。隐含层数为 1,神经元个数在建模过程中自适应调整。表 4.3 为输入变量的取值范围,其中 X_7 取 1 时表示涨潮,取 -1 时为落潮。

表 4.3 输入变量取值范围

X_1/t	$X_2/(\text{Pa·s})$	$X_3/(\text{g/cm}^3)$	$X_4/(\text{m/s})$	$X_5/(\text{m/s})$	X_6/m	X_7
200~20 000	80~85	0.88~0.90	0.6~1.1	4.0~13.8	0.3~0.7	1/-1

在 MATLAB 中进行网络的创建和训练。首先调用 newrb 函数创建一个 RBF 神经网络,在此过程中,算法会根据误差不断向隐含层添加神经元,直到误差满足要求为止。然后将输入变量代入模型,并不断调整扩展速度这一参数以确定其最合适的值。经过验证,预测模型的绝对误差范围为 -1.80~2.60 km²、相对误差范围为 20.2%~30.0%。对应急预测而言,该模型的精度足以满足快速掌握溢油污染面积预测的需求,可将溢油量、油品黏度、油品密度、潮流流速、风速、波高及潮汐情况作为变量有效预测溢油扩散情况。

4.2.3 多源数据融合下的海洋环境安全事件节点关系分析实例

风暴潮灾害与陆上交通受阻是风暴潮灾害链中的两个节点。本小节以风暴潮灾害对深圳市出租车运营的影响为例，开展典型海洋环境安全事件与特定人群时空关联分析。出租车轨迹数据是城市居民出行规律和出租车服务运营的真实规律写照，可以为城市交通网络的规划与建设提供有力的依据与支撑。本小节首先定义 3 个出租车运营参数（平均接单数、服务距离、服务面积）与 3 个风暴潮参数（台风强度、与台风影响范围的距离、潮位），并计算参数之间的数值相关性，分析风暴潮期间出租车运行状态的变化特征。然后，对风暴潮期间出租车服务区的动态空间分布变化进行分析，找出城市敏感区域。最后，从公共出行需求和重要交通枢纽的位置两个维度，探讨出租车敏感区域的成因。风暴潮灾害对出租车运营的影响时空关联分析技术路线如图 4.6 所示。

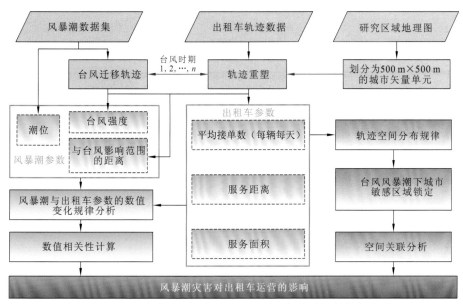

图 4.6　风暴潮灾害对出租车运营的影响时空关联分析技术路线图

1. 实例数据

本小节的实例数据主要包括台风数据、出租车轨迹数据及验潮站的潮位数据。台风数据下载于中国气象局热带气旋资料信息中心，使用数据包括最佳路径数据集与尺度分析资料。最佳路径数据集提供逐 6 h 的热带气旋轨迹点，并涵盖台风编号、时间、强度标记、经纬度、最大风速等关键信息。尺度分析资料为逐 6 h 的卫星反演热带气旋尺度信息。根据深圳市的经纬度坐标，筛选出 2012～2014 年 5～10 月距离深圳市中心 500 km 范围以内的 14 条台风数据（表 4.4）。表 4.4 中，TY 表示台风、STY 表示强台风、SuperTY 表示超强台风、TS 表示热带风暴、STS 表示强热带风暴。出租车轨迹数据记录连续时间段、等距时间间隔下车辆的定位信息，包括定位日期、定位时刻、车牌号码、所属公司代码、经度、纬度、速度、方向角、运营状态、数据可用性。本小节采用 2012～2014 年深圳市台风过境前后时间段的出租车轨迹数据，时间与台风时间吻合。处理的轨迹数据时间跨度为台风过境前两天至台风离境后两天。潮位站数据是监测风暴潮增水、监控风暴潮态势的重要数据。本小节的潮位站数据来源于国家海洋信息中心，验潮站包括深圳站、蛇口站。

表 4.4 2012～2014 年 14 条台风数据

序号	台风名称	开始时间（年/月/日）	结束时间（年/月/日）	最大强度
1415	卡玫基（KALMAEGI）	2014/9/15	2014/9/16	TY
1409	威马逊（RAMMASUN）	2014/7/18	2014/7/18	SuperTY
1407	海贝思（HAGIBIS）	2014/6/14	2014/6/15	TS
1329	罗莎（KROSA）	2013/11/2	2013/11/4	STY
1319	天兔（USAGI）	2013/9/22	2013/9/23	SuperTY
1311	尤特（UTOR）	2013/8/13	2013/8/16	SuperTY
1308	西马仑（CIMARON）	2013/7/18	2013/7/19	TS
1306	温比亚（RUMBIA）	2013/7/1	2013/7/2	STS
1305	贝碧嘉（BEBINCA）	2013/6/21	2013/6/22	TS
1214	天秤（TEMBIN）	2012/8/25	2012/8/27	STY
1213	启德（KAI-TAK）	2012/8/16	2012/8/17	TY
1208	韦森特（VICENTE）	2012/7/22	2012/7/24	TY
1206	杜苏芮（DOKSURI）	2012/6/29	2012/6/30	STS
1205	泰利（TALIM）	2012/6/19	2012/6/20	STS

2. 出租车行为与风暴潮参数的数值相关性

1）出租车运营参数计算

出租车运营参数包括平均接单数、服务距离、服务面积。其中，平均接单数、服务距离两个参数为数值型参数，服务面积为空间分布型参数。

（1）平均接单数。上客与下客是出租车的主要运营行为。一次完整的出租车运营行为可以描述为三个阶段：接客、服务和下客。出租车的服务状态指标为 0 时，车内无乘客；指标为 1 时，车内有乘客。因此，在整个运营行为过程中，出租车的服务状态指标就呈现出从 0 变为 1、持续时间段为 1、由 1 变为 0 的变化规律。在出租车轨迹数据中，具有这样规律的行为则称为一次接单行为。接单的数量在一定程度上反映了当天乘客出行的需求量及交通出行的繁忙程度。为了避免每天参与运营服务的出租车总数不同带来的影响，统计一天内出租车服务单数的平均量，而不是总数。

（2）服务距离。服务距离是出租车完成一次服务运营行为所行驶的距离，该指标可以体现出租车的服务能力。单辆车的平均服务距离为当天总服务距离与服务单数的比值。具体某一天的出租车服务距离为所有车辆平均服务距离的平均值。

（3）服务面积。通常认为 1 500 m 是出租车快速可达的距离，将该距离作为出租车服务距离。首先根据轨迹点还原出租车轨迹，对轨迹作缓冲半径为 1 500 m 的线缓冲区，并将此作为出租车的服务区域。最后得到的结果是一天内所有车辆的平均服务面积及服务区域的分布图。

2）风暴潮参数计算

风暴潮参数包括台风强度、与台风影响范围的距离和潮位。本小节对 14 个台风过程中的风暴潮参数进行动态变化监测。台风强度标记参见国家标准《热带气旋等级》（GB/T 19201—2006）（表 4.5）。本小节统计 14 个台风过程中台风每天的平均强度。潮位数据为日最高水位与年平均潮位之差。与台风影响范围的距离表示出租车轨迹点与台风影响范围的距离。以台风中心为圆心、台风尺度为半径的圆形区域即为台风的影响区域。该参数用于描述出租车群体对象与台风影响区域的空间位置关系。假设出租车的数量为 n，时刻数为 m，与台风影响范围的距离可表示为

$$VS_m = (S_{m1} + S_{m2} + \cdots + S_{mn}) / n \qquad (4.44)$$

$$VS = (VS_1 + VS_2 + \cdots + VS_m) / m \qquad (4.45)$$

式中：数组 $[S_{m1}, S_{m2}, \cdots, S_{mn}]$ 为在 m 时刻不同出租车与台风影响范围的距离；数组 $[VS_1, VS_2, \cdots, VS_m]$ 为一天不同时刻距离的平均值。

表 4.5 台风强度和分类

强度标记	台风类别	缩写	平均风速/（m/s）	级别
1	热带低压	TD	10.8～17.1	6～7
2	热带风暴	TS	17.2～24.4	8～9
3	强热带风暴	STS	24.5～32.6	10～11
4	台风	TY	32.7～41.4	12～13
5	强台风	STY	41.5～50.9	14～15
6	超强台风	SuperTY	≥51.0	≥16

3）数值相关性计算与分析

本小节将台风风暴潮相关的参数与出租车服务能力参数进行皮尔逊（Pearson）相关性计算，结果如表 4.6 所示。表中标记**的为 99%级别显著相关的结果，标记*的为 95%级别显著相关的结果。根据各指标的相关性计算，可以得出三个结果。①出租车指标（平均单数、服务距离和服务面积）之间存在很强的正相关关系，说明在风暴潮期间，出租车行为参数的变化规律具有很强的增减一致性。②与台风影响范围的距离与潮位呈负相关。这意味着台风越靠近，沿海地区的水位将增加越大，这也验证了潮位数据在风暴潮监测过程中起着重要作用。③出租车运营参数，包括服务距离和服务面积与潮位数据有显著关系，表明涨潮水位在时空关联上可能与服务距离和服务面积的减少有间接关系。总之，台风确实对出租车的营运能力产生了一定的影响。

表 4.6 数值相关性计算结果

参数	平均单数	服务距离	服务面积	台风强度	深圳站	蛇口站	与台风影响范围的距离
平均单数	1	0.627**	0.544**	0.034	-0.185	-0.081	-0.070
服务距离		1	0.951**	0.130	-0.253*	0.197	-0.014
服务面积			1	0.122	-0.255*	-0.237*	0.044
台风强度				1	0.133	-0.065	-0.062
深圳站					1	0.726**	-0.487**
蛇口站						1	-0.259**
与台风影响范围的距离							1

4.3 数据−特征的时空关联分析方法

数据−特征（data-feature）的时空关联分析是根据多源的海洋环境安全事件观测数据分析灾害结果的时空关联特征，从中发现观测数据与事件特征之间的关联规律，从而在不完备观测下更全面、更准确地对时空特征进行表示和分析。

海洋环境安全事件观测数据往往是多源的、海量的，其中包括海洋环境实测数据，如气象数据、水文数据等，这些实测数据能客观准确地反映海洋环境情况。还有通过卫星获取的遥感影像数据，如 MODIS 影像数据、Sentinel 影像数据等，可根据海洋环境安全事件对时间分辨率、空间分辨率的不同需求选取合适的遥感影像数据作为数据源。除以上数据外，从社会舆情数据、轨迹数据等体现人群行为和状态的数据中也可分析海洋环境安全事件的时空特征，特别是从中能反映出海洋环境安全事件对人群行为的影响。

对海洋环境安全事件（风暴潮、溢油和浒苔）的观测有不同的数据需求，针对这些需求也需要采用不同的数据观测、数据采集方式。本节针对风暴潮、溢油和浒苔三大海洋环境安全事件，对它们的观测数据需求情况进行介绍。

4.3.1 浒苔、溢油灾害的数据−特征时空关联分析方法

浒苔是我国近海常见的一种绿潮藻类。在一定环境条件下，浒苔的暴发性繁殖和高度聚集将形成绿潮灾害。浒苔的生长消亡有着很明显的周期，处于不同周期的浒苔在分布区域、分布形态和扩散趋势等方面均具有不同特征。海上溢油事件与浒苔暴发性繁殖同样都是发生在海洋表面的海洋灾害事件，二者具有相似的观测手段和数据采集方式，且同样是对其分布区域和扩散趋势等方面进行研究，因此将浒苔和溢油事件的时空关联方法共同阐述。

利用卫星遥感影像数据如 MODIS、Sentinel 和 SAR 影像数据等，可对浒苔的分布范围、覆盖范围、分布形状、漂移路径等特征进行提取，且各类遥感影像数据由于分辨率及观测范围不同，所能提取到的特征及特征的准确度也有所不同。MODIS 影像数据覆盖范围广但分辨率较低，适合提取浒苔的中心位置及漂移路径等对数据空间覆盖范围有要求的特征，

也能提取浒苔大致的分布范围及分布形态特征；SAR 影像数据则能更精细地提取浒苔的边界，但无法对整片海域进行观测。因此，在不完备观测的条件下，如何得到更准确、更精细的浒苔特征成为研究的重点之一，而在不同数据源与浒苔特征之间进行时空关联分析则能为这个问题提供一种解决思路。

针对浒苔和溢油事件的数据源和时空特征，设计浒苔、溢油灾害事件时空关联方法，如图 4.7 所示。根据卫星遥感影像数据及社会舆情数据等获取浒苔、溢油的时空特征。一方面，针对某种特征可根据不同的数据源提取的情况，例如根据 MODIS 影像数据及 SAR 影像数据提取浒苔的覆盖范围特征，得到的面积统计值存在差异，通过在二者间建立函数关系实现在不完备观测下的特征优化；另一方面，将提取到的特征与海洋环境数据，如温度、盐度、风向、洋流等进行时空关联分析，挖掘频繁项集并获取时空关联规则，从而获得浒苔的生长规则及漂移规则。

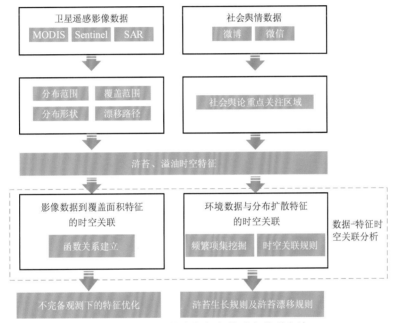

图 4.7　浒苔、溢油灾害事件时空关联方法

1. 时空特征获取

在利用卫星遥感影像数据提取浒苔的过程中，可通过计算归一化植被指数（NDVI）和浮游藻类指数（FAI）作为图像特征确定浒苔的覆盖范围，计算如式（4.1）和式（4.46）所示。

$$\text{FAI} = \text{NIR} - (\text{RED} + \text{SWIR}) \tag{4.46}$$

式中：NIR、SWIR 与 RED 分别为近红外、短波红外与红波段的反射率。

对浒苔覆盖区域进行缓冲分析后得到浒苔分布范围，以面积为权重计算浒苔的分布重心获得其漂移路径，计算如式（4.3）和式（4.4）所示，通过计算形状指数的方法得到分布形态，计算公式如式（4.47）所示。

$$\text{SI} = \frac{0.25P}{\sqrt{A}} \tag{4.47}$$

式中：A 为浒苔的面积；P 为浒苔分布的周长。

对海量与浒苔相关的社会舆情数据进行语义分析，经过地理匹配确定浒苔灾害事件空间位置，即可得到社会舆论对浒苔灾害事件的重点关注区域，表示该区域暴发的浒苔对大众生活产生影响较大或社会影响力较大。

2. 影像数据-覆盖面积特征的时空关联方法

在对浒苔事件的观测过程中，由于分辨率和重访周期的差异，根据不同的遥感影像数据源提取得到的特征结果存在不同，通过时空关联分析可以对浒苔特征结果进行优化。考虑重访周期及观测范围等因素，通常使用中低分辨率的遥感影像，如 250 m 分辨率的 MODIS 影像等对浒苔进行提取。但中低分辨率影像一方面无法较准确地提取浒苔边界，另一方面由于存在混合像元效应，以及零星浒苔难以检测（孙晓 等，2017），覆盖面积特征的提取不够准确。可利用同期的 SAR 影像数据作为浒苔覆盖面积的"真值"，建立局部范围内通过两个数据源得到的覆盖面积特征之间的函数关系，通过该函数关系，可根据 MODIS 影像数据的浒苔覆盖面积特征得到 SAR 数据缺失的部分对应的特征。Cui 等（2018）根据 MODIS 影像及 SAR 影像数据提取得到的总覆盖面积存在如式（4.48）所示的函数关系

$$S_{3m\_image} = \frac{(S_{A_{250m\_image}} + 0.970)}{3.367} \quad (N = 9, R^2 = 0.94, p < 0.05) \tag{4.48}$$

式中：S_{3m_image} 为 SAR 影像数据中提取的浒苔面积；$S_{A_{250m\_image}}$ 为 MODIS 影像提取的浒苔面积；N 为自由度；R^2 为拟合优度；p 为显著性检验的 P 值。

3. 海洋环境安全数据-分布扩散特征的时空关联方法

在获得浒苔和溢油事件的各类时空特征后，应确定这些特征如何受海洋环境安全数据的影响，如浒苔的分布形状与风力的关联关系、海水的盐度对浒苔分布范围的影响。因此，在不完备观测的情况下，可根据海洋环境安全数据对浒苔和溢油特征进行推估，将浒苔与溢油的时空特征信息（分布范围、覆盖范围、分布形状、漂移路径）与海洋环境安全数据（温度、盐度、风向、风力等）建立时空关联规则。

通常的关联规则可以表现两个或多个要素之间在一定概率支持下存在的关联关系，基本表现形式为 $X \Rightarrow Y(S,C)$，其中要素 X、Y 分别代表关联规则的先导和后续，可以是事件的属性，也可以是表现事件相对时空关系的时间谓词或空间谓词。时空关联规则的表示方式并没有统一的规范，可将其表示为（郭文月，2015）

$$X_1 \wedge X_2 \wedge \cdots \wedge X_n \Rightarrow Y(S,C)[T_1, T_2] \tag{4.49}$$

式中：$X_1, X_2, \cdots, X_n$ 和 Y 分别为时空关联规则的先导和后续，其中 $X_1, X_2, \cdots, X_n$ 中可能包含时间谓词及空间谓词；"$\wedge$"表示多个维度要素同时满足；$[T_1, T_2]$ 为关联规则的有效时间区间。

衡量关联规则的关联性强度的典型指标是支持度和信任度（Buxton et al.，2019）。支持度表示项集 $\{A, B\}$ 在总项集里出现的概率，其定义如式（4.50）所示。置信度表示在含有 A 的项集中，含有 B 的可能性，其定义如式（4.51）所示。

$$\text{support}(A \rightarrow B) = P(d \in D; A, B \subseteq d) \tag{4.50}$$

$$confidence(A \rightarrow B) = P(B \mid A) = \frac{P(d \in \boldsymbol{D}; \boldsymbol{A}, \boldsymbol{B} \subseteq d)}{P(d \in \boldsymbol{D}; \boldsymbol{A} \subseteq d)} \tag{4.51}$$

式中：d 为集合中的元素；P 为概率。

通常的关联关系是属性之间的关联规则，因此在进行关联规则挖掘之前，需建立事件事务表。针对海洋环境安全事件的特征，需要将各特征及海洋环境安全数据以合理的形式在事件事务表中进行表达。浒苔的 4 类特征可以某种指标进行描述，如漂移路径用分布重心坐标的序列表示、分布形态用形状指数表示，而将这些连续变量的数值作为事件事务表的属性将很难产生关联规则，因此有必要针对各数值型特征通过聚类方法、归纳式学习方法合理划分数值区间。最后，将某时刻的海洋环境数据及各浒苔特征的数据记录作为事件事务表的一条记录，在各属性之间进行时空关联规则的挖掘。常用的关联规则算法有 Aprior 关联算法和 FP_growth 关联算法。

Apriori 关联算法（晏杰 等，2013）利用逐层搜索的迭代方法找出事件事务表中项目集的关系以形成规则，其过程由"连接"与"剪枝"两个步骤组成。算法需要进行多步处理数据集。第一步，简单统计所有含一个元素项目集出现的频率，并找出不小于最小支持度的项目集，即一维最大项目集。从第二步开始循环处理直到再没有最大项目集生成。循环的过程：第 k 步中，根据第 $k-1$ 步生成的 $k-1$ 维最大项目集产生 k 维候选项目集，然后对数据库进行搜索，得到候选项目集的项集支持度，并与最小支持度比较，直到没有候选项集为止，最终找到 k 维最大项目集。

FP_growth 关联算法（王新宇 等，2004）通过频繁模式增长的方法，而不是通过产生候选模式的方法获取频繁模式。算法使用一种称为频繁模式树（FP-tree）的紧凑数据结构组织数据，通过对频繁模式树进行挖掘以获得频繁模式。FP-tree 是一种输入数据的压缩表示，可以通过逐个读入事务，并把每个事务映射到 FP-tree 中的一条路径来构造。

基于时空影响域和上下文约束策略，对 Apriori 关联算法进行扩展，得到适合海洋环境的时空关联规则挖掘算法。随着环境要素的变化，海洋周边区域相关现象的产生、发展和消亡都会受到影响。例如黄海海域的海水盐度急剧升高，会与该海域同一时间区间的某种生态现象的变化有关联，这也体现了时空影响域对时空关联的重要性。另外，很多现象都是在特定的上下文背景下才有可能发生，如果偏离该上下文背景，则几乎不可能发生。例如绝大部分赤潮现象发生时的海水温度为 20～30 ℃，海水温度可以作为一个重要的上下文背景（曹敏杰，2015）。因此，在进行海洋环境安全数据-浒苔分布扩散特征的时空关联时，可基于时空影响域对事件事务表进行有效连接，并基于上下文背景进行约束，构建有效的时空事务表，从而提高后续规则的效率及可靠性。

通过时空影响域对海洋事件表（marine event table，MET）和海洋要素表（marine feature table，MFT）进行时空约束，获得有效的海洋时空事务表（marine temporal-spatio table，MTT）。具体的时空影响域约束表达式为

$$MTT = \int(dist < d_{max} \bigcap time < t_{max})(MFT \bowtie MET) \tag{4.52}$$

式中：$\int$ 为时空影响域约束运算；$dist < d_{max}$ 为空间影响域条件；$time < t_{max}$ 为时间影响域条件，表示小于最大时间延迟为有效时间范围；"$\bowtie$"为连接表运算符，通过空间和时间的影响域条件简选，将现象事件表 MFT 和 MET 连接成时空事务表。

随后通过海洋环境上下文背景对时空事务表进行有效约束。需要选择目前已被普遍认

可的影响因子作为上下文背景，另外需要对其范围进行阈值设定，通常该阈值需要依据专家知识。上下文背景的范围确定后，就可以对时空事务表进行约束，对事务表进行逐项扫描检查，若发现事务记录不在上下文背景范围内，则将其剔除。

最后通过关联算法获得频繁集项后从中挖掘关联规则。对关联规则进行解读可发现浒苔、溢油事件的特征与海洋环境安全数据之间的潜在关系，通过对这些潜在关系的定量分析可以对不完备观测的结果进行补充。

4.3.2 风暴潮灾害的数据−特征时空关联分析方法

风暴潮是由强烈的大气扰动如热带气旋、温带气旋或暴发性气旋等天气系统所伴随的强风和气压骤变所导致的海面异常升降的现象（胡亚斌 等，2015），是我国沿海地区面临的破坏性最大的海洋自然灾害之一。大多数由强天气系统引起的特大海岸灾害都是由风暴潮造成的。根据风暴的性质，风暴潮通常分为由温带气旋和寒潮引起的温带风暴潮和由台风引起的台风风暴潮两大类。

对风暴潮的时空分析主要是研究风暴潮的影响范围及影响程度。风暴潮是一个大尺度系统，对环境有多方面的影响，因此对风暴潮的观测有多种参考数据源：通过气象数据如气压、风速和水文数据如潮位、水温等，可对风暴潮进行基础的描述和评估；从台风轨迹数据中能更直观地获取台风风暴潮过境的时空信息；利用遥感影像可评估经历风暴潮后的灾害受损情况。

针对台风风暴潮过境对沿海地区的影响范围及影响程度的时空关联分析，构建台风风暴潮数据−特征（D-F）时空关联方法，如图 4.8 所示。

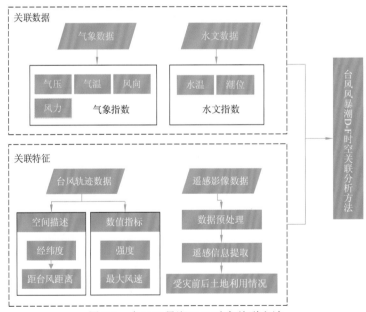

图 4.8 台风风暴潮 D-F 时空关联方法

将气象数据和水文数据作为环境描述数据与台风轨迹时空数据进行数值空间关联分析，选取气压、气温、风向、风力作为气象数值指标，选择水温和潮位作为水文数值指标，台风的空间描述由经纬度与距台风距离表示，台风的数值指标由强度和最大风速表示。将气象数值指标和水文数值指标分别与台风的各类指标进行数值空间关联分析，从中挖掘台风风暴潮与气象数据和水文数据之间的时空关联关系。此外，可利用遥感影像数据提取风暴潮前后土地利用情况，并对风暴潮灾害受损情况进行时空特征分析及定量分析。在此之前应对影像进行数据预处理和遥感信息提取，利用受灾情况特征与气象数据、水文数据进行关联分析，实现不完备观测下受灾情况的预测及推估。

1. 气象、水文数据–台风指标特征的数值空间关联分析

将气象指标和水文指标分别与台风的各类指标特征进行数值空间关联分析。对数值型指标可采用相关性分析方法进行分析，其中空间描述中的台风轨迹坐标可转化为数值表示的距台风的距离。常用的数值相关性分析方法有皮尔逊（Pearson）相关系数分析方法和斯皮尔曼（Spearman）等级相关系数分析方法。

1）Pearson 相关系数分析方法

Pearson 相关系数由 Pearson 于 1895 年提出，也叫作 Pearson 积矩相关系数。在统计学中，Pearson 相关系数常被用来计算两个变量间的线性相关系数，其定义为（张应应，2016）

$$r = \frac{\text{Cov}(A_1, A_2)}{S_{A_1} S_{A_2}} = \frac{\dfrac{1}{n}\sum_{i=1}^{n}\left[(x_{i1}-\overline{x_1})(x_{i2}-\overline{x_2})\right]}{\sqrt{\dfrac{1}{n-1}\sum_{i=1}^{n}(x_{i1}-\overline{x_1})^2}\sqrt{\dfrac{1}{n-1}\sum_{i=1}^{n}(x_{i2}-\overline{x_2})^2}} \tag{4.53}$$

式中：$\text{Cov}(A_1, A_2)$ 为变量 A_1 和 A_2 的协方差；S_{A_1} 和 S_{A_2} 分别为变量 A_1 和 A_2 的标准差；$\overline{x_1}$ 和 $\overline{x_2}$ 分别为变量 A_1 和变量 A_2 中所有数据的平均值；$\overline{x_1}$ 的定义如式（4.54）所示，$\overline{x_2}$ 同理。

$$\overline{x_1} = \frac{\sum_{i=1}^{n} x_{i1}}{n} \tag{4.54}$$

Pearson 相关系数的大小介于-1 和 1，即 r 的取值范围为 [-1, 1]。当 r 取-1 时，表示两个变量之间完全负相关；当 r 取 0 时，表示两变量间不相关；当 r 取 1 时，表示两个变量之间完全正相关。r 的绝对值越大，表示线性关系越强。Pearson 相关系数分析方法也有其不足之处：①Pearson 相关系数分析方法适用于两个变量呈直线相关关系的情况，如果是曲线相关可能不准确；②Pearson 相关系数易受奇异值的影响。

2）Spearman 等级相关系数分析方法

Spearman 等级相关系数可以用来对两个连续变量或次序变量之间的单调性进行评估。将变量中的 n 个数升序排列，若 x_{i1} 位于第 L_i 个位置，则 x_{i1} 的等级为 L_i，从而可得变量 A_1 的等级向量 $\boldsymbol{L} = (L_1, L_2, \cdots, L_n)$，同理可得变量 L_i 的等级向量 $\boldsymbol{K} = (K_1, K_2, \cdots, K_n)$。变量 A_1 和 A_2 之间的 Spearman 等级相关系数即是 $\boldsymbol{L}$ 与 $\boldsymbol{K}$ 之间的 Pearson 相关系数，定义为

$$\rho_{A_1, A_2} = r_{\boldsymbol{L}, \boldsymbol{K}} = \frac{\text{Cov}(\boldsymbol{L}, \boldsymbol{K})}{S_L S_K} = \frac{\dfrac{1}{n}\sum_{i=1}^{n}\left[(L_i-\overline{L})(K_i-\overline{K})\right]}{S_L S_K} \tag{4.55}$$

式中：$Cov(L,K)$ 为 L 与 K 的协方差；$\overline{L}$ 和 $\overline{K}$ 为 L 与 K 的均值；S_L 和 S_K 为 L 与 K 的标准差；Spearman 等级相关系数计算结果 ρ_{A_1,A_2} 的取值范围为 $[-1,1]$。

2. 气象、水文数据到遥感影像受灾特征的时空关联分析

在利用遥感影像对风暴潮受灾程度评估的过程中，首先需要对遥感影像进行预处理，包括辐射校正和几何校正等步骤。随后根据土地利用现状分类标准，结合研究区特征及解译知识，根据遥感影像的色彩、纹理、地物光谱反射特征及地物间的邻接关系，建立风暴潮前后土地利用分类体系及解译标志集，根据解译标志确立提取原则。最后提取研究区风暴潮前后土地利用覆盖要素。风暴潮前后土地利用覆盖要素的变化可用来评估风暴潮灾害受灾范围和受灾程度。

综合 T-S 模糊神经网络的模糊逻辑和神经网络学习优化的性能构建灾害损失预测模型，定量地分析气象水文数据与根据遥感影像评估得到的受灾特征之间的关联关系。模型中的致灾因子可从气象、水文数据中选取，如降雨量、潮位、中心风力、最大风速，灾情评估指标因子可利用遥感影像对风暴潮受灾程度评估结果表示，如受灾农作物面积及房屋倒塌数量，致灾因子与灾情评估指标因子之间存在内在的、非线性的、模糊的关系。T-S 模糊神经网络将模糊逻辑推理和神经网络的非线性处理能力结合起来，对解决具有一定的内在规律、有一定模糊性的问题特别有效。

T-S 模糊神经网络结构由模糊规则前件和模糊规则后件两部分组成。模糊规则前件用于计算每条规则的适应度，模糊规则后件为输入变量的线性组合。

在前件网络中，第一层是与输入向量 $X=[x_1,x_2,\cdots,x_n]$ 连接的输入层，该层节点数 $n=4$，分别代表每一个致灾因子，每个神经元与输入向量的分量相连，用来直接传递输入向量的各分量。第二层的每个神经元代表一个语言变量值，用于计算输入向量的隶属度 $\mu_i^j = \mu_{\Delta_i^j}(x_i)$，$j=1,2,\cdots,m_i, i=1,2,\cdots,n$，其中 m_i 为 x_i 的模糊分割数，n 为输入向量维数，该层神经元的节点数为 $\sum\limits_{i=0}^{n}m_i$。第三层的每个神经元代表一条模糊规则，用于计算每条规则的适应度，该神经元的计算公式为

$$\alpha_i = \mu_1^{i_1}(x_1) \cdot \mu_2^{i_2}(x_2) \cdot \mu_3^{i_3}(x_3) \cdot \mu_4^{i_4}(x_4) \tag{4.56}$$

式中：$i_1=1,2,\cdots,m_1$；$i_2=1,2,\cdots,m_2$；$i_3=1,2,\cdots,m_3$；$i_4=1,2,\cdots,m_4$。该层的节点数为 $\prod\limits_{i=1}^{n}m_i$。第四层为归一化计算层，用于对适应度 α_i 进行归一化，节点数与第三层相同。

后件网络由 r 个结构相同的并列子网络构成，r 的值由输出的受灾农作物面积和房屋倒塌数量来确定。子网络的第一层为输入层，输入层中的第 0 个节点的输入值 $x_0=1$，为后件的常数项。子网络的第二层用来匹配模糊规则的后件，实现公式为

$$y_j^k = p_{j_0}^i + p_{j_1}^i x_1 + \cdots + p_{j_n}^i x_n \tag{4.57}$$

式中：$j=1,2,\cdots,m$；$i=1,2,\cdots,r$；$p_{j_n}^i$ 为连接权。子网络的第三层为输出层，用于计算该模型的输出值，计算公式为

$$y_k = \sum\limits_{i=1}^{m} y_j^k \overline{\alpha}_j \tag{4.58}$$

式中：$k=1,2,\cdots,r$ 为遥感影像受灾特征指标数。

以上是对台风风暴潮的时空关联分析方法，对于温带风暴潮也可采用以上的方法框架。但是温带风暴潮是由温带气旋或寒潮所引发，因此可将台风轨迹数据部分替换为温带气旋数据或寒潮数据（张虹，2017）。

4.3.3　数据−特征的时空关联分析实例

为了评估海洋环境安全事件造成的影响，及时准确地对重灾区域开展应急救援等相应工作，海上敏感对象数据与海洋灾害事件特征要素时空关联分析是一项重要举措。以风暴潮、浒苔、溢油三种典型海洋环境安全事件为重点研究对象，本小节实时监控突发海洋环境安全事件的影响区域（海洋灾害预警区域），通过空间尺度转换、空间叠置与剖分统计下的属性加权、时空过程的核密度分析、标准差椭圆等方法进行敏感对象多维数据的时空关联分析，生成不同场景下敏感对象的分布与统计专题图。专题图体现不同敏感对象在不同的海洋环境安全事件下受到的影响程度，有利于减少海洋环境安全事件对敏感对象的危害，为突发情况下的风险评估、应急响应与决策提供可靠依据与支持。本小节介绍的海洋环境安全事件与敏感对象时空关联技术路线如图 4.9 所示。

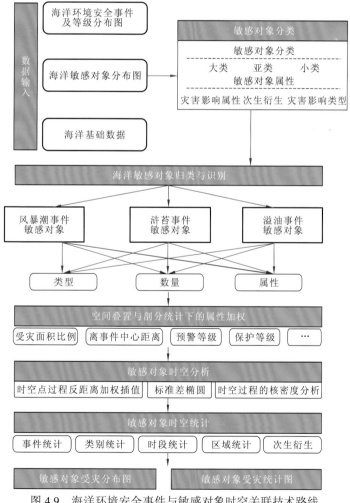

图 4.9　海洋环境安全事件与敏感对象时空关联技术路线

1. 敏感对象分类与筛选

敏感对象数据为模拟测试数据，并非实际敏感对象数据，它仅用于算法测试。为了更好地展示敏感对象与灾害事件之间的关系，模拟的敏感对象数据应尽量均匀地分布在研究区内。此外，敏感对象数据的形态各异、相互之间独立，没有空间关联特性。根据三类典型海洋环境安全事件的成因及危害的深入分析，海洋敏感对象可分为堤防工程、海上重点保护目标、沿岸重点保护目标、海上活动、生态敏感目标、沿岸社会人口与房屋 6 个大类，其中包含 48 个亚类及 50 个小类。针对不同的海洋灾害事件，敏感对象被进一步归类，明确各敏感对象的灾害影响属性。图 4.10（a）中为敏感对象分布，形态为随机图形。图 4.10（b）中为筛选后的敏感对象，不同的敏感对象类别用不同的颜色加以区分，即根据特定海洋灾害的影响属性对敏感对象进行筛选。假设针对浒苔事件，受影响的敏感对象筛选后得到 3 大类敏感对象，图 4.10（b）中分别用黄色、青色、紫色表示。

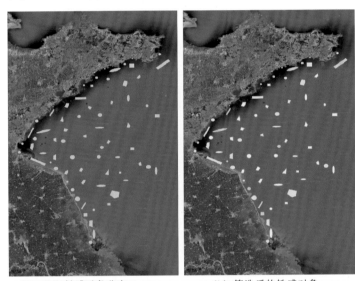

（a）敏感对象分布　　　　　　　（b）筛选后的敏感对象

图 4.10　浒苔事件与敏感对象分类与筛选

2. 空间叠置与剖分统计下的属性加权

由于不同的敏感对象与灾害影响区域之间的空间关系不同，敏感对象的具体受灾情况也不同。利用空间特征，基于不同的指标参数对敏感对象进行空间属性加权，从而将灾害影响程度进行量化，有利于不同敏感对象之间受灾程度的比较与分析。熵权法根据各指标的变异程度，利用信息熵计算各指标的熵权，并利用熵权对各指标的权重进行修正，从而得出较为客观的指标权重。本小节利用熵权法对敏感对象进行受损程度评价，建立浒苔事件受损评级体系，指标包括受灾面积比例、浒苔覆盖面积比例、敏感对象保护等级。通过两次空间叠置分析计算敏感对象受灾面积比例及浒苔覆盖面积比例。敏感对象受灾面积比例为浒苔分布范围叠置交集面积与敏感对象总面积的比值。浒苔覆盖面积比例为浒苔覆盖范围叠置交集面积与敏感对象总面积的比值。

设有 m 个评价敏感对象，n 个评价指标，形成的原始数据矩阵为

$$\boldsymbol{R} = (r_{ij}) = \begin{bmatrix} r_{11} & \cdots & r_{1n} \\ \vdots & & \vdots \\ r_{m1} & \cdots & r_{mn} \end{bmatrix} \tag{4.59}$$

式中：r_{ij} 为第 j 个指标下第 i 个项目的评价值。

定义指标 r_j 的信息熵为 $e_j = -\sum_{i=1}^{m} p_{ij} \ln p_{ij}$，其中 $p_{ij} = r_{ij} \Big/ \sum_{i=1}^{m} r_{ij}$。求解指标权重的步骤为：①计算第 j 个指标下第 i 个项目的指标值的比重 p_{ij}；②计算第 j 个指标的熵值 e_j；③计算第 j 个指标的熵权 $w_j = (1-e_j) \Big/ \sum_{i=1}^{n} (1-e_j)$；④确定指标的综合权数 $\beta_j = \alpha_i w_i \Big/ \sum_{i=1}^{m} \alpha_i w_i$。由此可知，指标的熵值 e_j 越小，说明指标的变异程度越大，提供的信息量越多，在综合评价中该指标的作用就越大，其权重也越大。反之说明指标的变异程度越小，提供的信息量越少，在综合评价中该指标的作用就越小，其权重也越小。根据熵权法的计算公式对敏感对象的受灾情况进行评估，最终得到的评分（score）（部分天数结果）如表 4.7 所示。

表 4.7　受灾情况评估评分结果

指标 ID	分级	得分	指标 ID	分级	得分
1	1	0.31	19	3	0.24
2	1	0.36	20	3	0.19
3	1	0.02	21	3	0.31
4	1	0.32	22	3	0.31
5	1	0.01	23	3	0.42
6	1	0.27	24	3	0.32
7	1	0.14	25	3	0.49
8	1	0.35	26	3	0.21
9	1	0.34	27	3	0.35
10	1	0.31	28	3	0.32
11	1	0.22	29	3	0.35
12	2	0.18	30	3	0.27
13	2	0.21	31	3	0.32
14	2	0.16	32	3	0.34
15	2	0.35	33	3	0.39
16	2	0.12	34	3	0.31
17	3	0.31	35	3	0.42
18	3	0.31			

3. 敏感对象空间统计与分析

为了体现出不同受灾场景下敏感对象的空间分布特征，利用时空点过程反距离加权插值法、核密度分析法及标准差椭圆法进行敏感对象的空间统计分析。

反距离加权插值法是以插值点与样本点之间的距离为权重的插值方法。插值点越近的样本点赋予的权重越大，其权重贡献与距离成反比。

核密度分析法充分利用原始数据信息，结果受主观因素影响较小，并且结果具有渐变性和揭示细部特征的优势。该方法基于地理学第一定律，即距离越近的事物关联越紧密，与核心要素越近的位置获取的密度扩张值越大，体现了空间位置的差异性及中心强度随距离衰减的特性。核密度分析法可用于受灾敏感对象的密度分布分析，凸显灾害下受灾对象的空间聚集特点。对于给定数据 $y_1, y_2, \cdots, y_n$，通过核密度分析法可以估计出总体的概率密度函数：

$$f(y) = \frac{1}{nh} \sum_{i=1}^{n} K\left(\frac{y - y_i}{h}\right) \tag{4.60}$$

式中：核函数 $K(*)$ 为一个权函数，估计 $f(y)$ 在 y 值时数据点的个数和利用的程度。核密度分析的取决于核函数 $K(y)$ 和带宽 h 的选取。

标准差椭圆法通过以中心、方位角、长半轴、短半轴为基本参数的空间分布椭圆来定量描述对象的空间分布态势与演化特征。本小节根据标准差椭圆，探究在特定灾害场景下受灾敏感对象的空间分布情况及特征。以椭圆中心为起点，对要素的 x 坐标和 y 坐标的标准差进行计算，从而定义椭圆的轴，利用该椭圆可以查看要素分布是否属于狭长形，据此判断是否具有特定的分布方向。

4. 敏感对象受灾专题图

专题图是通过图形化的手段来突出且详细地表示某种单一要素、几种主题要素或地理现象的地图。为了更好地体现敏感对象的受灾情况，从短期、长期两个角度对敏感对象进行专题图的制作，每个角度都从灾害事件（包括次生衍生事件）、敏感对象类别及行政区划分区三个维度进行制图。短期专题图利用实时监测数据，用于反映灾害发生当下各类敏感对象的受灾情况及分布情况。长期专题图利用月度、季度、年度统计数据，对海洋灾害进行规律探索和综合评估。

4.4 特征-特征的时空关联分析方法

在对海洋环境安全事件的观测过程中，不同的数据源所得到的各特征之间存在一定的关系，通过对特征之间进行时空关联分析可发现特征间隐含的关系，从而进一步实现特征间的相互推导。时空关联分析主要是挖掘特征间的时空关联规则，利用归纳方法，在无须先验知识的前提下探讨多要素之间的时空关联模式，旨在从海量地理空间数据中发现潜在的、有意义的模式（何占军 等，2018），在对时空关联规则挖掘的基础上，利用机器学习等方法实现根据不同数据源获取的特征之间的推估。孙强等（2020）结合多源遥感产品，采用基于互信息的定量关联规则挖掘算法开展了全球海洋初级生产力异常变化与海洋环境要素之间时空关联模式分析。李溢龙（2016）针对具有连续性的海洋现象，提出了针对同步发生事件的异常事件关联规则挖掘算法和针对非同步发生事件的带有时态谓词的海洋异常事件关联规则挖掘算法，对海洋异常事件进行关联规则挖掘。常耀辉（2011）立足于海洋浮标观测数据，以海洋环境数据中的温度和盐度数据为例，研究了不同海域的海洋温度和盐度变化之间的关联。曹敏杰（2015）在构建融合海洋现象、时空过程和演变机制的三元组统一数据模型的基础上，进行基于时空影响域和上下文约束的海洋环境关联规则挖掘分析研究，并以浙江近岸海域赤潮为例进行挖掘分析，为赤潮的预测预警提供依据。

在特征-特征（feature-feature，F-F）的时空关联分析中，特征指对海洋环境安全事件进行多方面观测所得到的结果。在浒苔灾害事件中，根据遥感影像可获得浒苔分布特征，通过社会舆情数据可反映浒苔事件重点关注区域特征及大众情绪情况，对二者进行关联分析可有效分析在浒苔暴发的不同阶段舆情的走向，在不完备观测条件下根据舆情数据对浒苔的分布进行推估。在风暴潮灾害事件中，自然属性特征包括一些台风灾害的指标，如中心气压、中心风力、最大风速半径等，另外还有潮位警戒指数、增水指数等风暴潮的影响强度特征。将自然属性特征与影响强度特征进行时空关联分析，可对风暴潮的影响程度及影响范围进行预测和推估。在溢油灾害事件中，根据不同的数据源提取到的特征具有不同的结果和特点，例如由 MODIS 影像数据可提取到较精细的凹多边形溢油边界，由 SAR 影像数据可得到更加精细的多边形边界，将由 MODIS 影像数据得到的溢油覆盖范围特征与 SAR 影像数据的溢油纹理特征参数进行时空关联，可实现在不完备观测的情况下溢油边界的精细化提取。

4.4.1 基于 LSTM 的海洋数据关联预测

长短时记忆（LSTM）网络是在 RNN 基础上加入遗忘和强化学习的一种 RNN 算法，能很好地解决 RNN 在训练过程中出现梯度消失或者梯度爆炸的问题（Bengio et al.，1994）。因此可采用 LSTM 网络，利用观测数据对海洋中的海表温度、台风轨迹等进行预测，实现特征-特征（F-F）的时空关联。本小节以台风轨迹预测模型为例进行基于 LSTM 的海洋数据关联预测介绍。

LSTM 网络之所以能够解决长时间依赖问题，与其特殊的结构设计有着很大的关系。它的结构同样是由输入层、隐含层及输出层组成，隐含层之间相互连接保证了信息沿时间维度的传递，同时隐含层的神经元结构被 LSTM 网络单元所代替。隐含层包括输入门（input gate）、输出门（output gate）、遗忘门（forget gate）和记忆单元（cell），通过门的开关控制信息的传递。

将台风的历史路径信息和当前路径信息作为网络输入，未来某时刻的台风路径信息作为网络输出，建立历史台风路径与未来台风路径数据之间的函数关系，将历史数据按时间顺序输入网络，隐含层到输出层只在最后时刻有连接，前向传播过程可表示为

$$\begin{cases} f_t = \sigma(\boldsymbol{W}_f[h_{t-1}, x_t] + b_f) \\ i_t = \sigma(\boldsymbol{W}_i[h_{t-1}, x_t] + b_i) \\ \tilde{c}_t = \tanh(\boldsymbol{W}_c[h_{t-1}, x_t] + b_c) \\ c_t = f_t \circ c_{t-1} + i_t \circ \tilde{c}_t \\ o_t = \sigma(\boldsymbol{W}_o[h_{t-1}, x_t] + b_o) \\ h_t = O_t \tanh(c_t) \end{cases} \tag{4.61}$$

式中：f、i、o、c、h 分别为遗忘门、输入门、输出门、单元状态、单元输出；$\boldsymbol{W}$ 为权重矩阵；b 为偏置项；σ 为 sigmoid 激活函数；tanh 为双曲正切激活函数；$\circ$ 为哈达玛积。对网络的训练采用随时间反向传播（back propagation trough time，BPTT）算法，该算法是针对 RNN 的训练算法，它的基本原理和全连接神经网络反向传播算法相似，具体步骤如下。

（1）前向计算每个神经元的输出值。

（2）反向计算每个神经元的误差项值，它是误差函数对每个神经元的偏导数。

（3）计算每个权重的梯度。

（4）用随机梯度下降算法更新权重。

4.4.2　基于 SVR 的浒苔面积预测模型

浒苔的生长、漂移、聚集受水文气象因素如降水、气温、日照的影响，将温度、天气状况、风向、风力、浪高 5 种影响浒苔扩散的气候因子与浒苔面积进行时空关联分析，对浒苔的面积进行预测，以实现在不完备观测下对浒苔观测的缺失情况进行补充。支持向量回归（support vector regression，SVR）是一种基于风险结构最小化的小样本理论方法，能够得到现有信息下的全局最优解。该方法不是传统上从归纳到演绎的过程，而是高效地实现了从训练样本到预报样本的"转导推理"，可以保证良好的预测能力（Bengio et al.，1994）。根据浒苔扩散面积的影响因素，建立基于 SVR 的浒苔分布面积预测模型，回归的过程综合了遥感数据中的气候影响因子，包括温度、天气状况、风向、风力、浪高。

对训练样本 $(x_1, y_1), \cdots, (x_m, y_m)$ 选择适当的核函数 $K(x_i, y_i)$ 及适当的精度和惩罚参数，考虑最优化问题（Cortes et al.，1995）为

$$\min_{\alpha, \alpha^*} \frac{1}{2} \sum_{i,j=1}^m (\alpha_i^* - \alpha_i)(\alpha_j^* - \alpha_j) K(x_i, x_j) + \varepsilon \sum_{i=1}^m (\alpha_i + \alpha_i^*) - \sum_{i=1}^m y_i (\alpha_i^* - \alpha_i) \tag{4.62}$$

$$\text{s.t.} \begin{cases} \sum_{i=1}^m (\alpha_i - \alpha_i^*) = 0 \\ \alpha_i, \alpha_i^* \in [0, C] \end{cases} \tag{4.63}$$

式中：(α_i, α_i^*) 为拉格朗日乘子；C 为计算得到的时空约束；ε 为惩罚参数；$K(\cdot)$ 为核函数。核函数采用高斯径向基函数（RBF）核构建基于 SVR 的浒苔面积预测模型（林升梁 等，2007）：

$$K(x_i, x_j) = \exp\left(-\frac{\| x_i \quad x_j \|^2}{2\sigma_j^2}\right) \tag{4.64}$$

将确定好的参数及核函数代入最优超平面线性回归函数，即可得到基于 SVR 的浒苔分

布面积预测模型：

$$f(x) = \sum_{i=1}^{m} (\alpha_i^* - \alpha_i) \exp\left(-\frac{\|x_i - x_j\|^2}{2\sigma_j^2}\right) + b \tag{4.65}$$

式中：σ 为模型参数；x 为输入向量，共具有 5 个分量，即温度、天气状况、风向、风力、浪高的数值化指标。通过模型计算环境因素影响下的浒苔覆盖面积预测值，最后使用均方误差来整体评价模型的回归效果。

4.4.3 基于 BSAMNN 的浒苔观测数据舆情数据关联分析

本小节利用残差网络、时空特征约束对双向联想记忆（BAM）神经网络进行改进，得到改进后的基于时空约束的双向联想记忆神经网络（bidirectional spatio-temporal associative memory neural network，BSAMNN）。BSAMNN 将由遥感影像数据获取的浒苔日常观测结果的特征与社交媒体数据中的社会响应之间的特征进行双向时空关联，使在缺失遥感影像数据的情况下也能推估每天的浒苔情况，并且能够根据浒苔的观测结果对公众的情绪情况进行推断，以实现在不完备观测下根据特征间的关联关系进行特征结果的补充。

BSAMNN 通过构建残差网络和时空约束来改进 BAM 的结果，BSAMNN 的实施过程如图 4.11 所示。在构建 BSAMNN 的过程中，为了使结果更加符合浒苔和社交媒体数据本身的特征，利用关联规则挖掘的方法获取表征浒苔数据和舆情数据的时空约束条件，如果结果满足时空约束则将其作为 BSAMNN 的输出。当 BSAMNN 运行到稳定状态时，利用残差网络对输出进行校正，有利于减少 BSAMNN 中的误差。

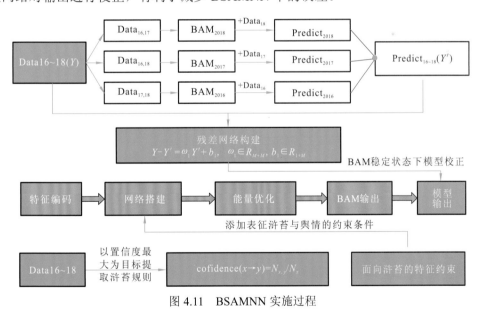

图 4.11　BSAMNN 实施过程

由于浒苔及社交媒体数据的特征具有其特有的时空约束，例如黄海绿潮在江苏海域出现后其分布重心极有可能向北移动（Cao et al.，2019）。BSAMNN 的结果可能会违反时空约束条件，时空特征约束构建的目的就是避免输出结果中出现违反时空约束条件的情况，使得结果符合逻辑。本小节通过关联规则挖掘获取浒苔数据及社交媒体数据中的时空约束，关联规则挖掘是如今流行的数据挖掘方法之一，用于从海量的数据中发现各变量之间的关联关系（颜雪松 等，2002）。

关联规则的定义及支持度和置信度的定义已在 3.2.1 小节中介绍，关联规则由先导 A 及后续 B 组成，关联规则的关联强度通过支持度和置信度进行衡量。在浒苔和社交媒体数据的时空特征约束建立过程中，需要挑选在 BSAMNN 中具有代表性和准确性的特征作为关联规则的先导 A。本小节利用通过 BSAMNN 获得的预测数据与观测数据之间的平均绝对差（AAD）、平均相对差（ARD）和预测数据与观测数据之间的相关系数（CC）来评价特征的性能。AAD、ARD 和 CC 的定义如下：

$$\text{AAD} = \frac{\sum_{i=1}^{N}|Y_i - Y_i'|}{N} \tag{4.66}$$

$$\text{ARD} = \frac{\sum_{i=1}^{N}\left|\dfrac{Y_i - Y_i'}{Y_i}\right|}{N} \tag{4.67}$$

$$\text{CC} = \frac{\sum_{i=1}^{N}(Y_i - \overline{Y})(Y_i' - \overline{Y}')}{\sqrt{\sum_{i=1}^{N}(Y_i - \overline{Y})^2}\sqrt{\sum_{i=1}^{N}(Y_i' - \overline{Y}')^2}} \tag{4.68}$$

式中：Y_i 为第 i 条数据的观测值；Y_i' 为第 i 条数据的预测值。

分别对浒苔和社交媒体数据特征的性能评价指标进行计算，选取合适的指标作为时空关联规则的前导 A。首先需要将这些连续的特征数据离散化，并从这些离散数据中提取规则。时空特征约束的计算流程如图 4.12 所示，计算的流程基于遗传算法和 Apriori 算法。在 BSAMNN 的操作过程中，如果结果满足时空约束，则将其视为输出。

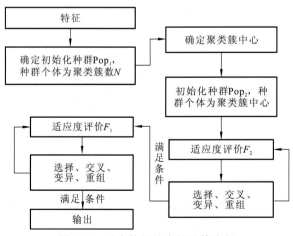

图 4.12　时空特征约束的计算流程

为了将 BSAMNN 的输出结果与观测数据关联起来，构建残差网络对 BSAMNN 的输出进行校正。分别将 2016 年、2017 年和 2018 年的数据集依次设置为验证数据集，剩余数据设置为训练数据，分别得到三组数据的 BAM。设 2016~2018 年浒苔和社交媒体数据为 Y，2016~2018 年 BSAMNN 结果特征为 Y'，残差网络的计算公式可表示为

$$Y - Y' = \omega_1 Y' + b_1 \tag{4.69}$$

式中：ω_1 和 b_1 分别为残差网络的权值和偏置。即

$$Y = (\omega_1 + 1)Y' + b_1 \tag{4.70}$$

利用残差网络和 BSAMNN 可表示为式（4.71）和式（4.72）。在 BSAMNN 的计算过程中，如果结果满足时空特征约束，则将其视为输出，当 BSAMNN 运行到稳定状态时，利用剩余网络对输出进行校正。

$$y_j(t+1) = \begin{cases} \mathrm{sgn}\left[\sum_{i=1}^{m} W_{ij} x_i(t)\right], & \sum_{i=1}^{m} W_{ij} x_i(t) \neq 0, \quad y_j(t+1) \notin C \\ \omega_1[y_j(t) + \mathbf{I}] + b_1, & \sum_{i=1}^{m} W_{ij} x_i(t) = 0 \\ y_j(t), \sum_{i=1}^{m} W_{ij} x_i(t) \neq 0, \quad y_j(t+1) \in C \end{cases} \tag{4.71}$$

$$x_j(t+2) = \begin{cases} \mathrm{sgn}\left[\sum_{i=1}^{m} W_{ij}^{\mathrm{T}} y_i(t+1)\right], & \sum_{i=1}^{m} W_{ij}^{\mathrm{T}} y_i(t+1) \neq 0, \quad x_j(t+2) \notin C \\ \omega_1[x_j(t) + \mathbf{I}] + b_1, & \sum_{i=1}^{m} W_{ij}^{\mathrm{T}} y_i(t+1) = 0 \\ x_j(t+1), \sum_{i=1}^{m} W_{ij}^{\mathrm{T}} y_i(t+1) \neq 0, \quad y_j(t+2) \in C \end{cases} \tag{4.72}$$

式中：t 为迭代次数；m 和 n 分别为 X 层和 Y 层的神经元数量；W 为权重矩阵，$W \in \mathbf{R}^{m \times n}$；sng[·] 为激活函数；$\omega_1$ 和 b_1 分别为残差修正网络的权值和偏置；$\mathbf{I}$ 为单位矩阵。

4.4.4 特征–特征的时空关联分析实例

本小节以 2016~2018 年的浒苔事件为例，将浒苔的迁移轨迹、分布形态与海平面风（sea surface wind，SSW）要素相结合进行时空关联分析，探究海洋环境安全要素对浒苔事件分布及迁移的影响。浒苔的重心位置与其分布状态密切相关，代表浒苔密度的集中点。重心点的移动即为浒苔迁移的轨迹。本小节将浒苔重心点位置的时间节点与 SSW 变化进行时空关联，探索 SSW 要素对浒苔迁移的影响。此外，从浒苔分布形态的方向性着手，探究浒苔事件全过程中形态变化与 SSW 变化的相关性。

1. 实例数据

本小节的实例数据包括 2016~2018 年黄海浒苔灾害数据与对应时段的 SSW 数据（包括风速和风向）。其中，浒苔事件数据为 MOSID 影像解译的结果，SSW 数据来源于遥感系统（remote sensing systems，RSS）。

2. SSW 与浒苔迁移轨迹时空关联

1）浒苔迁移轨迹的提取与规律分析

将物理重心的概念与空间统计理论相结合，研究浒苔的漂移路径。将浒苔覆盖区域视

为质量均匀的几何块体，浒苔重心则为几何块体的平均重心。基于上述原理，以 ArcGIS
为技术平台，将浒苔迁移路径生成过程分为 6 个步骤，如图 4.13 所示。用空间平均法计算
重心是该过程中最关键的一步，其计算式如式（4.3）和式（4.4）所示。

图 4.13　浒苔迁移路径生成步骤

图 4.14 为 2016～2018 年浒苔迁移轨迹。总体上看，2016～2018 年浒苔重心逐渐向北
移动，主要方向为北偏西 30°、北偏东 16°，其中，2016～2017 年浒苔迁移路径一致性较
高。从轨迹的起点和终点来看，浒苔最初生长于黄海东南部沿岸，然后出现大规模迁移，
在山东青岛附近沿岸消亡。

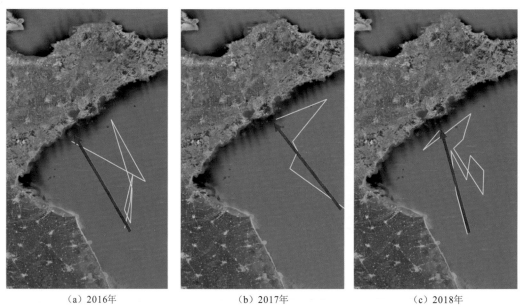

（a）2016 年　　　　　　　　（b）2017 年　　　　　　　　（c）2018 年

图 4.14　2016～2018 年浒苔迁移轨迹

2）SSW 对浒苔迁移轨迹的影响

为了探究 SSW 对浒苔迁移轨迹的影响，获取 2016～2018 年浒苔监测期间黄海区域每
个星期的平均风向、风速图（图 4.15）。以 2018 年为例，从图 4.15（a）中可以看出，6 月
初至 6 月中旬海风为西北方向并逐渐加强。在此期间，浒苔的重心呈现出不断向西北方向
移动且幅度不断加大的特点。6 月 17～23 日，顺时针方向的环形风圈出现。在浒苔发生区
域，风向由先前的西北方向变化为东北方向，导致 6 月 21 日起重心迁移路径方向突变，大
幅度向东移动，并到达了 2018 年的最东位置。但是，从 7 月初开始，风向再一次发生了显
著逆转，导致 7 月初至 7 月中旬浒苔重心自东向西迁回。此后，风向在较长的时间内保持
西北不变且风速较为稳定。7 月底至 8 月初，风速明显减弱且风向在西北方向出现了向南
偏转的现象。由此，该时段内浒苔重心异常南回的现象也可以得到解释。8 月 4 日后，风
向再次北偏，风速略有增强，浒苔也再次北移。

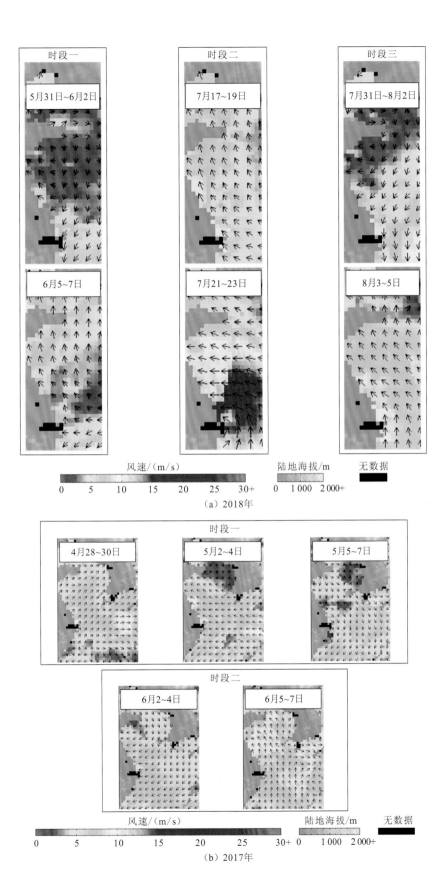

时段一　　　　　　　时段二　　　　　　　时段三

5月31日~6月2日　　　7月17~19日　　　　7月31日~8月2日

6月5~7日　　　　　　7月21~23日　　　　8月3~5日

风速/(m/s)　　　　　陆地海拔/m　　　无数据

0　5　10　15　20　25　30+　　0　1 000　2 000+

（a）2018年

时段一

4月28~30日　　　5月2~4日　　　5月5~7日

时段二

6月2~4日　　　6月5~7日

风速/(m/s)　　　　　陆地海拔/m　　　无数据

0　5　10　15　20　25　30+　　0　1 000　2 000+

（b）2017年

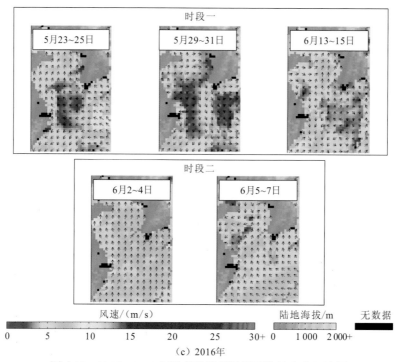

图 4.15 2016～2018 年浒苔监测期间周平均风向和风速图

在 2017 年的大部分时间段内，浒苔的漂移轨迹与海风方向是基本一致的，如图 4.15（b）所示。值得注意的是，从 5 月 18 日～6 月 4 日，浒苔重心点向西移动的幅度非常大。尤其是 5 月 27 日至 6 月 4 日，在短短的一周时间内，无论是在南北走向还是东西走向的距离跨度都极为显著。在此期间，虽然海风的方向与迁移方向一致，但风速没有突然增加。因此，结合浒苔的生长态势可以推测 2017 年很可能存在两个浒苔源头。

浒苔迁移轨迹与 SSW 之间的紧密关系也发生在 2016 年，如图 4.15（c）所示。在 5 月中旬至 7 月底的浒苔生长期，SSW 风向基本为西北风，与其轨迹的运动规律相一致。6 月 25 日至 7 月 2 日，是 2016 年中唯一一个轨迹明显东移的时期。而后，在 7 月 2～14 日浒苔重心由东向西移动，之后持续向西移动。从对应的 SSW 矢量图可以看出，在第一时间段，风向从西北方向向北旋转，风速也略有降低。在第二个时间段，风向又回到原来的西北方向，然后出现一股偏南的海风。海风的变化解释了该时期浒苔迁移轨迹往西移动但有小幅度向南移动的现象。

从整体上看，2016～2018 年夏季黄海 SSW 的主方向为西北方向，与 2016 年和 2017 年轨道的主方向高度一致。通过轨迹分析得到 2018 年浒苔重心迁移的主要方向为北偏东 16°，很可能是 6 月下旬重心大幅度向东迁移造成方向上的差异。从海风图可观察得知，研究区域的每周平均风速均处于比较低的水平。最大风速达 10 m/s，但出现的时间段较短。在大部分的时段中，风速维持在 5～7 m/s。由此可见，较小的风速都足以影响浒苔的分布，引起重心的迁移。风向风速的转折与轨迹突变的事件结点相互吻合，浒苔重心迁移轨迹与风速风向之间体现出了非常密切的关联。

3. SSW 与浒苔分布特征的时空关联

1）浒苔空间分布规律分析

标准差椭圆可以体现浒苔覆盖点分布的方向性特征，标准差椭圆的参数在一定程度上可以反映浒苔覆盖范围的形态特征。椭圆的方向角及扁率是需要重点关注的两个参数。扁率的计算式为

$$e = \frac{a-b}{a} \tag{4.73}$$

式中：a、b 分别为椭圆的长、短半轴。扁率越大表示研究对象分布的方向性越强，因此需要着重关注扁率突增的时间节点。从图 4.16 中可以看出，在 2016～2018 年的浒苔事件监测时段内，椭圆扁率都发生了数次突增。2018 年发生了三次扁率突增：时段一为 6 月 2～12 日，扁率从原来的 0.47 增加到 0.73；时段二为 7 月 19～23 日，扁率从 0.45 增加至 0.66；

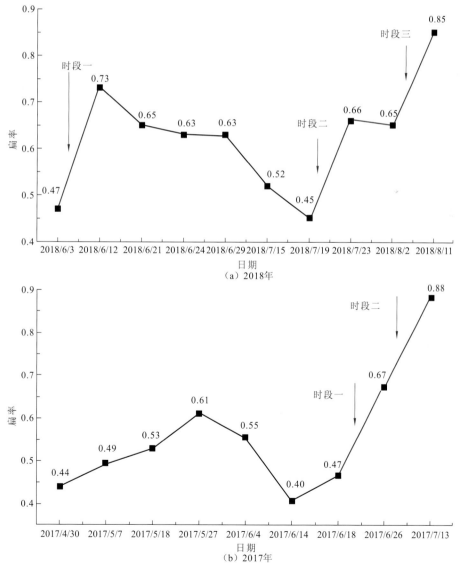

（a）2018年

（b）2017年

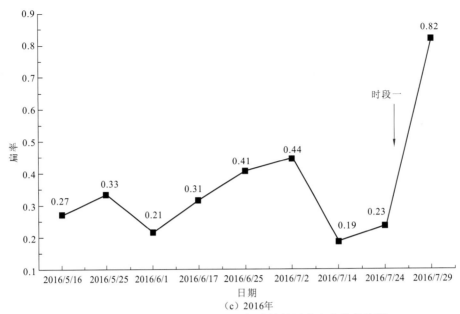

图 4.16 2016～2018 年浒苔分布标准差椭圆扁率变化曲线图

时段三为 8 月 2～11 日，其中 8 月 11 日的扁率达到最大值 0.85，方向性非常显著。2017 年标准差椭圆的扁率发生了两次突变，分别是 6 月 18 日（扁率为 0.47）～6 月 26 日（扁率为 0.67）和 6 月 26 日（扁率为 0.67）～7 月 13 日（扁率为 0.88）。2016 年标准差椭圆的扁率略有波动，但大部分时段内均处于较小的变化水平，除了 7 月 24～29 日扁率从 0.23 突增达到 0.82。

同样对标准差椭圆的方向角变化进行统计（图 4.17）。2018 年椭圆方向角随着时间的推移不断向顺时针方向旋转，其中发生了 2 次较大角度的旋转，且时间恰好与扁率突增的前两个时间段相对应。2017 年总共发生了 3 次方向角的突变现象：时段一为 4 月 30 日～5 月 7 日；时段二为 6 月 4～14 日；时段三为 6 月 14～18 日。其中，时段三的角度变化较大，达 115°。2016 年椭圆的方向角也出现了 3 个显著变化的时段：时段一为 5 月 25 日～6 月 17 日，方向角持续沿顺时针旋转；时段二为 7 月 2～14 日，方向角出现了大幅度的回旋；此后在时段三，角度旋转方向再次发生逆转，变化幅度达到 132.1°。

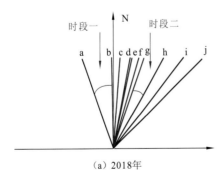

（a）2018 年

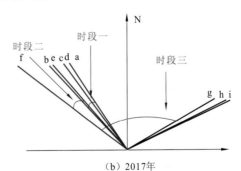

（b）2017 年

日期	a.6月3日	b.6月12日	c.6月21日	d.6月24日	e.6月29日
值	159°	179°	4.6°	11.3°	12.2°
日期	f.7月15日	g.7月19日	h.7月23日	i.8月2日	j.8月11日
值	16.5°	19.5°	30.2°	39.5°	46.2°

日期	a.4月30日	b.5月7日	c.5月18日	d.5月27日	e.6月1日
值	146°	136.6°	142.2°	142.6°	138.4°
日期	f.6月14日	g.6月18日	h.6月26日	i.7月13日	
值	126.4°	61.4°	65°	65.9°	

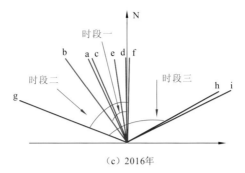

（c）2016年

日期	a.5月16日	b.5月25日	c.6月1日	d.6月17日	e.6月25日	f.7月2日	g.7月14日	h.7月24日	i.7月29日
值	154.7°	142.8°	156°	179.4°	170.9°	0.8°	109.8°	61.9°	64.8°

图 4.17 2016～2018 年浒苔分布标准差椭圆方向角变化图

2）SSW 对浒苔空间分布的影响

由于每个时期的时间跨度较短，周平均 SSW 数据无法满足分析需求。因此，采用时间范围内的三天平均 SSW 数据，并以起始和结束日期作为时间搜索范围。首先，从 2018 年开始分析（图 4.18），扁率变化的三个时段分别为 5 月 31 日～6 月 2 日、7 月 17～23 日和 7 月 31 日～8 月 5 日。

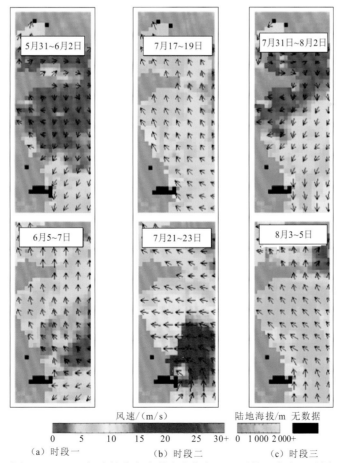

图 4.18 2018 年浒苔分布参数突变期间三天平均风向和风速图

（a）时段一   （b）时段二   （c）时段三

在前两个时段方向角发生了很大的变化。在这三个时段均发现风向发生了变化，风速也显著增加。时段一为5月底至6月初，风速约为2 m/s，不同区域内的风向不一致。然而时段一内风向向正北方向发生了明显的改变，并且风速增加了两三倍。6月3日，浒苔分布的方向角为北偏西21°，接近江苏省海岸线。相比之下，6月12日南北向分布趋势较为突出，方向角强烈向北旋转，几乎达到正北方向。在时段一，浒苔分布的形状变化与SSW方向变化和风速的增加密切相关。时段二为7月17~23日，风速突然增大，最大风速达20 m/s，在黄海南部形成了一个巨大的风漩涡。在此期间，风向为西风和西北风，风速随纬度增加而减小。同期（7月19日和23日），浒苔的分布方向角分别为北偏东19.5°和30.2°。浒苔分布区南部受SSW的影响比北部强，这可能是该分布区方向角顺时针旋转的原因。时段三为8月初，风速约为2 m/s，在浒苔分布范围内呈西风向。8月2~11日，风速明显增大，为西北风，直指山东省海岸线。8月上旬，山东省附近海域出现浒苔的分布。当风力增强且方向改变时，浒苔被进一步推向海岸线。在8月11日，扁率达到2018年最大值，浒苔分布的方向性最为显著，与山东省海岸线方向基本一致。

2017年和2016年扁率变化与2018年时段三相似，在扁率突变发生的同时，都达到了当年的最大值。在消亡阶段，浒苔的分布基本沿着山东海岸线，方向性十分突出。2017年，共发生三次方向角突变。与2018年的分析方法类似，以3天为单位，监测各阶段的SSW的速度和方向是否有较大变化。前两个时段均发生了SSW的突变（图4.19）。在这两个时段中，浒苔分布方向角逆时针旋转。然而，时段一的SSW发生了相同的变化，时段二的SSW变化则表现出相反的趋势。时段二虽然风向发生顺时针变化，风速显著增加，但其分布方向角仍向逆时针旋转。时段三也出现了异常现象，在这期间，SSW方向角发生了很大的逆转，但没有观察到风速或风向的突然变化。根据2017年浒苔的增长趋势分析，方向角突变时的时段二和时段三正好是浒苔一端暴发、另一端消亡的时间节点。

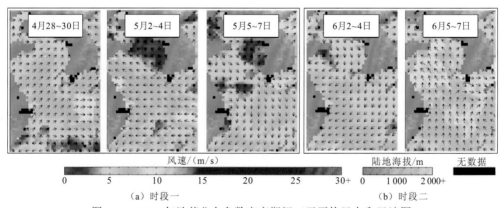

图4.19　2017年浒苔分布参数突变期间三天平均风向和风速图

2016年浒苔分布范围方向角也有三次突变现象。其中，前两个时段的海风变化如图4.20所示。时段一为5月23日~6月15日，方向角持续顺时针旋转，SSW的方向变化与之一致。时段二为6月2~7日，在浒苔分布区域，SSW最初指向正北方向，风速相对较高。随着时间的推移，SSW风速减小，风向朝西北方向改变，研究区内彤成的逆时针风漩涡很好地解释了方向角的变化。SDE的扁率表示分布方向的显著性，扁率值越大，方向性越显著。因此，扁率值很小时，分布没有方向性特征。2016年的时段三虽然方向角发生了较大变化，但这种变化可能不是由方向性因素引起的，因为整个时段三的扁率值都很小。在时段三浒苔迅速死亡，这可能是方向角改变的主要原因。

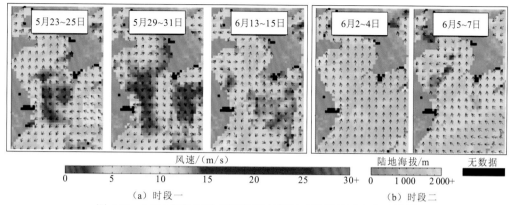

图 4.20　2016 年浒苔分布参数突变期间三天平均风向和风速图

根据以上分析，SSW 的变化对浒苔分布形态的影响起着至关重要的作用。并且，SSW 的方向和速度引起的方向角变化通常是连续的，这可以从 2018 年、2017 年时段一和 2016 年前两个阶段得到验证。SSW 的突然变化不足以引起方向角的急剧逆转，这在 2017 年和 2016 年都有发现。浒苔本身的生长周期及多生长源头是可能导致方向角突然逆转的原因。

参 考 文 献

曹敏杰, 2015. 浙江近岸海域海洋生态环境时空分析及预测关键技术研究. 杭州: 浙江大学.

常耀辉, 2011. 基于 MapReduce 的海洋环境数据关联规则发现研究. 沈阳: 东北大学.

陈磊, 王希明, 张绪良, 2018. 青岛近海浒苔暴发灾害成因探析. 高师理科学刊, 38(9): 40-45.

段均炫, 吴文锋, 甄长文, 等, 2010. 海上溢油事故原因分析及对策. 水运管理, 40(10): 23-24.

郭文月, 2015. 基于全球恐怖主义数据库的社会安全事件时空关联分析方法研究. 郑州: 中国人民解放军信息工程大学.

何占军, 邓敏, 蔡建南, 等, 2018. 顾及背景知识的多事件序列关联规则挖掘方法. 武汉大学学报(信息科学版), 43(5): 766-772.

胡邦辉, 谭言科, 王举, 2004. 热带气旋海面最大风速半径的计算. 应用气象学报, 15(4): 427-435.

胡亚斌, 马毅, 孙伟富, 等, 2015. 基于遥感的海岸带风暴潮灾害受损监测分析: 以过境东营的一次风暴潮过程为例. 一带一路战略与海洋科技创新: 中国海洋学会 2015 年学术年会, 中国, 北京: 147-153.

姜昊, 2009. 灰色马尔可夫预测模型在台风诱发灾害研究中的应用. 青岛: 中国海洋大学.

兰国新, 2012. 海上溢油遥感光谱信息挖掘与应用研究. 大连: 大连海事大学.

李晶, 栾爽, 尤明慧, 2010. 人工神经网络原理简介. 现代教育科学(s1): 98-99.

李晗, 2016. 基于系统动力学的大规模定制供应链网络仿真研究. 北京: 北京交通大学.

李新, 程国栋, 卢玲, 2000. 空间内插方法比较. 地球科学进展, 15(3): 260-265.

李旋, 2016. 江苏沿海风暴潮数值预报模式研究. 上海: 上海海洋大学.

李溢龙, 2016. 基于时序栅格的海洋异常事件关联规则挖掘方法研究. 重庆: 重庆交通大学.

林升梁, 刘志, 2007. 基于 RBF 核函数的支持向量机参数选择. 浙江工业大学学报, 35(2): 163-167.

罗永洪, 2019. 基于生成对抗网络的时序数据缺失值填充算法研究. 天津: 南开大学.

牛莹, 2009. 基于纹理特征的星载 SAR 溢油监测研究. 大连: 大连海事大学.

潘嵩, 2012. 长江口及杭州湾台风风暴潮增水数值分析. 青岛: 中国海洋大学.

彭秋芳, 2018. 时间敏感的轨迹修复问题研究. 济南: 山东大学.

饶村曜, 胡学文, 1990. 台风中心气压与最大风速. 浙江气象(1): 42-43.

任广波, 过杰, 马毅, 等, 2019. 海面溢油无人机高光谱遥感检测与厚度估算方法. 海洋学报(中文版), 41(5): 146-158.

任姝彤, 2015. 中国近海突发性海洋灾害的特征分析与评分. 青岛: 中国海洋大学.

孙军波, 钱燕珍, 陈佩燕, 等, 2010. 登陆台风站点大风预报的人工神经网络方法. 气象, 36(9): 81-86.

孙强, 薛存金, 刘敬一, 等, 2020. 全球海洋初级生产力与海洋环境要素时空关联模式挖掘分析. 海洋环境科学, 39(3): 340-347, 352.

孙晓, 吴孟泉, 何福红, 等, 2017. 2015 年黄海海域浒苔时空分布及台风"灿鸿"影响研究. 遥感技术与应用, 32(5): 921-930.

王晶, 卢美, 丁骏, 2010. 浙江沿海台风风暴潮时空分布特征分析. 海洋预报, 27(3): 16-22.

王新宇, 杜孝平, 谢昆青, 2004. FP-growth 算法的实现方法研究. 计算机工程与应用(9): 174-176.

肖启华, 张建新, 黄冬梅, 2011. 城市风暴潮灾害快速评估的模糊决策方法: 以厦门市为例. 灾害学, 26(2): 77-80.

晏杰, 亓文娟, 2013. 基于 Aprior&FP-growth 算法的研究. 计算机系统应用, 22(5): 122-125.

颜雪松, 蔡之华, 蒋良孝, 等, 2002. 关联规则挖掘综述. 计算机应用研究(11): 3-6.

张虹, 2017. 舟山海域寒潮风暴潮过境对沿岸水位的影响. 舟山: 浙江海洋大学.

张丽佳, 刘敏, 陆敏, 等, 2009. 中国东南沿海地区台风危险性评价. 中国地理学会百年庆典学术论文摘要集, 136: 14-25.

张应应, 2016. 总体或样本的协方差(矩阵)和相关系数(矩阵)的系统定义. 统计与决策(8): 20-24.

赵琪琪, 2018. 我国沿海主要海洋灾害类型及其影响分析. 烟台: 鲁东大学.

诸晓明, 张建海, 王丽华, 2006. 台风 Khanun 迅速加强成因及其与 Rananim 登陆强度的比较分析. 科技导报(4): 35-38.

邹亚荣, 郎姝燕, 梁超, 2010. 基于 SAR 数据的海上溢油检测指标选取研究. 第十七届中国遥感大会摘要集: 56.

BENGIO Y, SIMARD P, FRASCONI P, 1994. Learning long-term dependencies with gradient descent is difficult. IEEE Transactions on Neural Networks, 5(2): 157-166.

BUXTON E K, VOHRA S, GUO Y, et al., 2019. Pediatric population health analysis of southern and central Illinois region: A cross sectional retrospective study using association rule mining and multiple logistic regression. Computer Methods and Programs in Biomedicine, 178: 145-153.

CAO Y, WU Y, FANG Z, et al., 2019. Spatiotemporal patterns and morphological characteristics of Ulva prolifera distribution in the Yellow Sea, China in 2016—2018. Remote Sensing, 11(4): 445.

CORTES C, VAPNIK V, 1995. Support-vector networks. Machine Learning, 20(3): 273-297.

CUI T W, LIANG X J, GONG J L, et al., 2018. Assessing and refining the satellite-derived massive green macro-algal coverage in the Yellow Sea with high resolution images. ISPRS Journal of Photogrammetry and Remote Sensing, 144: 315-324.

RICHARD G B, GAVIN R L, 2010. Support vector machines for classification and regression. Analyst, 135(2): 230-267.

第5章　海洋环境安全网络舆情信息分析方法

5.1　基于社交网络信息的海洋环境安全事件时空特征提取与配准方法

以卫星、航空、航天、无人机遥感观测为主的数据获取方式，因其受外界条件（气象、地形等）影响，难以实现实时灾情检测以快速评估受灾范围与受灾程度，从而制订有效的应对策略。社交网络为全球各区域间的交流协作提供了一个即时通信平台，以 Twitter、Facebook、微博、微信等为代表的社交网络工具所拥有的月活跃用户总量达数十亿人，覆盖了多区域、多层次、多职业、多年龄段的用户群体，其所隐含的具有地理识别的信息可为海洋环境安全事件检测与评估提供实时的数据支持（Basiri et al.，2019；Fang et al.，2019；Goodchild et al.，2012；Goodchild，2007）。针对社交网络海洋环境安全事件的分析挖掘是以具有地理标识的文本信息为必要条件，通过时空词汇识别与匹配的方式建立事件描述与时空维度间的关联关系。然而，在众多的社交网络海洋环境安全事件信息之中，含有时空词汇描述的信息仅占据较少部分，且通常难以直接识别事件发生的时间与地点，需要在分析文本词汇构成的基础上，引入自然语言处理技术，建立时空词汇识别与匹配算法。一般对于缺乏时空特征描述的海洋环境安全事件，主要以用户注册位置作为事件的发生位置，以信息发布时间作为事件的发生时间；而对于具有时空特征描述的海洋环境安全事件，则需要在词性解析的基础上判断文本描述中的各类时间与空间词汇，并与相应的关系词汇组合，从而判断事件发生的时间与空间位置。本节分别论述空间词汇与时间词汇的识别与匹配方法。

5.1.1　海洋环境安全事件关键词发现与组合规则

针对灾难发生之前、之中和之后的情景感知和损害评估，可以通过分析社交网络工具中的语义信息建立指标体系，以评估海洋环境安全影响与损失。国外学者提出快速贪心模块化聚类算法以发现灾害影响下人群间的聚集特征。为评估风暴潮灾害的社会影响，研究人员建立了社会影响指标体系，并使用反向传播神经网络评估社会影响程度。针对灾情感知中存在的情感倾向影响-调查结果的准确性问题，利用情感分析、卷积神经网络和潜在狄利克雷（Dirichlet）分布模型获取台风灾害受灾情况，分析邻里权益对灾情调查的影响。

此外，还可以结合众包图像、地面观测网络与遥感影像数据等识别洪水淹没范围，评估洪灾损失。

考虑海洋环境安全事件涉及一系列的次生/衍生事件，仅针对单一事件的分析因缺乏相关事件的考虑，难以识别潜在的事件影响。为此，本小节主要介绍基于社交网络信息构建的关键词发现与组合规则，以具有地理标识的社交网络信息为基础，建立针对海洋环境安全事件链的分析挖掘算法，分析事件对人群行为活动的影响，为防灾减灾与危机应对提供必要的科学支撑。

社交网络中隐含大量不同类型的海洋环境安全事件信息，各类事件对人群行为活动的影响通常随着事件自身属性与作用对象的不同呈现出区域性差异。海冰灾害一般发生于黄海、渤海海域，对养殖业及运输业造成巨大影响，而浒苔灾害一般发生于黄海北部海域，对旅游业造成巨大影响。另外，针对同一类型事件的影响，不同个体所处位置的差异会产生出不同的主题类型，表现为灾害预报、应急救援、灾害影响等主题。而识别社交网络信息中隐含的事件表达，成为此类事件分析挖掘的前提条件，其中最为直接的方式是依据事件名称、简称、别称等词汇检索社交网络信息中的相应条目。本小节以台风为例分别给出台风原生灾害、次生灾害的检索关键词，具体见表 5.1 和表 5.2。

表 5.1　台风原生灾害关键词检索

原生灾害	关键词
台风	飓风
	热带气旋
	热带风暴
	飙风
	强热带风暴
	热带低压
	强台风
	超强台风
	碧瑶风（菲律宾）
	气旋性风暴
	畏来风（澳洲）
	TY
	STS
	STY
	SuperTY
	各类台风编号
	各类台风命名

表 5.2　台风次生灾害关键词检索

次生灾害	关键词
风暴潮	风暴潮
	风暴潮增水
	风暴增水
	风暴海啸
	气象海啸
	风潮
	台风风暴潮
	强烈风暴潮
	潮灾
	台风+潮位
	台风+天文大潮
	台风+海水倒灌
	天文大潮+增水
	天文大潮+涌浪
	海洋+增水
大风灾害	大风
洪涝灾害	洪涝
滑坡/泥石流	滑坡
	泥石流
海上风浪	巨浪

5.1.2　空间特征提取与融合方法

空间词汇主要有两种形式，分别为坐标词汇与地名词汇。空间特征提取是从社交网络文本描述中识别该空间词汇，并转换为地图上对应的空间位置：坐标词汇直接利用正则表达式识别文本中的坐标描述，并表示在地图中；地名词汇一般以地名词典（Grütter et al.，2017；Smith et al.，1995）或地名本体（周静 等，2015；梁汝鹏 等，2010）为基础，识别文本中的地名词汇并转换为对应的空间位置。然而，考虑地名词汇的上下文语境，不同句法构成会造成地名词汇解析的歧义，如在一些单位名称中地名词汇、相同地理实体存在不同的表达（如永兴岛又称林岛、猫峙等），以及同一地名表达不同的地理实体（如石岛既可以指西沙群岛中与永兴岛相接的岛屿，又可以指位于胶东半岛东南的一个地区），可采用以下策略消除地名歧义。针对单位或组织机构中存在的地名词汇，可依据词性判断结果，利用正则表达式识别并去除。一般借助自然语言处理工具对所涉及的文本进行分词处理，以识别句中词汇的词性。歧义性通常表现为地名词汇与普通名词的组合，如"北京/ns 饭店/n"，应一同予以去除。针对相同地理实体的不同表达，可直接依据地名词汇在地名词典或地名库中检索对应的空间坐标。针对不同的地理实体的相同表达，可依据地名间相互关系建立地名树状隶属层次结构（国家行政区划结构为省、市、县三级），将文本描述中地名词汇转换为该结构中的对应节点，进而依据各节点的相对位置，即依据该地名的父节点或兄弟节点是否存在，判断其实际空间位置。针对上文中"石岛"表达的歧义，若在该文本中同时存在"石岛"和"永兴岛"两个地名，则可以肯定"石岛"位于西沙群岛中，从而排除"石岛"位于胶东半岛的可能性。

社交网络文本空间特征描述不仅局限于单个地名词汇，还包含地名词汇与空间关系（拓扑关系、方位关系与度量关系）词汇的组合，增加了空间特征解析的难度。因此，空间词汇解析不仅应从文本描述中获取地名词汇，而且应获取与其相关的空间关系词汇。一般依据地名及其空间关系词汇的组合形式制订正则表达规则，从而识别文本中的地名及空间关系。地名关系组合示例及解析模板示例如表 5.3 所示。

表 5.3　地名关系组合示例及解析模板示例

地名关系组合	示例	解析模板示例
地名+拓扑关系	胶州湾相邻海域	[\u4e00-\u9fa5]+/ns[\u4e00-\u9fa5]+(/vi|/vn)
地名+方位关系	渤海北部海域	[\u4e00-\u9fa5]+/ns[\u4e00-\u9fa5]+(/f|/s)
地名+度量关系	距青岛 30 km 海域	[\u4e00-\u9fa5]+/p[\u4e00-\u9fa5]+/ns[0-9]+/m[\u4e00-\u9fa5]+/q
地名+方位关系+拓扑关系	大连南部相邻海域	[\u4e00-\u9fa5]+/ns[\u4e00-\u9fa5]+(/f|/s) [\u4e00-\u9fa5]+(/v|/vi)
地名+方位关系+距离关系	青岛以南 50 km 海域	[\u4e00-\u9fa5]+/ns[\u4e00-\u9fa5]+(/f|/s) [0-9]+/m[\u4e00-\u9fa5]+/q
地名+拓扑关系+距离关系	大连周边相离的海岛	[\u4e00-\u9fa5]+/ns[\u4e00-\u9fa5]+/n [\u4e00-\u9fa5]+/f

在地名与空间关系词汇解析的基础上，依据地名词汇与空间关系词汇组合的方式建立相应的空间范围表达方法，从而实现事件与空间位置的关联。考虑各种空间关系在空间范围表达中具有不同作用，且不同空间关系的组合在一定程度上增加了空间范围计算的复杂性，本小节主要针对单一类型空间关系计算展开论述，而多种空间关系组合的计算则可转换为单一空间关系计算结果的交集。

1. 拓扑关系

面状地名实体间的拓扑关系一般分为包含、被包含、相等、相交、相邻和相离 6 种关系，并对应于不同空间范围。拓扑关系的定性描述是空间关系计算的重要条件，常见的描述模型包括 9 交叉模型（李成名 等，1997）和区域连接演算模型（Shekhar et al.，2008）等。本小节选取 4 交叉模型（邓敏 等，2006）表示两地名间的空间拓扑关系，该模型依据源地名与目标地名所对应空间范围在其内部交集（$A^0 \bigcap B^0$）、边界交集（$\partial A \bigcap \partial B$）及相互间差集（$A-B$ 或 $B-A$）的计算结果，表示两者间的拓扑关系类别：

$$\gamma(A,B) = \begin{bmatrix} A^0 \bigcap B^0 & A-B \\ B-A & \partial A \bigcap \partial B \end{bmatrix} \tag{5.1}$$

因此，目标空间范围计算可分为以下 6 种情况（A 表示参考范围，B 表示目标范围），如图 5.1 所示。

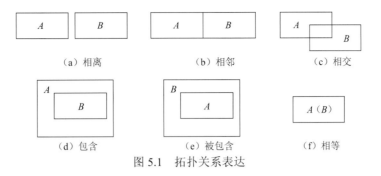

图 5.1 拓扑关系表达

（1）针对两个空间范围间的相离情况，B 表示为与 A 不相邻的空间区域。

（2）针对两个空间范围间的相邻情况，B 表示为与 A 边界相接的空间区域。

（3）针对两个空间范围间的相交情况，B 表示为与 A 有交集的空间区域。

（4）针对两个空间范围间的包含情况，B 表示为 A 的内部区域。

（5）针对两个空间范围间的被包含情况，B 表示为包含 A 范围及其相邻的外部区域。

（6）针对两个空间范围间的相等情况，B 表示为 A 所具有的空间区域。

2. 方位关系

方位关系一般分为 8 种方位，即东、南、西、北、东南、东北、西南、西北，而点状地名与面状地名间的方位关系具有不同的表达方式。

点状地名的方位关系表达可引入锥形模型[图 5.2（a）]，即以地名点为中心的 8 等分空间范围，进而依据方位关系词判断目标空间范围。

面状地名方位关系分为外方位关系和内方位关系（Liu et al.，2009），分别对应不同的空间范围计算方式。在外方位关系模型[图 5.2（b）]中，8 方位划分可依据参考地名范围所对应的最小外包矩形划分为 8 个空间方位，由此依据方位关系词判断目标范围所对应的方位。

内方位关系表达可通过内方位关系模型[图 5.2（c）]表达，利用参考地名范围的最小外包矩形将整个内部区域划分为 9 个矩形区域，进而获取 9 种内方位关系（即在 8 方位关系的基础上增加中间方位），由此依据方位关系词判断目标范围所对应的内方位。

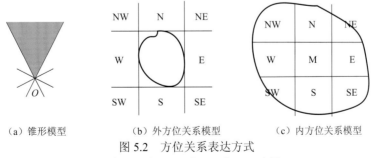

（a）锥形模型　　　　　（b）外方位关系模型　　　　　（c）内方位关系模型

图 5.2　方位关系表达方式

E：东；S：南；W：西；N：北；M：中间

3. 度量关系

度量关系表达一般以两地名间的距离计算为基础，可划分为定性距离表达与定量距离表达。定性距离表达从认知的角度衡量参考地名与待匹配目标空间范围间的相对距离，其中最常见的定性距离关系为"周边（附近）"关系，但由于缺乏统一的定量化标准，以及定性关系表达中存在模糊性，通常难以准确描述定性距离的具体范围。定量距离表达主要依据参考地名与目标空间范围所处的空间位置计算两者间的相对距离，可利用欧拉公式计算该距离：

$$\text{dist}(a,b) = \sqrt{(x_a - x_b)^2 + (y_a - y_b)^2} \tag{5.2}$$

式中：a 和 b 分别为源地名与目标地名所处的空间位置。

定性距离表达通常涉及对定性距离词汇所表达的空间范围判断，主要是对附近、近、中等、远和很远等距离词汇描述的经验性认知。可引入专家打分方法实现定性距离的定量化表达，显式各距离词汇所对应距离的量化区间，最终实现定性距离的定量化表达，从而计算目标空间范围。

5.1.3 时间特征提取与融合方法

文本描述中的时间词汇为海洋环境安全事件变化过程监测提供重要的时间约束，涉及信息发布时间及文本描述中的时间词汇，可进一步划分为显式时间与隐式时间。显式时间主要是具有明显时间表达的形式，允许不完整的时间表达，又可进一步划分为相对时间（如上午 10 点）和绝对时间（如 2017 年 9 月 24 日）。其中相对时间是不具体的时间表达，一般与信息发布时间相关；绝对时间是较为具体的时间表达，可独立于信息发布时间，也可与信息发布时间相关联，后者主要指隐含形式的时间表达，如春、夏、秋、冬等。根据时间间隔情况，时间又可划分为时间点和时间段，如上午 10 点为时间点，8 月 1～4 日为时间段。时间表达可由几个时间词汇共同组成，如 2016 年 5 月 1 日晚 8 点表示为时间点，由"2016 年 5 月 1 日"和"晚 8 点"两个时间点组成。一般情况下，时间点与时间段并不是固定不变的。受时间粒度的影响，时间点与时间段可发生互换，即可由时间段抽象为时间点，或者由时间点具体到时间段。

时间词汇解析是在文本分词的基础上，依据词汇的组合形式制订正则表达规则，以句为单位依据文本内容正向提取时间描述信息，并对所涉及的相对时间进行推理，还原各句话所表达的具体时间，同时考虑时间粒度的统一，最终形成事件与时间特征间的相互关联。时间词汇表达示例和解析模板示例如表 5.4 所示（张春菊 等，2014）。

表 5.4 时间词汇表达示例和解析模板示例

时间类型			时间表达示例	解析模板示例
显式时间	绝对时间	年、月、日	2017 年 8 月 27 日	\d{4}（[\u4e00-\u9fa5]/t）{0,1}\d{2}（[\u4e00-\u9fa5]/t）{0,1}\d{2}（[\u4e00-\u9fa5]/t）{0,1}
		时、分、秒	10 点 59 分 21 秒	\d{2}（[\u4e00-\u9fa5]/t）{0,1}\d{2}（[\u4e00-\u9fa5]/t）{0,1}\d{2}（[\u4e00-\u9fa5]/t）{0,1}
		星期/周	星期/周一	[\u4e00-\u9fa5]{3}/t
		时间段	8 月 1～4 日	\d{2}（[\u4e00-\u9fa5]/t）{0,1}\d{2}（[\u4e00-\u9fa5]/t）{0,1}[\u4e00-\u9fa5]/p\d{2}（[\u4e00-\u9fa5]/t）{0,1}

时间类型		时间表达示例	解析模板示例
显式时间	相对时间	年、月、日	今年、去年、上个月、下个月、今天	[\u4e00-\u9fa5]{2,3}/t
		时、分、秒	1小时前、10分钟后、3秒后	\d+/m[\u4e00-\u9fa5]{2}/t[\u4e00-\u9fa5]+/f
		一天内各时段	上午、中午、下午、晚上、傍晚、凌晨	[\u4e00-\u9fa5]{2}/t
		星期、周	上周末、下周一	[\u4e00-\u9fa5]/t[\u4e00-\u9fa5]+/f
		时间段	今天白天到夜间	([\u4e00-\u9fa5]+/t){2}[\u4e00-\u9fa5]/p[\u4e00-\u9fa5]+/t
		时间介词	截至8月1日、9月以后	\d{1,2}[\u4e00-\u9fa5]/t[\u4e00-\u9fa5]+/f
隐式时间	描述性时间	季节	春、夏、秋、冬	[\u4e00-\u9fa5]{1,2}/t
		节假日	国庆节、建军节	[\u4e00-\u9fa5]{2,3}/t
		节气	立春、惊蛰、谷雨	[\u4e00-\u9fa5]{2}/t

时间推理主要针对相对时间与隐式时间，一般以文本描述中的绝对时间为参考，将文本描述中的各时间词汇与参考时间进行比较，从而补充缺失的时间描述，获取事件发生的实际时间。

相对时间推理主要是具有日期性质的时间词汇（年、月、日、时、分和秒）推理，一般依据参考时间和该时间词汇间的相对关系进行加减计算，以获取该时间词汇所指代的具体内容。如从文本描述中提取的时间词汇为"今年3月"，而该信息的发布时间为2017年6月1日，则可推断出该时间词汇的具体表达为"2017年3月"；又如在文本中时间词汇为"昨天傍晚"，依据对傍晚时间段的理解，一般为18：00～19：00，因而该时间具体为"2017年5月31日18：00～19：00"；又如在文本中的时间词汇为"截至8月1日"，可以推断出该时间段的右边界为"2017年8月1日"。

描述性时间推理可依据经验性知识将其转换为具体的时间点或时间段。如文本描述中解析出"春季"一词，则其时间范围通常为2～5月，因此可推断出该时间词汇指代为"2017年2～5月"。以浒苔、溢油、风暴潮三种海洋灾害为例，对新浪微博信息进行筛选整理。

（1）浒苔。从新浪微博中爬取2018年1月25日～10月7日的435篇微博信息，2018年7月1～31日期间258篇微博信息所记录的地名空间分布情况，浒苔主要分布于山东沿海与连云港沿海。

（2）溢油。从新浪微博中爬取2018年1月9日～10月10日的164篇微博信息，2018年1月9～31日期间97篇微博信息所记录的地名空间分布情况，溢油主要集中在距离上海一定距离的东海海域。

（3）风暴潮。从新浪微博中爬取2018年6月6日～10月9日的585篇微博信息，2018年9月1～30日间487篇微博信息所记录的地名空间分布情况，风暴潮主要分布在南方，但由于社交网络信息分布不均匀，风暴潮发生位置在空间上主要集中在北部湾、珠三角、台湾地区、福建部分海域及长三角。

5.2 基于社交网络信息的海洋环境安全舆情事件链分析方法

为分析社交网络海洋环境安全事件信息中隐含的知识，引入时空聚类分析、关联性分析等方法，分析事件在不同发展阶段（灾前、灾中和灾后）的时空变化模式，探究事件影响下的关系特征，最终揭示"事件-事件"、"事件-人"和"人-人"之间的隐含关系。

5.2.1 灾害事件相关性分析

灾害事件相关性分析是在灾害事件链（王可 等，2018；王然 等，2016）建模的基础上，发现社交网络信息中隐含的事件链，从而分析灾害事件与其他事件间的相互关系。

1. 浒苔

鉴于浒苔灾害演变过程涉及诸多要素，从孕灾环境、致灾因子和承灾体三方面对其进行分析（表 5.5）。

表 5.5 浒苔灾害系统

孕灾环境	致灾因子	承灾体			
		人	海洋生物	海上地物	沿岸地物
营养盐、盐度、温度、光照等	浒苔	居民、旅游/服务人员、渔民等	鱼类、贝类、藻类等	渔船、渔具、渔排、养殖场等；港口、航道、船舶等；旅游码头、景观建筑等	水利工程等；企业和公共机构等；观光旅游区和生态保护区等

浒苔灾害系统内容具体表述如下。

（1）受外界影响因素：海水富营养化，促使绿藻快速繁殖并形成浒苔；适宜的盐度环境会促使绿藻快速繁殖并形成浒苔；适宜的温度、光照环境会促使绿藻的快速繁殖并形成浒苔。

（2）对人的影响：浒苔灾害受舆情关注使人们情绪波动，并开展浒苔清理的自发行动；浒苔灾害干扰游客观光，使游客数量减少；浒苔灾害干扰渔民捕捞作业，一般需要在政府统一调度下开展浒苔清理工作。

（3）对海洋动植物的影响：浒苔遮挡阳光入射水体，使水生植物缺少阳光死亡；浒苔消耗水中溶解氧，使水生动植物缺氧死亡；浒苔争夺水中营养物质，抑制水生植物生长；浒苔死亡后产生毒素，导致鱼类、贝类等中毒死亡。

（4）对海上地物的影响：浒苔覆盖养殖场，干扰渔船活动，抑制鱼类生长，并导致鱼类死亡；浒苔堵塞港口、航道，阻碍船舶航行；浒苔覆盖旅游码头及海上景观建筑，影响水上活动，干扰旅游观光。

（5）对沿岸地物的影响：浒苔阻塞进出水管道，影响水利设施运转；浒苔灾害导致鱼类死亡，影响水产品加工业的正常生产；浒苔大面积聚集在海洋表面，影响观光旅游区景观，威胁生态保护区环境安全。

以关键词匹配为基础，对 2018 年 7 月份 258 篇社交网络中浒苔灾害事件信息进行处理，以发现信息中隐含的事件链，如表 5.6 所示。

表 5.6　浒苔灾害事件链及实例

事件链	实例
浒苔-清理	浴场工作人员在沙滩上清理浒苔。他们白天顶着大太阳在海边沙滩清理了一天的浒苔，并将它们装入袋中。到了晚上，游客少了点，工作人员开始装车并将它们运走
浒苔-监测-预测	7 月 18 日，大量浒苔再次"侵袭"青岛石老人海滩、六浴海滩等多处海域及海滩。伴着翻滚的浪花，浒苔被拍打上岸，沙滩再现"草原"景象。自然资源部北海局发布通报称，该局利用卫星、陆岸巡视开展黄海浒苔绿潮监测，进行浒苔数值模拟漂移预测
浒苔-打捞	自 2007 年浒苔大面积袭扰青岛以来，每年夏季，当地也要上演一轮"打浒记"。从海边的打捞清理到实验室分析研究，十多年来，面对这一海洋生态平衡遭到破坏的产物，青岛的"打浒人"在清除浒苔的同时，也在探索将其变废为宝的可能
浒苔-堵截	从 2008 年开始，浒苔每年这时候都从南方漂过来，难道就不能在源头进行治理和堵截吗
浒苔-拦截	@去年在海面拦截浒苔效果很好呀，今年为啥不继续呢？好受不了滑滑绵绵的浒苔在身上哦，都不想洗海澡
浒苔-治理	浒苔又泛滥了。治理海边的环境，需要持续发力

2. 溢油

不同于由自然因素引发的海洋灾害，溢油灾害兼顾自然与人为因素，其发生具有一定的偶然性，但其后果会对生态环境的稳定性造成不利影响。考虑溢油灾害演变过程涉及诸多要素，从孕灾环境、致灾因子和承灾体三方面对其进行分析（表 5.7）。

表 5.7　溢油灾害系统

孕灾环境	致灾因子	承灾体			
		人	海洋生物	海上地物	沿岸地物
海况、人为操作	油品种类与特性、溢油范围等	居民、旅游/服务人员、渔民、海上工作人员等	鱼类、贝类、藻类等	渔船、渔具、渔排、养殖场等；港口、航道、船舶等；油气平台、输油管道等；旅游码头、景观建筑等	水利工程等；海岸、堤坝等；企业和公共机构等；观光旅游区和生态保护区等

溢油灾害系统内容具体表述如下。

（1）受外界因素影响：海况恶劣会造成船舶碰撞事故，进而造成油类泄漏；人为操作错误，导致船舶碰撞/触礁/搁浅/爆炸/起火、海上油气平台爆炸/起火、输油管道爆炸/起火、港口码头爆炸/起火等。

（2）对人的影响：船舶碰撞/触礁/搁浅/爆炸/起火事故会造成人员伤亡；挥发性气体会导致人体中毒，引发生理、心理问题；影响旅游景观，使游客数量减少；阻碍渔民海上捕捞作业。

（3）对海洋生物的影响：导致水质变差，使海洋生物中毒死亡，危害生物物种多样性。

（4）对海上地物的影响：堵塞航道，阻碍船舶航行，毁坏渔业养殖设施；损坏港口设备设施；迫使油气平台作业、输油管道运作暂停；毁坏旅游区景观格局，污染破坏景观建筑。

（5）对沿岸地物的影响：毁坏水利设施、破坏海岸景观、影响水产品加工业运转，公共机构必须开展油污清理工作；毁坏旅游区景观格局，危害生态保护区环境安全。

以关键词匹配为基础，对 2018 年 1 月份 97 篇社交网络中溢油灾害事件信息进行处理，以发现信息中隐含的事件链，如表 5.8 所示。

表 5.8　溢油灾害事件链及实例

事件链	实例
溢油-生态环境影响	溢油是影响海洋生态环境的主要因素之一。据悉，交通运输部水运科学研究院将在天津生态城设立海上溢油应急处置实验室，该实验室建成后不仅将填补国内科研空白，而且意味着我国溢油应急产业将突破技术应用瓶颈，驶向发展快车道
溢油-监测	1 月 14 日，伊朗"桑吉"号油船爆炸沉没，油船东侧形成长约 10 km、宽约 1 km 的油污带。1 月 17 日，我国在附近海域监测到 4 处扩散状溢油带，总面积约 10 km²。工作人员还对周边海域 19 个站位水样进行采集，监测结果显示……
船只碰撞-溢油	昨日中午，油船"桑吉"号突然发生爆燃，全船剧烈燃烧，火焰达 800～1 000 m，下午 3 时许，船体整体沉入水中。本月 6 日，该油船与中国香港散货船在东海海域发生碰撞后起火，因船体爆燃，大量油污在其周边海面燃烧，海上形成了 10 km² 的油污带，溢油情况非常严重
溢油-燃烧	14 日中午，燃烧了多天的"桑吉"轮突然发生爆燃，全船剧烈燃烧，火焰达 800～1 000 m，烟柱达 3 000 m。剧烈燃烧后，"桑吉"轮沉没。目前海上只有"桑吉"轮的残留物和残油在燃烧，且形成了 10 km² 的油污带，溢油情况非常严重
船只爆炸-溢油-燃烧	"桑吉"号已经燃烧了 3 天，经过长时间燃烧，该船结构强度存在隐患。凝析油达到临界点后可能发生爆燃，届时或将有大规模的凝析油泄漏。目前东海海面尚未发现大面积溢油

3. 风暴潮

风暴潮灾害演变过程涉及诸多要素，从孕灾环境、致灾因子和承灾体三方面对其进行分析（表 5.9）。

表 5.9　风暴潮灾害系统

孕灾环境	致灾因子	承灾体		
		人	海上地物	沿岸地物
温带气旋、热带气旋	风暴潮	居民、旅游/服务人员、渔民、海上工作人员等	渔船、渔具、渔排、养殖场等；港口、船舶等；旅游码头、景观建筑等	房屋等；通信设施、管网等公共设施；水利工程等；农田、农作物等；海岸、堤坝等；道路、车辆等；企业和公共机构等；观光旅游区和生态保护区等
	大风			
	暴雨（滑坡、泥石流、洪涝）			

风暴潮灾害系统内容具体表述如下。

（1）受外界影响因素：风暴潮受温带气旋活动强度和热带气旋活动强度影响。

（2）风暴潮对人的影响：造成人员伤亡；事发地游客数量减少；阻碍渔民捕捞作业；威胁海上工作人员生命安全。

（3）风暴潮对海上地物的影响：毁坏渔船、渔具、养殖场设施；毁坏码头设施、阻碍船舶航行；毁坏景观建筑。

（4）风暴潮对沿岸地物的影响：淹没、毁坏房屋；毁坏通信设施、管网/线网等公共设施，造成通信中断、停水、停电；毁坏水利工程设施；淹没农田，使农作物减产；冲毁堤坝、破坏海岸景观；淹没道路、损坏车辆；毁坏近海企业设备设施；毁坏旅游区景观格局、旅游区设施，破坏生态保护区设施。

（5）大风灾害对人的影响：阻碍居民出行，可能出现因物体跌落导致的人员伤亡；事发地游客数量减少；阻碍渔民出海作业，威胁海上作业人员生命安全。

（6）大风灾害对海上地物的影响：阻碍船舶航行、毁坏渔业设备；毁坏码头设施。

（7）大风灾害对沿岸地物的影响：毁坏房屋；毁坏通信设施、管网/线网等公共设施，造成通信中断、停水、停电；造成农作物倒伏、减产，毁坏植被。

（8）洪涝灾害对人的影响：阻碍居民出行，造成人员伤亡；事发地游客数量减少。

（9）洪涝灾害对沿岸地物的影响：毁坏房屋；毁坏通信设施、管网/线网等公共设施，造成通信中断、停水、停电；造成河水暴涨，引发溃坝、桥梁垮塌，毁坏水利设施；淹没农田，使农作物减产；造成水土流失；淹没道路、损坏车辆；毁坏企业设备设施；毁坏景点设施，威胁生态保护区安全。

（10）滑坡/泥石流灾害对人的影响：造成人员伤亡；事发地游客数量减少。

（11）滑坡/泥石流灾害对沿岸地物的影响：毁坏房屋；毁坏通信设施、管网/线网等公共设施，造成通信中断、停水、停电；堵塞河流，造成河水暴涨，引发溃坝、桥梁垮塌，毁坏水利设施，阻碍内河航运；毁坏农田，使农作物绝产；阻断道路通行，毁坏车辆；毁坏企业设备设施；毁坏景点设施，破坏生态保护区景观及设施。

以关键词匹配为基础，对 2018 年 9 月份 488 篇社交网络中风暴潮灾害事件信息进行处理，以发现信息中隐含的事件链，如表 5.10 所示。

表 5.10 风暴潮灾害事件链及实例

事件链	实例
台风—风暴潮—警报/预报	今年第 24 号台风"潭美"30 日 8 时距离日本鹿儿岛南偏东 140 km 海面上，预计今天白天在日本南部沿海登陆，对我省影响趋于结束。省气象台将不再发布台风"潭美"消息，省海洋与渔业局已于 29 日 16 时解除风暴潮警报
台风—暴雨—风暴潮	名古屋和东京地区会在暴风圈危险半径范围内，应谨防短时暴雨强风及风暴潮海水倒灌
台风—风暴潮—水浸/水淹	台风"山竹"已于 16 日 17 时在江门台山海宴登陆。受台风影响，三埠持续数小时卷起狂风大雨，狂风过后，随即潮水上涨，形成强烈风暴潮。受其影响，潭江水位 22 时 20 分已上涨至 297 m，超历史最高水位
台风—大风—风暴潮	受台风"潭美"影响，今天 27 日夜间到 28 日，东海大部、浙江沿海、福建沿海、台湾沿海、台湾海峡将有 6～7 级大风，东海东南部和台湾以东洋面将有 8～9 级大风

事件链	实例
台风—风暴潮—转移	台风将临，风暴潮来势汹汹，对住在海边、处于低洼的老旧小区居民是十分危险的，首要工作是转移，以确保大家的生命安全
台风—风暴潮—应急响应	今年第 22 号强台风"山竹"于 16 日在广东台山登陆，给我区带来强风强降雨和风暴潮。在全区启动台风 I 级应急响应之际，各医疗机构医务人员坚守岗位，在风雨中为生命接力
台风—风暴潮—救灾	昨天下午，广州市以视频会议形式召开防御台风"山竹"情况反馈会，研究部署救灾复产工作，市委书记进行了讲话，他强调，此次台风"山竹"对广州影响范围大、程度深，尤其是台风带来的风暴潮，致使珠江……
台风—风暴潮—抢险	强台风"山竹"16 日 17 时登陆后，继续向西偏北方向移动，给华南多地带来严重的风雨和风暴潮影响，解放军和武警部队官兵、民兵、预备役人员连夜投入抢险救灾，持续奋战在救援一线，确保人民群众生命财产安全
台风—风暴潮—海水倒灌	台风"山竹"让大家感受到了什么叫风暴潮导致海平面上涨的海水倒灌
台风—风暴潮—大浪	9 月 16 日晚间，记者从深圳市海洋局获悉，深圳海浪风暴潮预警已经降级。深圳市海洋局于 9 月 16 日 22 时发布海浪橙色 II 预警。预计 16 日夜间至 17 日夜间，我市东部沿海将出现 3 555 m 的大浪到巨浪，西部沿海将出现 1 525 m 的中浪到大浪
台风—风暴潮—停工停课	受台风"山竹"风暴潮影响，潭江水位目前已高达 291 m，超历史最高水位，或将继续上涨。开平市已向上级汇报并请求协调，上游市县已最大限度控制排水总量。预计 23 时潭江开始退潮，沿江所有镇街要注意低洼地区群众的生命安全，明天继续停工停课
台风—风暴潮—经济损失	我国大陆海岸线绵长 18 万 km，地跨 12 个省市。沿海地区受台风、风暴潮、洪涝海岸侵蚀等自然灾害影响，年直接经济损失达 100 亿元以上。为防止大潮高潮、风暴潮的泛滥及风浪的侵袭，在海岸沿线地面上修建……
台风—风暴潮—机场关闭	日本今年天灾频繁，本周更先后遭台风"飞燕"和北海道地震打击，多项市政设施受严重破坏，大阪关西机场更因风暴潮需关闭，反映日本防灾措施仍然存在局限
台风—风暴潮—交通瘫痪	强台风"飞燕"使海陆空交通大受影响，全日本超过 730 班航班取消，大阪关西国际机场被风暴潮淹浸，中午起封闭 2 条跑道

5.2.2 灾害事件空间相关性分析

为探究海洋环境安全事件发生发展过程中人群时空分布特征，识别其时空变化规律，选取 ST-OPTICS 算法（Agrawal et al.，2016）作为时空聚类算法。具有噪声的基于密度的聚类（density-based spatial clustering of applications with noise，DBSCAN）算法中搜索半径 ε 与最少点数 minPts 的选择对聚类结果影响巨大，参数的微小变化可能产生聚类结果的较大差异。为解决 DBSCAN 算法中因参数设定导致聚类结果合理性的问题，Ankerst 等（1999）提出了 OPTICS 算法。该算法并不显示聚类产生结果，而是依据 ε 与 minPts 生成一个增广的聚类簇排序代表各样本点的聚类特征，从而依据排序结果选择适合的可达距离实现聚类簇的识别。OPTICS 算法中的基本定义如下。

（1）ε 邻域：对于任意给定对象 p，其邻域为以该对象为核心、半径为 ε 的区域。

（2）核心对象：对于任意给定对象 p，若其 ε 邻域内所包含的对象数量大于 minPts，则该对象为核心对象。

（3）直接密度可达：对于对象集合 D，如果对象 p 在对象 q 的 ε 邻域内，且 q 是核心对象，则定义 p 从 q 出发时直接密度可达。

（4）密度可达：设对象集合为 D，存在对象 p_1，p_2，…，p_n，$p = p_1$，$q = p_n$。对于 $p_i \in D$（$1 \leqslant i \leqslant n$），若 $p_i + 1$ 从 p_i 关于 ε 与 minPts 直接密度可达，则 p 从 q 关于 ε 与 minPts 密度可达。

（5）密度相连：若存在对象 $o \in D$，使 p 与 q 均是从 o 处关于 ε 与 minPts 密度可达，则 p 是从 q 关于 ε 与 minPts 密度相连。

（6）核心距离：对于任意给定对象 p，其核心距离定义为使其成为核心对象的最小半径 ε'。

（7）可达距离：对于任意给定对象 p 与 q，p 到 q 的可达距离是 p 核心距离与 p 到 q 的欧氏距离间的较大值。

OPTICS 算法初始参数包括样本点集、可达距离与核心距离、搜索半径、最少点数，其计算步骤如下。

（1）创建有序队列和结果队列，有序队列用于存储核心对象及该对象的直接可达对象，并按可达距离排列，结果队列用于存储样本点的输出次序。

（2）如果样本集所有点均处理完毕，则算法结束，否则选择一个未处理且为核心对象的样本点，计算其所有直接可达点；如果该样本点不存在于结果队列中，则将其放入有序队列中，并按可达距离排序。

（3）如果有序队列为空，则转至步骤（2）；否则从有序队列中取出第一个样本点进行拓展，并将取出的样本点保存到结果队列中。判断该拓展点是否为核心对象：如果不是则继续从有序队列中取出最小样本点进行拓展；否则找到该拓展点所有直接密度可达点。判断该直接密度可达点是否存在结果队列，是则不处理，否则，判断有序队列中是否存在该直接密度可达点。如果存在直接密度可达点，当新的可达距离小于旧的可达距离时，更新可达距离，并将有序队列重新排序；否则，将直接密度可达点插入到有序队列并重新排序。

（4）迭代步骤（2）和步骤（3），输出结果队列。

（5）按顺序从结果队列中取出点，如果该点的可达距离小于给定搜索半径，则该点属于当前类别，否则该点属于新类别或噪声。

（6）重复步骤（5），输出聚类结果。

ST-OPTICS 是 OPTICS 算法在时空维度上的延伸，通过从时间和空间两个维度限制聚类对象的搜索范围，实现不同时间段内聚类结果变化的感知。

然而，考虑 ST-OPTICS 聚类算法中输入参数设置的不确定性仍然会在一定程度上影响聚类结果，为评价各参数设置下的聚类效果，选取合适的参数作为聚类条件，引入 S_Dbw 评价方法。该方法综合考虑了簇内的紧凑性和簇间的距离。簇间的距离定义为

$$\text{Dens\_bw}(c) = \frac{1}{c(c-1)} \sum_{i=1}^{c} \left(\sum_{\substack{j=1 \\ i \neq j}}^{c} \frac{\text{density}(u_{ij})}{\max\left\{ \text{density}(v_i), \text{density}(v_i) \right\}} \right) \qquad (5.3)$$

式中：v_i、v_j 分别为簇 c_i、c_j 的中心；u_{ij} 为两个簇中心连线的中间点，而密度公式可表示为

$$\text{density}(u) = \sum_{l=1}^{n_{ij}} f(x_l, u) \qquad (5.4)$$

式中：n 为属于簇 c_i 和 c_j 的元组总数；x_l 为与 u 相邻的点；f 可表示为

$$f(x,u) = \begin{cases} 0, & d(x,u) > \text{stdev} \\ 1, & d(x,u) \leqslant \text{stdev} \end{cases} \qquad (5.5)$$

式中：d 为 x 与 u 间的距离；stdev 为簇集合的平均标准差。

簇内的紧凑性可表示为

$$\text{Scat}(c) = \frac{1}{c} \sum_{i=1}^{c} \| \sigma(v_i) \| / \| \sigma(S) \| \qquad (5.6)$$

式中：$\sigma(S)$ 为数据集的变化量，其第 p 个维度的变化定义为

$$\sigma_x^p = \frac{1}{n} \sum_{k=1}^{n} (x_k^p - \overline{x}^p)^2 \qquad (5.7)$$

式中：$\overline{x}^p$ 为第 p 个维度的均值。

设 $\sigma(S)$ 为簇 c_i 的变化量，其第 p 个维度定义为

$$\sigma_{v_i}^p = \sum_{k=1}^{n_i} (x_k^p - v_i^p)^2 / n_i \qquad (5.8)$$

则 S_Dbw 评价公式表示为

$$\text{S\_Dbw}(c) = \text{Scat}(c) + \text{Dens\_bw}(c) \qquad (5.9)$$

以台风灾害为例，从社交网络中获取 2019 年 8 月 9～12 日期间的台风灾害数据。依据信息发布位置及发布时间进行时空聚类分析，并利用 S_Dbw 指标选取较优的聚类结果（Halkidi et al.，2001）。台风灾害的关注人群主要集中于东部沿海省份，在受影响最严重的江浙与山东地区形成了两个较大的聚类簇，另外在珠三角地区也形成了一个聚类簇，表明该地区也受到一定程度的台风影响。

5.2.3 灾害事件发生与信息发布位置相关性分析

不同区域内的用户对一个事件可能表现出不同的关注度，而相同区域的用户对一个事件的关注度一般较为相似，表现为同类型事件信息的发布频率随信息发布位置的不同具有一定差异。一般情况下，事件关注度越高，信息发布频率越高，二者呈现出一种正相关关系。因此，对灾害事件发生与信息发布空间位置进行相关性分析，可为准确掌握舆论导向提供重要支撑。本小节以事件发生位置为目标，探究事件发布位置与事件发生位置间的相互关系，展示其空间分布特征。

以浒苔为例，2018 年 7 月份青岛发生浒苔灾害的关注人群的空间分布情况表明，青岛本地对其发生浒苔灾害最为关注，其他区域对其浒苔灾害的关注度较少，且整体空间分布较为分散，如分布在北京市、天津市、邢台市、济宁市、上海市等地。

烟台发生浒苔灾害关注人群的空间分布情况相比对青岛浒苔灾害的关注人群分布更加广泛，关注人群以本地人为主，其余的关注地主要为北京市、邢台市、济南市及济宁市。

5.2.4 灾害事件舆情情感分析

互联网的快速发展带动了社交网络媒体的大众化。互联网所带来的便利性和虚拟性使其成为民众对政府管理及各种社会现象、社会问题表达情绪和态度的重要平台。用户可通过社交网络发布对海洋环境安全问题的观点，该类观点一般涉及多方面，并表现出多目标性和动态变化。通过分析用户观点所隐含的情感和变化，探究随时间动态变化的用户情感变化态势，以反映民众的情绪态度和事件发展趋势，对灾害监测分析具有重要意义。

情感分析一般以情感倾向词典的构建为基础，将文本中的非时空属性词汇与情感库中的词汇进行关键词匹配计算，以识别文本中的情感词汇，进而计算文本总体感情倾向。情感判断可依据句中正面与负面词汇个数的比较：当正面词汇多于负面词汇时，判断为正向情感，否则判断为负向情感。

中国知网（www.cnki.net）的情感词库包括中英文词汇，并将褒、贬两类细化为"正面情感词""负面情感词""正面评价词""负面评价词""主张词""程度词"，部分示例如表 5.11 所示。本小节将中国知网情感词库中的正面情感词与正面评价词进行合并，负面情感词与负面评价词合并，并添加新的正负面情感词汇，得到正面词汇 9112 个，负面词汇 8725 个。

表 5.11 知网情感词库情况示例

感情词	中文		英文	
	例词	数量	例词	数量
正面情感词	快乐、好奇、喝彩	836	happy, welcome	772
负面情感词	哀伤、鄙视、后悔	1 254	disappointed, fear	1 012
正面评价词	动听、才高八斗	3 730	high-quality, effective	3 596
负面评价词	丑、超标、华而不实	3 116	inferior, expensive	3 562
主张词	耳闻、发觉、感觉	38	be aware of, be conscious	35
程度词	倍加、相当	219	absolutely, amazingly	170

以浒苔灾害为例，2018 年 7 月对浒苔灾害所表现出的积极情感的空间分布主要集中于山东半岛及其周边区域，且以青岛市为核心，情感主题主要涉及浒苔清理、浒苔消退等，其余城市例如北京市出现了较多积极情感，天津市、东营市、烟台市、威海市、潍坊市、日照市等城市也均有积极情感的表达。积极情感部分示例如下。

（1）随着今年浒苔的渐行渐远，乳山大拇指广场前，清澈的大海和洁净的沙滩上，到处洋溢着孩子们的笑声和戏水的喧嚣声。2018 的夏日，给自己一片清凉，母爱乳山，避暑好去处。

（2）清晨的雾气笼罩着海滨，也阻挡不了我们看海的心情。

（3）青岛市市南区人民政府近日对海边的浒苔进行了集中清理，保障了广大游客游览海域不受影响。

消极情感的空间分布仍然集中于山东半岛及其周边区域，且以青岛居多。情感主题主要涉及环境污染、扰乱生活等。北京市、石家庄市、邢台市、聊城市、济南市、淄博市、东营市、潍坊市、日照市、连云港市、烟台市、威海市也都有消极情感的表达。消极情感部分示例如下。

（1）游惯了游泳馆，现在我受不了看不见底的浑浊水体了。现在浒苔季，大家简直像一个个飘在紫菜汤里的馄饨……

（2）海水上漂来大量的浒苔，涨潮时被送到沙滩上，据说是上游排放污染物后形成的物种。从2008年开始一直这样，只有靠工作人员不断地清理。

（3）浒苔严重扰乱了我们的生活，不知浒苔何时走啊……

5.2.5 灾害事件舆情关注点分析

海洋环境安全事件关注的侧重点因环境因素的影响而存在差异，表现为不同的舆情主题（Yao et al., 2020; Martin et al., 2017; Kim et al., 2016）。舆情主题数量变化可反映事件影响程度的时空差异，一些具有明显偏向性的极端观点极有可能诱发不良情绪，甚至导致违规和过激行为，需要有效识别舆情主题变化以进行有效判研和引导，从而为政府部门有效地疏导舆情提供参考。舆情主题识别通常采用潜在狄利克雷分配（latent Dirichlet allocation，LDA）聚类算法（Blei et al., 2003）。该算法是一种三层（文本层、主题层和单词层）贝叶斯主题算法，采用无监督分类方式发现文本中隐含的主题信息：将每篇文档视为一个词频向量，忽略词汇间的先后顺序，从而将文本信息转化为易于建模的数字信息；每篇文档代表一些主题所构成的一个概率分布，而每个主题又代表了一些单词所构成的一个概率分布。

假设文档 d 主题的先验分布是狄利克雷分布，可表示为

$$\theta_d = \text{Dirichlet}(\boldsymbol{\alpha}) \tag{5.10}$$

式中：$\boldsymbol{\alpha}$ 为 K 维的超参数向量，K 为主题数量。

同时，假设主题 k 中词汇的先验分布是狄利克雷分布，可表示为

$$\beta_k = \text{Dirichlet}(\boldsymbol{\eta}) \tag{5.11}$$

式中：$\boldsymbol{\eta}$ 为 V 维的超参数向量，V 为词汇表中所有词汇个数。

由此，对于任意一篇文档 d 的第 n 个词汇，其主题编号 $z_{d,n}$ 的分布可利用多项式分布表示：

$$z_{d,n} = \text{multi}(\theta_d) \tag{5.12}$$

同时，该主题编号中词汇 $w_{d,n}$ 的分布仍可利用多项式分布表示：

$$w_{d,n} = \text{multi}(\beta_z) \tag{5.13}$$

主题和词的联合分布可表示为

$$p(\boldsymbol{w}, \boldsymbol{z}) \propto p(\boldsymbol{w}, \boldsymbol{z} \mid \boldsymbol{\alpha}, \boldsymbol{\eta}) = p(\boldsymbol{z} \mid \boldsymbol{\alpha}) p(\boldsymbol{w} \mid \boldsymbol{z}, \boldsymbol{\eta}) = \prod_{d=1}^{M} \frac{\Delta(\boldsymbol{n}_d + \boldsymbol{\alpha})}{\Delta \boldsymbol{\alpha}} \prod_{k=1}^{K} \frac{\Delta(\boldsymbol{n}_k + \boldsymbol{\eta})}{\Delta \boldsymbol{\eta}} \tag{5.14}$$

式中：$\boldsymbol{w}$ 为词汇向量；$\boldsymbol{z}$ 为语料库主题；$\boldsymbol{n}_d$ 为文档 d 中各主题词汇个数的向量；$\boldsymbol{n}_k$ 为主题 k

中各词汇个数的向量；M 为文档数量；K 为主题数量。

LDA 聚类算法的文档生成过程如下。

（1）按照先验概率 p 选择文档 d。

（2）从狄利克雷分布 $\boldsymbol{\alpha}$ 中取样生成文档 d 的主题多项式分布 θ_d。

（3）从主题的多项式分布 θ_d 中取样生成文档 d 的第 n 个词汇的主题 $z_{d,n}$。

（4）从狄利克雷分布 $\boldsymbol{\eta}$ 中取样生成主题 $Z_{d,n}$ 的词汇分布 β_z。

（5）从词汇的多项式分布 β_z 中取样生成词汇 $w_{d,n}$，重复以上过程直到所有文档生成完成。

LDA 聚类算法如图 5.3 所示。

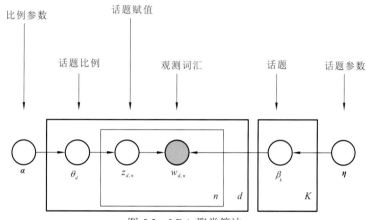

图 5.3　LDA 聚类算法

LDA 聚类算法中参数估计一般采用 Gibbs 采样方法（James et al.，2001）。该方法是一种马尔可夫链-蒙特卡罗抽样方法，其思想是每次选取概率向量的一个维度，给定其他维度的变量值然后对当前维度值进行采样，不断迭代直至收敛输出待估计参数，其关键在于每个词汇所对应主题条件概率公式的推导，表示为

$$p(z_i = k \mid \boldsymbol{w}, \boldsymbol{z}_{\neg i}) \propto \frac{n_{d,\neg i}^k + \alpha_k}{\sum\limits_{s=1}^{K} n_{d,\neg i}^s + \alpha_s} \times \frac{n_{k,\neg i}^t + \eta_t}{\sum\limits_{f=1}^{V} n_{k,\neg i}^f + \eta_f} \tag{5.15}$$

式中：i 为文档 d 对应的第 n 个词汇；z_i 为下标为 i 的词汇的主题分布；$z_{\neg i}$ 为去掉下标为 i 的词汇后的主题分布；K 表示第 K 个主题；t 表示第 t 个词汇。最终，利用采样得到词和主题的对应关系、每个文档词汇主题分布 θ_d 和每个主题中所有词的分布 β_k。

LDA 聚类算法结果一般与初始参数值的设定密切相关，其中所需划分的主题数量是该算法中的一个重要参数，用来分析事件影响下人群关注的侧重点。较多主题数量设定会弱化各主题间的区别，使主题类别更为分散，不利于相似主题的综合分析；而较少主题数量设定则会增加各主题内部的差异性，标定各主题的实际类别较难，不利于主题变化分析。为选择合适的主题数量，增强聚类结果的合理性，引入主题相干性计算（Röder et al.，2015），得到不同主题数量条件下的相干性得分，从中选取得分最高的主题数量作为聚类所需的主题数量。主题相干性计算过程包括 4 步：①将词汇集合分割为一组成对的词汇子集；②依据给定的参考语料库计算各词汇的概率；③结合词汇子集与词汇计算概率，计算各词汇子集的相似性；④将所有相似值合并形成单一的相干性计算结果。

以台风灾害为例，从社交网络中获取 2019 年 8 月 9～12 日期间的台风灾害信息，分析不同区域人群对台风灾害的不同关注点，依据主题相关性的评价结果将主题数量设定为10，各主题排名前 10 的词汇分布如表 5.12 所示。

表 5.12　台风灾害主题词汇分布

主题0	主题1	主题2	主题3	主题4	主题5	主题6	主题7	主题8	主题9
台风	台风	台风	台风	台风	台风	台风	台风	抗击	台风
强台风	中心	影响	影响	公益	风景	遇难	救援	台风	灾害
视频	登陆	编号	强台风	抢险	公园	面对	洪水	积水	受灾
登陆	影响	停止	民众	希望	青年	新闻	成功	全力	工作
直播	沿海	降雨	天气	平安	守护	民警	致敬	迎战	群众
过境	暴雨	除名	温暖	感谢	爸爸	价格	援助	强台风	应急
企业	地区	抢修	航班	恢复	生活	死亡	提供	关闭	救灾
查看	风力	发生	持续	一线	活动	发现	玻璃	登陆	人员
省市	小时	登陆	气温	支持	合格	老人	居民	道路	防汛
影响	预警	发布	奔赴	社会	终于	房子	人员	男子	转移

从表 5.12 中可以看出，主题 0 侧重于灾害实时报道，体现在直播、过境等关键词汇；主题 1 侧重于台风灾害预报，体现在登陆、预警等关键词汇；主题 2 侧重于灾害过程描述，体现在除名、登陆等关键词汇；主题 3 侧重于灾害影响描述，体现在影响、航班等关键词汇；主题 4 侧重于灾害救援的情感描述，体现在希望、感谢等关键词汇；主题 5 侧重于灾害中生活的描述，体现在生活、活动等关键词汇；主题 6 侧重于灾中情感描述，体现在遇难、发现等关键词汇；主题 7 侧重于灾害救援的描述，体现在救援、援助等关键词汇；主题 8 侧重于应急响应的描述，体现在抗击、迎战等关键词汇；主题 9 侧重于灾害防范的描述，体现在工作、防汛等关键词汇。各主题关注度随时间的变化情况如图 5.4 所示，从图中可以看出，主题 3、主题 6 与主题 8 的关注度相对较少，其余主题相对较多，表明该时间段内关注点主要为灾害预报与救援，而灾情描述因来源单一关注度相对较低。

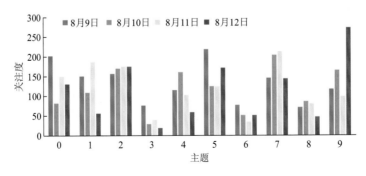

图 5.4　台风灾害各主题关注度变化

依据聚类结果分析台风期间山东和江浙地区关注人群时空分布特征。8 月 9 日的聚类结果中各主题分布相对零散，其中主题 0 与主题 1 分布相对广泛，且在江浙地区形成较为密集的分布态势，表明该地区主要关注台风灾害实况报道。8 月 10 日的聚类结果中主题 4 分布相对广泛，表明各地区对救援工作表现为积极的感情倾向。8 月 11 日的聚类结果中各主题分布相对零散，主题 8 分布相对广泛，表明该地区主要关注应急响应，以减少灾害损失。8 月 12 日的聚类结果中各主体分布仍相对零散，主题 1 与主题 2 分布相对广泛，表明该地区主要关注于灾害实况报道。

5.3 典型海洋环境安全舆情信息分析系统研发与应用

5.3.1 系统功能设计

利用社交网络融合方法及已有网络舆情底层组件对网络舆情信息进行智能抓取，基于自然语言处理技术与 5 种网络舆情分析模型，对海洋环境安全事件的传播范围、传播渠道、情感分析（正面/中立/负面）及次生衍生话题进行各种维度的分析。海洋环境安全网络舆情信息智能获取系统结构如图 5.5 所示，包括应用层、服务支撑层、技术支撑层和信息资源层。海洋环境安全网络舆情信息智能获取系统的具体功能如下。

图 5.5 海洋环境安全网络舆情信息智能获取系统结构图

1. 数据采集与管理功能

（1）采集监控。采集监控实现系统对系统各爬虫运行情况、各站点数据采集情况、数据接入情况、服务器与代理资源利用情况的监控与统计。

（2）站点管理。站点管理实现各类新闻网站、论坛、贴吧、微博、微信、博客、电子报、视频及境外网站等信息的统一采集与管理，能够根据网站重要程度设置采集的优先级。支持增加需要监测的网站和板块，用户可自行添加关注的站点并配置采集模板，也可由系统维护人员辅助添加。

（3）服务器管理。服务器管理对系统服务器资源进行管理，监控爬虫、接入服务器的运行情况，包括当日各服务器每小时调度次数、近一周每日各服务器调度数量等。

（4）系统管理。系统管理是对用户、用户权限和导控任务进行管理，具体包括用户管理、部门管理、角色管理、UKEY 管理和导控任务管理等。

2. 公开网站监测功能

（1）监测网站自定义。站点管理支持用户自定义添加、修改、删除关注的站点，并支持对特殊站点的定制化设置。监测网站是对用户添加的网站进行监测，获取网站发布的所有数据，并以列表形式展示出来。

（2）监测事件自定义。事件配置管理支持用户自定义设置、修改、删除、查询海洋环境安全事件特征。言论汇总支持根据用户设置的海洋环境安全事件特征，实时采集与海洋环境安全事件相关的社交网络中的言论，并汇总展示。热点发现支持对实时采集数据进行分析，自动发现热点事件、热点区域、热点人员，包括海上突发事件、热点敏感问题，为用户自定义事件监测提供辅助支持。

（3）全文搜索。模糊搜索提供多种分类检索功能，具体包括新闻、博客、论坛、Twitter、Facebook、Instagram 等。高级搜索支持根据时间段、网站来源、站点、关键字组合、关键字命中范围等来进行详细搜索的多种检索模式。

（4）热点聚类。为减轻人工巡检舆论事件的负担，快速跟踪舆情发展态势，系统能够定期对采集回的互联网数据进行自动聚类，形成互联网上今日、本周、本月话题。自动聚类是基于相似性算法的自动聚类技术，根据文本内容的相似度，将内容聚合成不同的类别，同时针对每一个聚合成的类别给出精确的类别主题词，包括最热话题、最新话题、敏感话题。热点聚类的具体功能包括最热话题、最新话题、敏感话题和热点榜单等。

（5）实体抽取。系统具备文本分词、实体抽取等文本分析和语义处理技术，支持对内容进行分析并抽取内容中的实体，包括人物、地点、机构、事件实体等，同时支持实体知识库的积累，抽取出的实体会不断积累入数据库。

（6）重点网民监测。该模块主要对论坛、博客、社交网络三种自媒体类型站点的网民进行监测，包括网民配置管理、网民库和重点网民库等。

（7）专题分析。针对特定事件可通过设置专题进行"类"全网搜索，通过专题可掌握特定事件在网络上传播的范围及传播趋势，分析特定事件传播的重点参与人，辅助研判网民对事件的情感倾向，动态分析每日新增的信息量及各来源站点特定事件发展的态势。同时具有溯源时间轴功能，可追溯事件的源头，支持常用的时间段选择，可以对事件进行全方位分析，为事件的处置提供科学的依据。

（8）简报管理。该模块能自动生成图文并茂的舆情信息简报，主要功能包括简报模板制订、素材收集和管理等。

3. 社交网络监测功能

社交网络监测深度分析实现对微博、微信、博客等社交网站信息的深度分析，对社交网站中的重点账号、特定话题事件和内容传播三个方面进行深度分析和研判，主要功能如下。

（1）账号分析。社交网络监测系统构建了庞大的博主知识库，提供博主关注配置功能，能够将博主添加到个人订阅，并提供关注、删除等管理功能。关注成功的账号，系统会采集并分析账号行为。主要包括博士概况、言论汇总、言论分析、关系分析和粉丝分析几个维度的分析。

（2）传播分析。传播分析主要根据信息的扩散模式进行，其主要功能包括单条社交网站信息传播分析、关键传播者分析、意见领袖观点分析和传播群体博主分类。

（3）事件分析。系统支持用户配置关注事件。配置事件的关键词和时间后，事件相关的信息会全量展示在系统中。系统同时支持对热点事件的溯源、子话题、传播发展趋势等进行分析。

（4）实体抽取。系统具备实体抽取等文本分析和语义处理功能，支持对文本内容进行分析并抽取文本内容中的实体，包括人物、地点、机构、事件实体等。系统同时支持实体知识库的积累，抽取出的实体会不断积累入数据库。实体抽取主要对社交网络短文本、口语表达等复杂情形进行处理和优化。

（5）预警。系统支持用户预设关键词。当监测到命中关键词的内容时，系统可以弹出框或声音提醒的方式预警用户，方便用户查看预警信息。

（6）报表导出。系统支持用户以 Word 或 Excel 文件格式导出信息内容、各类分析结果。

5.3.2 系统主要业务流程

1. 数据采集

舆情监控系统的数据采集模块是系统最基础、最核心的模块。数据采集模块的实现过程如下。使用爬虫技术定点爬取各大新闻网站及主流论坛发表的信息，并按关键词进行基本过滤。数据采集是一个长期不间断的任务，系统通过设置定时任务来实现对数据的持续爬取。爬虫任务可配置，并且可扩展。为了拓展更多数据源，网络爬虫服务模块在代码级上针对不同的数据源有定位数据源、定时器、解析、数据流等一套完整的逻辑，所以可根据这套逻辑实现快速复制。

2. 数据实时处理

数据实时处理是对爬取到的主流媒体的新闻资讯信息进行实时处理，低延迟、高效地分析，实现新闻事件的基本信息采集，如新闻报道的时间、地点、新闻主体等，从而实现事件的追踪和预警。网络爬虫先将数据存入高并发的消息队列中（主要依赖大数据组件 Kafka 实现），再通过 Spark streaming 结合处理逻辑，实时处理每一条新闻资讯，并将处理好的新闻特征存入列式数据库 HBase（快速读写），最后以事件纬度对数据进行分析，生成事件主题表。

3. 新闻特征提取

（1）新闻时间挖掘。新闻资讯中出现的时间、格式不一，常见的时间格式包括今天下午、24 小时前、昨日凌晨 6 时、凌晨 3 点、今日上午 10 时、6 月 10 日下午、1 月 25 日下午 5 点、15 日 21 时 30 分、13：05：34、2017 年 3 月 16 日 13 时、02 月 22 日 10 时 22 分、2017 年 1 月 5 日 20 时 45 分等。系统基于最长匹配原则对时间进行挖掘，并根据年、月、日、时、分、秒进行拼接，组装出能挖掘出最合适时间的正则表达式。

需要注意的是，一般新闻报道的时间会在最开始的部分出现，当出现两个相似的时间时，以前者为主。时间挖掘拼接年、月、日、时、分、秒时，以相邻两个时间为一组，继而和前一个时间进行比较，可以理解为判断步长为 2。如一条新闻，挖掘出时间为某年某月，继续挖掘，发现某月某日不可行，再次挖掘，某日某时是可行的，而某年某月某日某时不可行，这时保留某日某时。最终将挖掘出的时间格式统一转换为年月日；若没有挖掘出发生时间，以新闻报道时间为发生时间。表 5.13 所示为新闻资讯时间挖掘正则表达式。

表 5.13　新闻资讯时间挖掘正则表达式

时间	正则表达
年	\\d{1,4}[-|\\/|年]
月	\\d{1,2}[-|\\/|月|\\.]
日	昨+（日|天|晚）；今+（日|天|晚）；\\d{1,2}[日|号|\\/|]；(\\d{1,2}[日|号|\\/|]?) ?；(凌晨|上午|下午|傍晚|黄昏)
时	(\\s）*\\d{1,2}（[点|时]）；((\\s）*\\d{1,2}（[点|时]）?)
分	((\\s）*\\d{1,2}（分））；(([：|：|])\\d{1,2}（分))
秒	(\\d{1,2}（秒））；(([：|：|])\\d{1,2}（秒）?) ?

时间挖掘正则表达式拼接完成之后，需要进行时间解析。解析时间需要注意：昨天（日）晚上，发布时间往前推一天即为发生时间；今日（天）晚上、凌晨、上午、下午、傍晚、黄昏，发布时间即为发生时间；只有时、分、秒的时间，发布时间的即位发生时间；只有月、日的时间，需要将解析出来的月份和发布时间的月份比较，如果解析出的月份大于发布时间月份，发布时间年份往前推一年，否则解析出的年份即为发布时间的年份。表 5.14 所示为新闻资讯时间解析正则表达式。

表 5.14　新闻资讯时间解析正则表达式

正则表达式	时间格式
^\\d{4}\\D+\\d{1,2}\\D+\\d{1,2}\\D+\\d{1,2}\\D+\\d{1,2}\\D+\\d{1,2}\\D*$	yyyy-MM-dd-HH-mm-ss
^\\d{4}\\D+\\d{2}\\D+\\d{2}\\D+\\d{2}\\D+\\d{2}$	yyyy-MM-dd-HH-mm
^\\d{4}\\D+\\d{2}\\D+\\d{2}\\D+\\d{2}$	yyyy-MM-dd-HH
^\\d{4}\\D+\\d{2}\\D+\\d{2}$	yyyy-MM-dd
^\\d{4}\\D+\\d{2}$	yyyy-MM
^\\d{4}$	yyyy

正则表达式	时间格式
^\\d{14}$	yyyy-MM-dd-HH-mm-ss
^\\d{12}$	yyyy-MM-dd-HH-mm
^\\d{10}$	yyyy-MM-dd-HH
^\\d{8}$	yyyy-MM-dd
^\\d{6}$	yyyy-MM
^\\D*$	yyyy-MM-dd
^\\d{4}\\D*$	yyyy-MM-dd
^\\d{1,2}\\D*$	yyyy-MM-dd
^\\D+\\d{1,2}\\D	yyyy-MM-dd-HH
^\\D+\\d{1,2}\\D*$	yyyy-MM-dd-HH
^\\d{1,2}\\D+\\d{1,2}$	yyyy-dd-MM
^\\d{4}\\D+\\d{1,2}\\D*$	yyyy-MM-dd
^\\d{1,2}\\D+\\d{1,2}\\D*$	yyyy-MM-dd
^\\d{1,2}\\D+\\d{1,2}\\D+\\D	yyyy-MM-dd
^\\d{2}\\s*：\\s*\\d{2}$	yyyy-MM-dd-HH-mm
^\\d{2}\\D+\\d{1,2}\\D+\\d{1,2}$	yy-MM-dd
^\\d{1,2}\\D+\\d{1,2}\\D+\\d{4}$	dd-MM-yyyy
^\\D+\\d{1,2}\\D+\\d{1,2}\\D*$	yyyy-MM-dd-HH
^\\d{4}\\D+\\d{1,2}\\D+\\d{1,2}\\D	yyyy-MM-dd
^\\d{4}\\D+\\d{1,2}\\D+\\d{1,2}\\D*$	yyyy-MM-dd
^\\d{1,2}\\D+\\d{1,2}\\D+\\D+\\d{1,2}\\D	yyyy-MM-dd-HH
^\\d{1,2}\\D+\\d{1,2}\\D+\\d{1,2}\\D*$	yyyy-MM-dd-HH-mm
^\\d{2}\\s*：\\s*\\d{2}\\s*：\\s*\\d{2}$	yyyy-MM-dd-HH-mm-ss
^\\d{1,2}\\D+\\D+\\d{1,2}\\D+\\d{1,2}\\D*$	yyyy-MM-dd-HH-mm
^\\d{4}\\D+\\d{1,2}\\D+\\d{1,2}\\D+\\d{1,2}\\D	yyyy-MM-dd-HH
^\\d{1,2}\\D+\\d{1,2}\\D+\\d{1,2}\\D+\\d{1,2}\\D*$	yyyy-MM-dd-HH-mm
^\\d{4}\\D+\\d{1,2}\\D+\\d{1,2}\\D+\\d{1,2}\\D+\\d{1,2}\\D*$	yyyy-MM-dd-HH-mm

（2）新闻地点挖掘。对新闻地点的挖掘，首先是通过地理字典表进行地点词汇挖掘，然后通过云地理编码 API 获得地点词汇的三级地理位置。需要注意：若新闻中出现多个地理位置，将出现最多的地理位置作为发生地点。地点词汇挖掘是概率性事件，需要通过扩充自然语言处理模型来提高地点词汇的挖掘，地点词汇挖掘的准确率及命中率需要进行测试，使其不断逼近 100%。

云地理编码 API 的使用有操作限制，每日每人 2 000 次。可以申请 3 个账号，即 6 000 次的日访问量，限于事件过滤和非突发事件不会被解析，能够满足解析需求。表 5.15 为新闻地点挖掘云地理编码 API 的访问密钥和密码。

表 5.15 新闻地点挖掘云地理编码访问密钥和密码

访问密钥	密码
Y62v7IHdewuE68P4uRczA0LQaC8fmK5Y	166325
5CEPzIk22zFKOwkVwQerhu7Cum5WxalG	166322
LwB8jybrpaNzmD4t7rbsokrTGGDBipNy	165993

（3）新闻所属事件分类。根据《国家应急平台体系信息资源分类与编码规范》（试行）的事件分类的标准，舆情监控系统将突发事件分为 8 类，如表 5.16 所示。

表 5.16 突发事件列表

编码	突发事件
1165	海洋灾害
1166	气象灾害
1167	地震灾害
1168	地质灾害
1169	水旱灾害
1170	生物灾害
1171	森林火灾
1172	溺水事件

系统主要利用决策树算法中的随机森林方法实现突发事件的分类，通过不断地调整样本数据和参数来提高分类的精准度。

新闻所属事件分类模型训练流程图如图 5.6 所示。

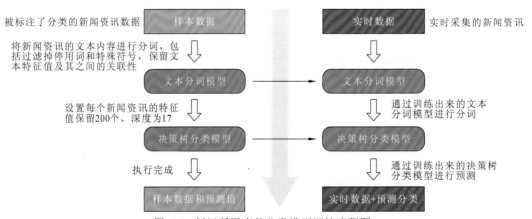

图 5.6 新闻所属事件分类模型训练流程图

分类模型训练需要注意：样本数据要足够多，事件所属分类要均匀。模型训练是一个不断迭代的过程，样本数据过少，分类的精准度可能达不到要求，事件种类分布不均匀会导致分类的精准度不准确，文本分词中过滤掉停用词会降低分析过程中的干扰项。系统引入停用词表，在人为介入训练的时候，可以不断完善停用词表，从而降低干扰项，提高分类模型的精准度。决策树的优化，至关重要，影响因素包括词向量的选择、树的分枝和树的深度，需要通过上百次的测试和试验验证使参数达到最佳值，以保证模型准确度。

（4）新闻情感分析。新闻的情感分析，主要是对新闻报道进行正、中、负三个维度的情感极性分析。引入第三方的 BosonNLP 情感词典对文本进行正负情感词的词性统计，最终的情感以分值的形式来表示：score = 正面词汇×1+负面词汇×(-1)。如果 score＞1，则这则新闻的情感为正，反之为负；如果 score = 0，则为中立。

（5）新闻事件关键词挖掘。对新闻事件关键词的挖掘主要依赖事件关键词典，通过自然语言处理模型对文本中的事件关键词进行标注。挖掘过程中需要注意：事件关键词挖掘是概率性事件，和自然语言处理模型训练的样本数据有关；样本数据越丰富，关键词被挖掘出来的数量和准确度就会越高；事件关键词典需要人为进行维护；自然语言处理模型依赖第三方包 opennlp。

4. 事件特征提取

舆情监控系统的监控对象以事件为单位，事件特征提取是分析事件的发展趋势、舆论走势等。事件的特征见表 5.17。

表 5.17　事件特征表

事件属性	英文名称	描述
事件 Id	eventId	时间+事件分类+地点的哈希值
事件名称	eventName	时间+地点+事件分类
事件发生地	eventLocation	省、市、区（县）
事件发生时间	happenedDate	****年*月*日
事件分类	subCategory	41 种分类
事件类别	eventType	二级分类，编码前两位：11 为自然灾害；12 为事故灾难；13 为公共卫生；14 为社会安全
首次报道时间	firstReportTime	第一次发布的新闻／资讯
舆情持续天数	lastingDays	截至最后一次新闻报道的时间
最后更新时间距今	timeGap	最后一次报道事件距今
舆情状态	opinionState	所有新闻的正负情况
关注度	attentionValue	用户点击量、评论数及事件的平均报道频率
热度	hotValue	事件的报道频率
事件状态	eventTrend	0 为上升期；1 为平稳期；2 为衰减期；3 为消亡期
敏感词	sensitiveWords	—
送报状态	sendState	是否被推送：0 为未送报；1 为已送报

（1）事件 Id。约定同一时间、同一地点发生的同类事件是唯一的，事件 Id 为按照发生时间、事件分类和地点的哈希值拼接成的字符串。

（2）舆情持续天数。舆情持续天数＝最后一次报道时间 − 首次报道时间。

（3）最后更新时间距今。最后更新时间距今 = 当前时间 − 最后一次报道时间。

（4）关注度。关注度 = 0.7×媒体关注度 + 0.3×用户关注度；媒体关注度 = 当天的报道数量/当天所有的报道数量；用户关注度=14（评论数+点击量）×$\log_2$（评论数+点击量）。

（5）热度。热度 = 当天的报道数量/当天所有的报道数量。

（6）事件状态。如果事件最后报道时间距今超过了 7 天，认为事件发展进入了消亡期；如果事件只发生了 1 天，认为事件发展处于平稳期；如果事件报道的天数大于 1 天，将最后 1 天和前 1 天的关注度进行比较，如果前者大，则事件发展处于上升期，反之处于衰退期，两天的关注度相等则处于平稳期。

（7）送报状态。当事件的热度达到某一阈值时，称为热点事件；当事件的关注度达到某一阈值时，称为报警事件；当事件包含敏感词时，称为敏感事件。以上事件需要被及时推送到相关部门进行处理。

5. 舆情统计分析

（1）舆情倾向性分析。对信息的观点、主旨进行倾向性分析，以提供可参考的分析依据。可根据事件的情感关键词来判别事件的情感倾向，分析的结果统计为正面、负面和中立 3 种。

（2）舆情分布统计。将各类舆情按地域进行统计，为地区舆情处理决策提供数据支持。

（3）舆情趋势分析。根据媒体及用户对舆情的关注度进行趋势分析。可根据信息的转载量、评论的回复、信息时间密集度来判别舆情的发展趋势，分析的结果统计为上升期、平稳期、衰减期和消亡期 4 种。

（4）舆情跟踪。对舆情进行持续跟踪，并进行倾向性与趋势分析。跟踪的具体内容包括：信息来源、转载量、转载地址、地域分布、信息发布者等。

5.3.3 典型海洋环境安全事件与网络舆情分析

实时产生的社交媒体数据对研究海洋环境安全事件的演变与影响有着重要的作用。一方面，可以基于当前灾害发展的态势，有效推估关注灾害的用户分布位置、情感波动，从而有效获取社会舆情中的关键信息。另一方面，监测数据不完备将使对海洋环境安全事件的分析和推估无法进行，社交媒体数据可以在较粗的尺度上对当前的海洋环境安全事件进行有效的估计，是一种重要的补充监测方式。本小节以浒苔灾害与其对应的微博数据为例，基于双向联想神经网络，对海洋环境安全事件及其对应的网络舆情进行时空关联分析。

1. 实例数据

本小节的实例数据包括 2016～2020 年黄海浒苔灾害数据与对应的微博数据。浒苔灾害数据是由无云层干扰的 MODIS 影像解译而来。2016 年、2017 年、2018 年与 2019 年得到的完整浒苔分布图数量分别为 8 幅、9 幅、9 幅与 19 幅（表 5.18）。其他图像受云层干扰无法获取完整的浒苔分布情况，存在严重的数据不完备性。微博数据通过微博开放接口获取，搜索关键词为"浒苔""绿潮""海上草原""绿潮灾害""藻类"。获取的微博数据按照发布时间，依据"邻近原则"对应到表 5.18 中的日期，得到不同日期的微博数量与发布位置信息。2016 年、2017 年、2018 年与 2019 年分别得到的新浪微博数据为 218 条、234 条、190 条与 440 条。

表 5.18　各年份完整浒苔分布图情况

年份	完整分布图数	对应日期
2016	8	5 月 16 日、5 月 25 日、6 月 1 日、6 月 17 日、6 月 25 日、7 月 14 日和 7 月 24 日
2017	9	4 月 30 日、5 月 7 日、5 月 18 日、5 月 27 日、6 月 4 日、6 月 14 日、6 月 18 日、6 月 26 日、7 月 13 日
2018	9	6 月 3 日、6 月 12 日、6 月 21 日、6 月 24 日、6 月 29 日、7 月 15 日、7 月 19 日、7 月 23 日、8 月 2 日
2019	19	5 月 20 日、5 月 22 日、5 月 23 日、5 月 29 日、6 月 7 日、6 月 11 日、6 月 15 日、6 月 23 日、6 月 24 日、7 月 1 日、7 月 2 日、7 月 3 日、7 月 5 日、7 月 14 日、7 月 24 日、8 月 16 日、8 月 19 日、8 月 29 日、8 月 30 日

2. 特征选取

为了方便概括与反演浒苔与微博数据情况,抽取不同日期浒苔的覆盖面积(图 5.7)、漂移重心(图 5.8)、分布范围(图 5.9 与图 5.10),对应日期的微博数据的分布的标准差椭圆(图 5.11、图 5.12 和图 5.13)、时空点特征(图 5.14 和图 5.15)。

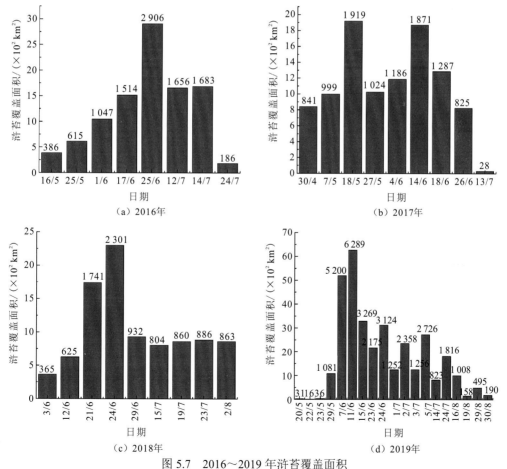

图 5.7　2016～2019 年浒苔覆盖面积

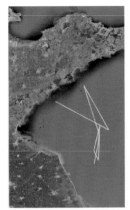   

（a）2016年　　　　（b）2017年　　　　（c）2018年　　　　（d）2019年

图 5.8　2016～2019 年浒苔重心分布

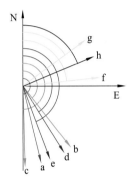

a.16/5；b.25/5；c.1/6；d.17/6；e.25/6
f.12/7；g.14/7；h.24/7

（a）2016年

a.30/4；b.7/5；c.18/5；d.27/5；e.4/6
f.14/6；g.18/6；h.26/6；i.13/7

（b）2017年

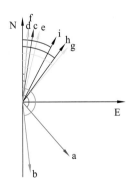

a.3/6；b.12/6；c.21/6；d.24/6；e.29/6
f.15/7；g.19/7；h.23/7；i.2/8

（c）2018年

a.20/5；b.29/5；c.7/6；d.11/6；e.15/6；f.24/6 g.5/7
h.14/7；i.24/7；j.16/8；k.19/8；l.29/8；m.30/8

（d）2019年

———— 出现　　———— 发展　　———— 暴发　　———— 消亡　　———— 消失

图 5.9　2016～2019 年浒苔分布矩形方向角

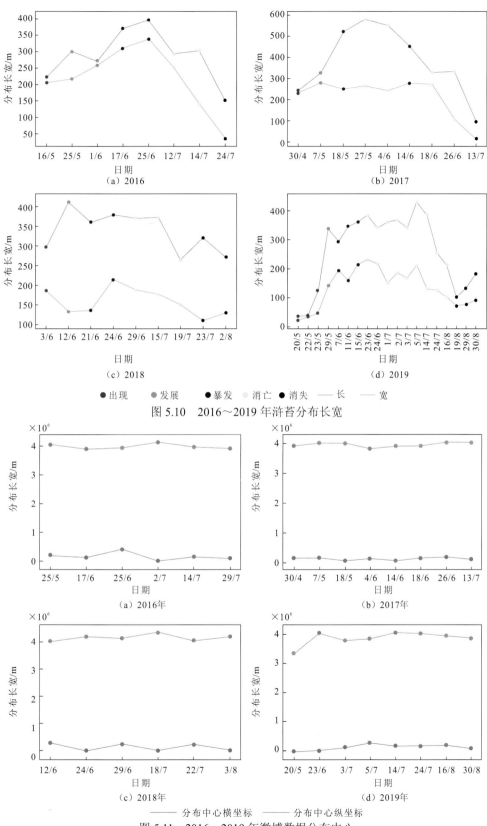

图 5.10 2016~2019 年浒苔分布长宽

图 5.11 2016~2019 年微博数据分布中心

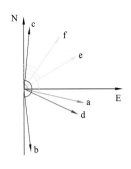

a.25/5；b.17/6；c.25/6；d.12/7；e.14/7；f.24/7

（a）2016年

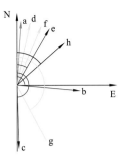

a.30/4；b.7/5；c.18/5；d.4/6；e.14/6；f.18/6；g.13/7

（b）2017年

a.12/6；b.24/6；c.29/6；d.19/7；e.2/8；f.13/8

（c）2018年

a.20/5；b.23/6；c.3/7；d.5/7；e.14/7；f.24/7；g.16/8；h.30/8

（d）2019年

—— 出现　　—— 发展　　—— 暴发　　—— 消亡　　—— 消失

图 5.12　2016～2019 年微博数据分布方向趋势

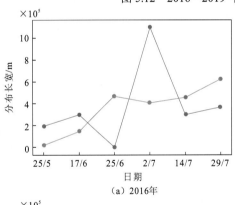

（a）2016年

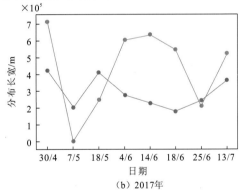

（b）2017年

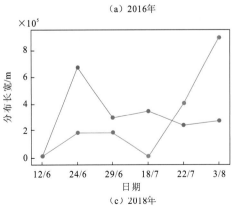

（c）2018年

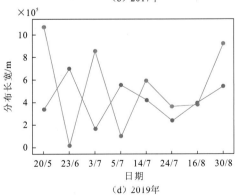

（d）2019年

—— 横坐标方向离散趋势　　—— 纵坐标方向离散趋势

图 5.13　2016～2019 年微博数据分布离散趋势

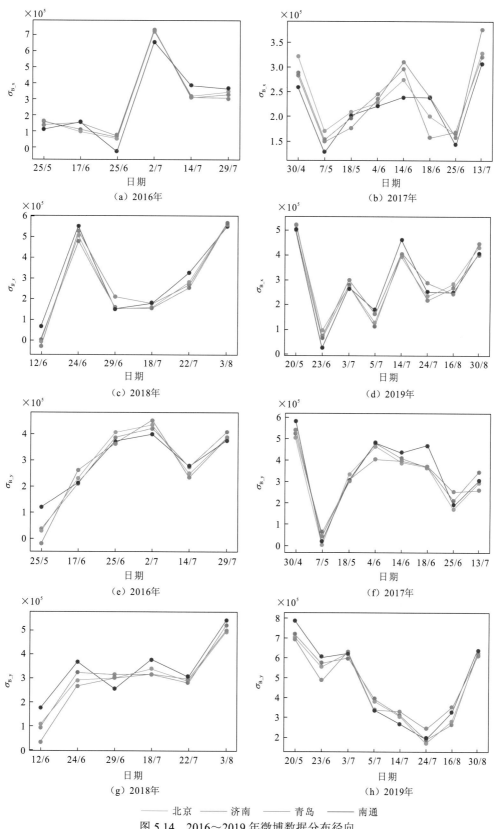

图 5.14　2016~2019 年微博数据分布径向

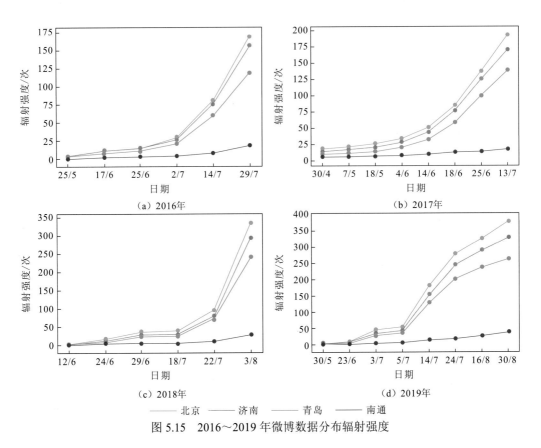

（a）2016年   （b）2017年

（c）2018年   （d）2019年

—— 北京   —— 济南   —— 青岛   —— 南通

图 5.15   2016～2019 年微博数据分布辐射强度

3. 双向联想网络构建与实验

以浒苔覆盖面积、浒苔分布范围、浒苔中心、微博热点分布的标准差椭圆、热点区域的时空强度与时空径向参数为特征，将其作为 BSAMNN 的两端进行迭代分析。实验中的训练数据为 2016～2018 年的浒苔与微博数据，测试数据为 2019 年浒苔与微博数据。图 5.16 为 2019 年度可视化的 BSAMNN、双向联想记忆神经网络（BAM）的浒苔分布预测结果。表 5.19 为不同日期的浒苔预测的准确度（Accuracy）、虚警率（false alarm rate，FAR）与漏警率（missing alarm rate，MAR），其计算公式如式（5.16）～式（5.18）所示。

$$Accuracy = \frac{S_{MBR_p \cap MBR_o}}{S_{MBR_p}} \tag{5.16}$$

$$FAR = \frac{S_{MBR_p} - S_{MBR_p \cap MBR_o}}{S_{MBR_p}} \tag{5.17}$$

$$MAR = \frac{S_{MBR_o} - S_{MBR_p \cap MBR_o}}{S_{MBR_o}} \tag{5.18}$$

式中：MBR 为浒苔覆盖的最小外接矩形；MBR_p 和 MBR_o 分别为预测覆盖范围和实际观测覆盖范围的最小外接矩形。

从表 5.19 可以看出，BSAMNN 的性能优于 BAM，尤其是在浒苔发展的前期。BSAMNN 结果的平均精度、虚警率和漏警率分别为 0.69、0.25 和 0.31，分别比 BAM 结果高 0.11、低 0.10 和低 0.11，说明微博数据和 BSAMNN 模型可以很好地辅助浒苔的每日监测。

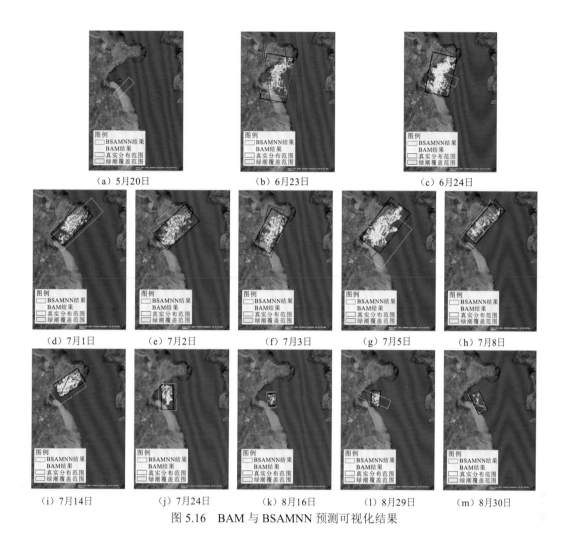

（a）5月20日　　　　　　　（b）6月23日　　　　　　　（c）6月24日

（d）7月1日　　（e）7月2日　　（f）7月3日　　（g）7月5日　　（h）7月8日

（i）7月14日　　　　　（j）7月24日　　　　　（k）8月16日　　　　　（l）8月29日　　　　　（m）8月30日

图 5.16　BAM 与 BSAMNN 预测可视化结果

表 5.19　BAM 与 BSAMNN 准确率、虚警率与漏警率对比

日期	准确率		虚警率		漏警率	
	BAM	BSAMNN	BAM	BSAMNN	BAM	BSAMNN
5月20日	0.00	0.39	1.00	0.52	1.00	0.61
6月23日	0.75	0.75	0.01	0.27	0.25	0.25
6月24日	0.22	0.85	0.17	0.20	0.78	0.15
7月1日	0.83	0.56	0.39	0.12	0.17	0.44
7月2日	0.27	0.90	0.27	0.11	0.73	0.10
7月3日	0.23	0.79	0.05	0.21	0.77	0.21
7月5日	0.59	0.87	0.50	0.24	0.41	0.13
7月8日	0.66	0.94	0.12	0.27	0.34	0.06
7月14日	0.63	0.42	0.45	0.31	0.37	0.58

日期	准确率		虚警率		漏警率	
	BAM	BSAMNN	BAM	BSAMNN	BAM	BSAMNN
7月24日	1.00	0.46	0.37	0.22	0.00	0.54
8月16日	0.94	0.67	0.30	0.07	0.06	0.33
8月29日	0.59	0.85	0.70	0.56	0.41	0.15
8月30日	0.90	0.50	0.12	0.28	0.10	0.50

从虚警率来看，BSAMNN 比 BAM 平均减少了 8.38%。5 月 20 日 BAM 与 BSAMNN 对浒苔的预测都不准确，这是由于 BAM 和 BSAMNN 在分布重心上做出了错误的预测。从漏警率上来看，BSAMNN 平均比 BAM 低 10.35%，这与虚警率的下降是一致的。BAM 在 7 月 5 日前的平均 MAR 为 0.62，而 BSAMNN 的 MAR 为 0.29，说明 BSAMNN 在绿潮探测早期的漏警率较低。

参 考 文 献

邓敏, 李志林, 李永礼, 等, 2006. GIS 线目标间拓扑关系描述的 4 交差模型. 武汉大学学报(信息科学版), 31(11): 945-948.

李成名, 陈军, 1997. 空间关系描述的 9-交模型. 武汉大学学报(信息科学版)(3): 21-25.

梁汝鹏, 李淑霞, 李文娟, 2010. 基于地名本体的空间数据组织与服务研究. 信息工程大学学报, 11(2): 175-179.

王可, 钟少波, 杨永胜, 等, 2018. 海洋灾害链及应用. 灾害学, 33(4): 229-234.

王然, 连芳, 余瀚, 等, 2016. 基于孕灾环境的全球台风灾害链分类与区域特征分析. 地理研究, 35(5): 836-850.

张春菊, 张雪英, 李明, 等, 2014. 中文文本中时间信息解析方法. 地理与地理信息科学, 30(6): 1-6.

周静, 张书亮, 张小波, 2015. 顾及地理实体的地名信息检索方法研究. 地球信息科学学报, 17(11): 1362-1369.

AGRAWAL K P, GARG S, SHARMA S, et al., 2016. Development and validation of OPTICS based spatio-temporal clustering technique. Information Sciences, 21: 369-388.

ANKERST M, BREUNIG M M, KRIEGEL H P, et al., 1999. OPTICS: Ordering points to identify the clustering structure// Proceedings ACM SIGMOD International Conference on Management of Data, Philadelphia, USA.

BASIRI A, HAKLAY M, FOODY G, et al. 2019, Crowdsourced geospatial data quality: Challenges and future directions. International Journal of Geographical Information Science, 33(8): 1588-1593.

BLEI D M, NG A Y, JORDAN M I, 2003. Latent dirichlet allocation. Journal of Machine Learning Research, 3(11): 993-1022.

FANG J, LIU J, SHI X, et al., 2019. Assessing disaster impacts and response using social media data in China: A case study of 2016 Wuhan rainstorm. International Journal of Disaster Risk Reduction, 34: 275-282,

GOODCHILD M F, LI L, 2012. Assuring the quality of volunteered geographic information. Spatial Statistics, 1:

110-120.

GOODCHILD M F, 2007. Citizens as sensors: The world of volunteered geography. GeoJournal, 69(4): 211-221.

GRÜTTER R, PURVES R S, WOTRUBA L, 2017. Evaluating topological queries in linked data using DBpedia and GeoNames in switzerland and scotland. Transactions in GIS, 21(1): 114-133.

HALKIDI M, VAZIRGIANNIS M, 2001. Clustering validity assessment: Finding the optimal partitioning of a data set// IEEE International Conference on Data Mining, USA.

JAMES I L F, 2001. Gibbs sampling methods for Stick-Breaking priors. Journal of the American Statistical Association, 96(453): 161-173.

KIM K S, KOJIMA I, OGAWA H, 2016. Discovery of local topics by using latent spatio-temporal relationships in geo-social media. International Journal of Geographical Information Science, 30(9): 1899-1922.

LIU Y, GUO Q H, WIECZOREK J, et al, 2009. Positioning localities based on spatial assertions. International Journal of Geographical Information Science, 23(11): 1471-1501.

MARTIN M E, SCHUURMAN N, 2017. Area-based topic modeling and visualization of social media for qualitative GIS. Annals of the American Association of Geographers, 107(5): 1028-1039.

RÖDER M, BOTH A, HINNEBURG A, 2015. Exploring the space of topic coherence measures// Proceedings of the eighth ACM international conference on Web search and data mining, Shanghai, China.

SHEKHAR S, XIONG H, 2018. Region connection calculus. International Journal of Approximate Reasoning, 48(1): 332-347.

SMITH T R, FREW J, 1995. Alexandria digital library. Communications of the ACM, 38(4): 61-62.

YAO F, WANG Y, 2020. Tracking urban geo-topics based on dynamic topic model. Computers, Environment and Urban Systems, 79: 101419.

第6章 海洋环境安全保障数据一张图系统

6.1 海洋环境安全保障数据组织与设计

6.1.1 数据组织

1. 总体思路

（1）根据目前数据治理技术的发展趋势，制订最优的数据体系架构方案。

（2）面向海洋环境安全保障的具体需求，开展数据管理模型设计。

（3）数据管理模型正向生成数据库，实现海洋安全数据实体存储和管理。

（4）根据不同数据源的具体情况和使用需求，制订数据更新机制和频率。

（5）基于海洋环境安全保障平台技术系统，开展自动化的数据治理与运维。

2. 技术思路

数据组织的总体思路是依照数据建模思路开展数据的分析、组织和模型构建。数据建模是根据数据的特征在资料分类的基础上完成资料的元数据、空间范围、数据类型、存储位置等方面的定义，构建生成资料型数据的模型，并将其挂接到数据目录，以保证数据库的快速搭建（韩璐遥 等，2017）。数据建模基本原理示意图如图6.1所示。

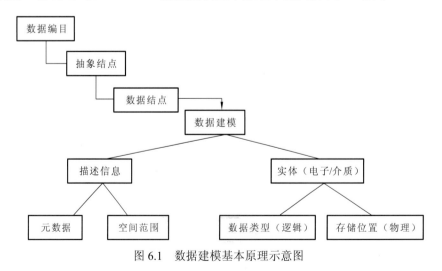

图6.1 数据建模基本原理示意图

数据建模的业务流程主要包括存储规划、数据建模、数据编目等环节。首先依据数据分类规范定义数据的类别、元数据项及空间特征，利用数据类型建模定义数据实体的组织结构，通过编目实现数据模型到目录的挂接，完成数据到数据库的快速构建。模型支持数据类型及元数据项的扩增，保证数据库具备扩展性。数据建模业务流程图如图6.2所示。

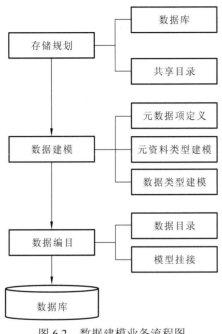

图6.2 数据建模业务流程图

（1）元数据项定义。依据资料分类整理规范定义资料的类别、元数据项，包括元数据项的名称、类型、长度等设置。

（2）元资料类型建模。定义当前资料的抽象分类，规范资料的固有元数据项及空间化情况，该模型的创建依据是资料包含的元数据、空间范围、数据类型、存储位置信息的情况。

（3）资料类型建模。定义某类资料的表结构和特征，指定所属的元资料类型，规范资料的扩展元数据项及空间特征。扩展元数据项是在资料固有元数据项基础上追加资料的个性化字段，空间特征则包含常见的点、线、面三种类型。资料类型模型生成后，可配置该资料类型的资料标识、资料名称、是否显示、是否编辑等业务规则。

（4）数据类型建模。数据实体包括介质实体、电子实体两种类型。介质实体仅需要采集和存储实体的存储位置信息，不需要数据类型建模；电子实体需要通过数据类型建模，定义最小的资料数据实体单元，以及资料实体文件的命名、格式、关联关系，以确定资料实体文件的组织结构。

（5）资料编目管理。在目录上创建数据节点，将资料类型模型、数据类型模型挂接到该节点，同时配置节点关联的实体存储位置、入库插件等信息，完成基于数据节点的资料型数据模型的构建。

6.1.2　数据体系架构设计

目前，主流的基于大数据的数据库建设技术主要包括适用于事务处理应用的 OldSQL、适用于数据分析应用的 NewSQL 和适用于互联网应用的 NoSQL。其中 OldSQL 应用的典型代表为事务型数据库（Oracle），NewSQL 应用的典型代表为大规模分布式并行处理（massively parallel processing，MPP）数据库，NoSQL 应用的典型代表为非关系型数据库（Redis）。

海洋环境安全数据库建设采用"OldSQL+NewSQL+NoSQL"混搭模式。其中 OldSQL 数据库主要面向各类业务体系形成的结构化标准数据集及处理成果的管理，NewSQL 数据库主要面向基于大数据的结构化海洋数据智能挖掘分析，NoSQL 数据库主要面向非结构化海洋数据的处理管理和关联分析（宋晓 等，2018）。

面向不同层次的应用服务与管理需求，根据海洋环境安全数据的类型和特点，结合各类数据和信息产品的存储格式，采用相应的数据库（事务型数据库、结构化并行数据库、非结构化数据库）进行存储与管理。事务型数据库系统用来存储及管理各类结构化海洋业务数据，通过事务处理引擎、时间序列引擎、空间数据引擎和高可用解决方案构建业务数据库。结构化并行数据库系统采用列存储分布式并行数据库集群构建，为超大规模结构化数据管理提供高性能、高可用、高扩展性的通用计算、分析、挖掘平台，实现数据仓库及各类业务数据集的搭建，为各类海洋数据分析与计算提供支持。非结构化数据库实现对非结构化数据文件、报告、图集、音频、视频、影像等相关数据的存储管理。海洋环境安全数据库总体架构设计如图 6.3 所示。

1. 事务型数据库系统

事务性数据库系统是建立在关系模型基础上的数据库，借助集合代数等数学概念和方法来处理数据库中的数据。

关系模型由关系数据结构、关系操作集合、关系完整性约束三部分组成，具有严格的数学理论基础，表示形式更符合现实中人们常用的形式。此外，事务型数据库是面向应用的数据库，响应及时性要求很高，具有容易理解、使用方便、易于维护等优点。

事务型数据库系统用于各类海洋环境安全数据的统一存储和管理，通过事务处理引擎、时间序列引擎、空间数据引擎和高可用解决方案构建海洋环境安全基础数据库、承灾体数据库、观监测与预报数据库、统计数据库、应急保障资源数据库和应急业务数据库，保证海洋环境安全数据的规范管理和高效利用。

2. 结构化并行数据库系统

结构化并行数据库系统是建立在 MPP 方法之上的数据库管理系统，是网格计算中所有单独节点参与协调计算的方法。系统中每个查询都会被分解为由 MPP 网格节点并行执行的一组协调进程，系统运行时间比传统的数据库管理系统快得多。结构化并行数据库系统具有优越的可扩展性，可以通过添加新节点的方式轻松扩展网格。结构化并行数据库有两种存储方式，即行存储和列存储。行存储数据库适合增加、插入、删除、修改等事务处理操作。列存储非常适合进行统计查询类操作，能够通过建立索引来优化统计查询性能，此外还能够通过数据压缩来节省存储空间。

图 6.3　海洋环境安全数据库总体架构设计

3. 非结构化数据库系统

非结构化数据库系统有别于传统关系型数据库基于行列的僵硬数据模型，采用松散的数据结构，在大数据存取和高并发处理等方面具有传统关系型数据库无法比拟的性能优势。非结构化数据库系统根据数据存储模型可以分为如下三类。

（1）键值对存储：通过算法把"键"映射到相应的"值"，而不关心"值"的具体内容，具有极高的并发读写性能。典型代表有 Dynamo、MemcacheDB 等。

（2）面向列存储：数据以列为存储单位，将相同列的数据存储在一起，支持列的动态扩展，对面向某列或某几列的查询具有明显的 IO 优势。典型代表有 Hbase、Hypertable 等。

（3）面向文档类型存储：一般采用 JSON 格式或者类似 JSON 格式的数据结构，以文档的方式存储数据，可以对特定的数据建立索引，实现数据的快速查询。典型代表有 MongoDB、CoutchDB 等。

传统关系型数据库系统中，严格的事务一致性和读写实时性无法满足用户对数据库高并发读写、高可扩展性、高可用性需求及对海量数据的高效存储和访问需求。非结构化数据库系统具有分布式应用和并行计算等优点，专注于越来越丰富的非结构化数据的处理与计算，其特点体现在以下方面。

（1）灵活的数据模型：非结构化数据库系统没有严格的数据存储格式，不用事先建立数据存储字段，支持随时定义存储字段。

（2）高横向扩展性：非结构化数据库系统数据之间没有关联，容易扩展，为架构层的扩展带来了更多可能性。

（3）高性能：非结构化数据库系统并发读写性能非常高，在大数据量的情况下尤为明显，为大规模并行运算和负载均衡提供很好的数据存储解决方案。

6.1.3 数据资源池

按照数据使用目的分级分类管理的要求统一规划资源，通过对数据资源进行标准统一、流程规范的组织与挖掘，整合海洋环境安全各类数据，依托大数据组件形成包含原始库、资源库、主题库、专题库等的海洋环境安全数据资源池，为综合展示、数据服务、领导决策提供数据支持（韩春花 等，2012）。

原始库的内容由数据接入系统从各业务生产库采集的数据来创建，实现源头数据的落地存储。原始库应保留完整的原始业务数据表，创建原始库时应同时记录并标识原始库表的来源信息。

资源库由原始库数据进行清洗、转换等标准化处理后的数据组成。资源库的数据结构在原则上与原始库层保持一致，可以对表结构进行裁减、合并等操作，对数据进行日期时间格式转换、字段合并、空值处理、脏数据处理、命名规范等清洗、转换处理。

主题库按照海洋环境安全信息分类原则，将海洋环境安全数据按海岛权益维护、海岛管理、海域管理、海洋安全事件等分为不同主题，为数据应用和产品提供公共数据服务，降低用户理解和数据获取的难度，降低数据加工的深度和复杂度，保证系统内各个软件模块和应用服务间数据的一致性（宋晓 等，2019）。

专题库是按照业务应用具体需要，在基础数据无法直接支撑保障专题应用的情况下，基于专题应用业务模型，通过二次抽取整合的方法建立的专题应用资源库。专题库在上层业务应用系统中产生业务数据，也可以经过标准化治理后纳入资源库来进行治理。

除此之外，结合海洋环境安全保障大数据平台中的人工智能、模型工厂、算法仓库、知识图谱、大数据可视化等应用支撑，并集合海洋环境安全数据，将海洋环境安全应用向高智能化、高可视化的方向推进。

1. 原始库设计

原始库的合理设计可以在业务系统和数据资源中心之间形成一个良好的过渡，既保障数据资源中心数据的稳定性，不受源业务系统数据频繁变化的影响，又可减轻前置系统被反复抽取的压力。数据资源中心的数据需求统一以原始库为基础来抽取和分发。

由于数据来源多、种类丰富，原始库的数据应该采取清晰、合理的方式去组织。对于不同来源的数据，应该按照其数据来源进行清晰的标识，包括表名标识、表元数据标识等；对于不同种类的数据，应该采取不同的存储机制进行存取。存储域可分为结构化域、半结构化和非结构化域，其中半结构化域和非结构化域的数据应该采用相应的数据提取手段提取关键信息并保存至结构化域，以便于数据的溯源和使用。

原始库的数据结构设计原则上和业务生产库的表结构一致，并在业务生产库基础上增添数据接入过程中的操作字段，表示数据的更新和删除等状态，以此向大数据资源中心提供原始、准确的数据，便于后续的分析和使用。

原始库的数据类型包括结构化数据、半结构化数据和非结构化数据。结构化数据主要是指关系模型数据，即以关系数据库形式管理的数据。半结构化数据是指非关系模型、有基本固定结构模型的数据，如 JSON、XML 等文本数据。非结构化数据是指没有固定模型的数据，如图片、音频视频等数据。原始库数据完全"贴源设计"，尽量保持和数据来源的一致性。

原始库的结构按数据的类别分为结构化数据域、半结构化数据域和非结构化数据域三个逻辑数据域。结构化数据域用于保存由各业务系统抽取的关系型数据；半结构化数据域用于保存从各业务系统或各部门抽取的半结构化数据，如互联网舆情数据等 XML 格式、XLS 格式数据或文件，该类型数据需基于云计算平台所提供的 NoSQL 数据库组件来组织；非结构化数据域用于保存从各业务系统或各部门抽取的非结构化数据，包括图片、音视频、文本等类型数据，如卫星遥感影像数据、火灾图传录像、救援总结报告等（王冬 等，2017）。

非结构化数据和半结构化数据需在原始库中建立索引表来记录该数据的来源和存储路径，索引表主要以关系型数据的形式存储在结构化数据域中。

2. 资源库设计

资源库数据是对原始库数据进行提炼加工后形成的公共数据集合，对各项业务需求都具有支撑作用，可以脱离任何业务而独立存在。资源库的数据是经过数据处理系统清洗、转换、关联、比对后形成的符合数据质量标准与数据规范的应急管理五大业务域的标准数据。

资源库的设计包括数据结构设计、数据表结构设计和数据加工过程设计。在资源库的数据结构设计上，以原始库数据结构为基础，补充必要的数据字段；在数据表结构设计上，将相同表结构的数据表进行适当的合并，并保留原始库的表名以方便进行溯源；数据加工过程设计是资源库设计中最核心的部分，这部分要进行数据标准、数据元，以及原始数据和标准数据元的关联设计，从而将资源库的数据处理成符合标准的数据。

资源库可分为治理区和使用区。治理区主要负责数据治理过程中的数据操作，使用区主要提供外部访问。资源库数据处理首先通过质量校验判定数据的合法性，不合法数据直接进入问题库，低质量数据通过处理程序进行清洗。质量校验流程从简单到复杂，最终形成质量报告。

资源库用于存储由原始库数据进行清洗、转换等标准化处理后的数据。相较于原始库，资源库在数据域层面只保留结构化域。资源库的结构设计应该遵循如下原则。

（1）完整性原则：保证输入原始库数据的完整，数据字典清晰明确。

（2）及时性原则：数据更新的频率应与原始库更新频率基本一致，保证输入信息的及时性。

根据以上原则，资源库的结构设计与原始库基本保持一致，在粒度上以最细的方式存储。在数据内容上，保存对原始库进行标准化后的标准数据及清洗产生的脏数据，便于向源业务部门反馈，促进其提升数据质量，同时减少误清洗带来的风险。

资源库数据从数据用途上可以分为字典数据、标准化数据和问题数据。其中字典数据包括系统设计之初所遵循的字典表和数据标准；标准化数据为原始库数据按照数据标准字典清洗、加工后的标准数据。清洗、加工过程中产生的脏数据将作为问题数据暂时保留在资源库中，便于溯源和提升数据质量。

3. 主题库设计

主题库在数据治理体系中位于资源库和专题库中间，将资源库中的数据打散、重构，形成主题表，为专题库提供标准化、一致性的数据。资源库的数据里包含不同系统、不同部门的数据，数据之间存在关联，但是数据没有进行一致性的处理，无法达到数据准确的互通，因此主题库将不同系统间的数据通过信息要素等实体进行有效的关联，打通不同系统间的数据。主题库完成后，专题库就能根据特定应用需求，快速选取有效数据形成专题数据。

主题库逻辑模型的设计应采用自顶而下的方法，首先将需求涉及范围内的业务对象从高度概括的信息要素概念层次归类，即划分主题域，再针对各个主题设计实体关系。

（1）主题表设计。按照海洋环境安全信息要素将海洋环境安全数据分为海洋动力、海洋生态、海洋维权、海洋生物等主题，根据不同的主题设计不同的主题表。主题表是以业务主题为支撑来进行设计的。

（2）数据抽取。主题库数据来源于资源库，首先需要统计主题表数据的来源，建立所有来源表与主题表字段映射，将所有来源表数据按照主题表结构写入数据汇总表汇总。为了便于识别汇总表的唯一实体，需要创建主题唯一编号。

（3）数据关联。关联表的应用目的是建立两个及以上实体之间的关系，例如灾害事故发生的当天或前后时间应急环境的情况，灾害事件发生后是哪几个救援队伍、运用了多少救援物资进行救灾工作。一个关联表可以有多个主题编号，保存多个主题信息。

（4）数据融合。数据融合是将汇总的数据关联主题编号，对关联后的汇总数据按照主题编号、记录字段的质量、记录更新时间、来源表优先级进行去重处理，生成主题表，完成数据的融合，便于专题数据的应用及管理。

（5）专题库设计。专题库设计面向海洋环境安全业务需求，通过将资源库数据进行二次抽取、装载的方法重新组织数据，并按照不同领域专题应用的需求重新整合形成专题库。

专题库的建设完全依托于实际应用，根据应用的需要量身创建快速查询、快速搜索的HBase数据库和索引库。专题库要求伸缩性强、灵活快捷的创建和加载方式，能够为用户业务系统提供最大程度、最快捷高效的数据支撑。

6.2 全流程数据管理与服务

6.2.1 多源异构数据更新技术

1. 非结构化数据实时检测和命名技术

海洋环境安全数据库在进行非结构化数据加载时，需要完成对数据的实时检测、命名和解析。基于文件命名算法的加载故障诊断技术可以对全部类型数据文件的加载异常情况进行检测，并能根据文件名称中的唯一代码精确定位故障所处位置。文件命名算法是依据海洋环境安全大数据命名规范，利用数据类型代码、文件产生时间及编号等文件名称构成要素，批量生成特定时间段内的数据文件名称的一种算法；此外，在数据加载服务器上设计规范化的文件存储目录，每一类数据文件都有既定的存储规则、组合文件名称和存储目录，能够生成完整的文件路径，据此可以定时检查数据文件的加载情况，较好地解决大文件数量、多文件类型的海洋环境安全大数据加载异常难以发现的问题。

数据检测关键技术路线如图 6.4 所示。通过文件命名算法批量生成数据文件名称，依据存储规则生成该批文件的完整路径；在数据检测异常的情况下，提取数据文件名和检测时间等信息并写入故障信息；在检测正常的情况下，获取当前检测对象的上次检测时的异常状态，如果上次检测为故障状态，即判定当前为故障恢复状态，并将恢复时间信息写入数据库。

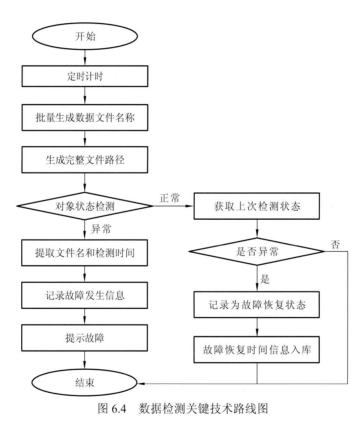

图 6.4 数据检测关键技术路线图

2. 非结构化数据解析加载技术

由于海洋环境安全大数据具有文件类型多、传输频次高、时效性要求强的特点，常用的轮询比对法无法满足海量数据更新的实时性要求，为保证非结构化海洋环境安全数据加载及时性和传输完整性，需采用完成端口驱动与信号量控制相结合的非结构化海洋环境大数据解析和加载技术。

1）客户端解析加载技术

依据各来源海洋环境安全数据文件的不同存储格式，分别研发数据文件要素值提取算法，从文件名称和内容中分别提取出数据类型代码、测量时间和测量要素值等信息，对文件进行实时解析入库。部分数据文件存储格式不规范，会导致数据解析失败甚至软件错误，不利于自动处理，因此采用非正常格式文件扩展要素值提取算法，实现异常格式容错及异常格式下的要素值提取。客户端非结构化数据解析技术路线图如图 6.5 所示。

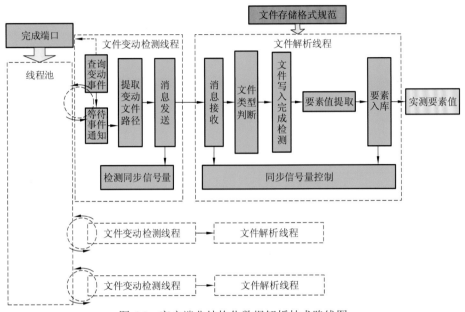

图 6.5　客户端非结构化数据解析技术路线图

完成端口驱动的文件检测线程运行效率高于一般线程，在高并发数据文件生成的特殊情况下，会产生数据加载线程丢失、文件检测线程发送消息的情况，因此采用线程间同步技术，在数据加载线程中设置同步信号量开关，根据同步信号量开关来决定是否进行下一轮文件检测。这种完成端口驱动与信号量控制相结合的数据文件检测方式，能够保证循环、实时地捕获数据文件产生或更新事件，确保不会丢失文件检测线程发送的消息，从而实现数据的实时、完整和长期稳定加载。非结构化数据加载技术路线如图 6.6 所示。

2）服务端加载更新技术

多线程异步并发式 socket 通信软件架构具有实时性较高的并发响应能力，通过设置文件接收线程，对 socket 通信链路申请和通信进行并发服务，可以提高数据库系统整体的运行性能。采用完成端口驱动的 socket 通信响应模式，将新建的 socket 句柄作为系统设备挂接到完成端口，利用完成端口的设备变动消息队列实时、完整地捕获 socket 通信事件，并驱动数据接收线程接收数据。多线程异步并发式 socket 通信技术需要区分每次 socket 通信数据间的联系，以便将数据包写入对应的数据文件中，并充分利用完成端口的完成键、socket 句柄，以及文件名称间的对应关系，从而有效判断每次接收的数据属于哪个文件。服务端加载更新技术路线如图 6.7 所示。

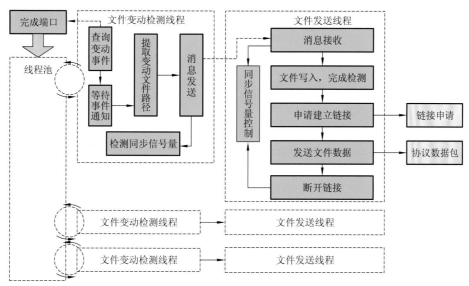

图 6.6　非结构化数据加载技术路线图

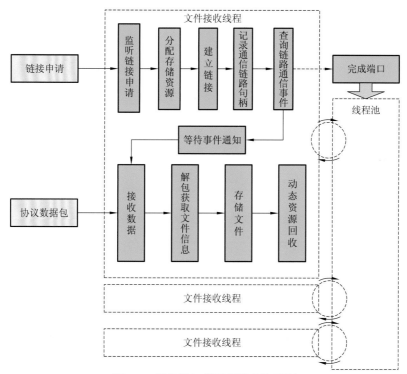

图 6.7　服务端加载更新技术路线图

这种多线程异步并发通信与完成端口驱动相结合的海洋环境安全大数据文件加载方式，能够并发、实时地处理客户端通信请求，保证非结构化数据的有序加载。

3. 多源异构地理数据自动提取匹配与整合转换技术

地理数据文件加载需要统筹考虑包含影像数据和矢量数据在内的多种格式、多种投影基准和坐标系统的数据，更新与维护的难度较大。为解决这一问题，采用多传感器影像元数据自动提取匹配技术与数据整合转换技术相结合的技术手段，实现地理数据的加载与更新。

多传感器影像元数据自动提取匹配技术对元数据格式进行解析，并自动提取影像获取、质量等方面的信息，从而将影像和元数据自动匹配至相应的空间特征和快视图，形成元数据文件、影像数据文件、快视图和空间特征相对应的提取结果。针对不同类型影像建立统一的识别、配置、提取和输出流程，最终提供标准化的入库元数据文件。

影像元数据提取流程如图 6.8 所示。元数据文件格式不一，需要根据其具体类型制订元数据解析规则，通过元数据提取配置文件，将提取的元数据信息保存为固定格式的中间元数据文件，通过"自动匹配+批量输入"的方式，将中间元数据文件的字段匹配至输出元数据文件，形成标准化的入库元数据文件，满足影像数据的统一加载需求。

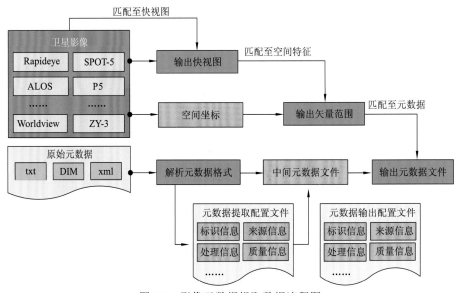

图 6.8　影像元数据提取数据流程图

数据整合转换技术是将地理数据入库前需要的成果数据转换为符合建库要求的数据格式和空间参考基准，借助数据抽取、转换和加载（extraction-transformation-loading，ETL）技术，建立影像和矢量两套数据标准之间的转换规则和关系，以实现自动化转换。

ETL 技术是将分布的异构数据源中的数据（如关系数据、平面数据文件等）抽取到临时中间层后进行清洗、转换、集成，最后加载到数据仓库或数据集市中，作为联机分析处理、数据挖掘的基础。ETL 技术总体框架图如图 6.9 所示。

数据转换是将源数据变为目标数据的关键环节。按照预先设计好的规则将抽取得到的数据进行转换、清洗，处理一些冗余、有歧义、不完整、违反业务规则的数据，统一数据的粒度，使本来异构的数据格式统一起来，并使用数据仓库引擎厂商提供的数据加载工具或通过数据仓库引擎厂商提供的编程 API，将抽取、转换后的数据导入数据仓库。

1. 面向大数据加载的多进程负载均衡技术

负载均衡是提高数据加载速率、保障入库数据质量的关键环节，负载均衡资源分配算法是负载均衡技术的关键。在进行海洋环境安全大数据加载时可供选择的负载均衡算法很

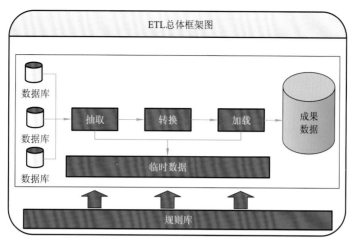

图 6.9 ETL 技术总体框架图

多，主要有 Hash 算法、轮询算法、最少连接算法、响应速度算法、加权算法等。16 bit 循环冗余检查（cyclic redundancy check，CRC）算法虽然与上述几种算法相比计算量较大，但已被证实在高速系统中具有优越的适用性。该算法以网络数据包中的 five-tuple（源 IP、目标 IP、源端口、目标端口、协议号）作为 CRC16 算法的输入，再对结果取模以构造 Hash 函数，该 Hash 函数可表示为（张莹 等，2014）

$$H = \text{CRC16(five-tuple)}\%N$$

式中：H 为 Hash 函数；N 为源 IP 进程数量。

5. 分布式数据库更新维护技术和访问接口技术

分布式数据库更新维护技术和访问接口技术，是在对数据进行分类分级的基础上，对不同层次数据采用不同的手段和方式进行更新，提供支持不同类型数据库、面向大数据应用的访问接口，提高海洋环境安全数据库的更新和访问性能。

1）分布式数据库更新维护技术

分布式数据库更新维护技术采用客户端和服务器端的分布式多层体系架构，基于 TCP 传输层协议，以及 socket 技术、多线程和连接池技术等并发服务高性能架构，通过分布式索引对分散的海洋环境安全数据文件实施管理，以点对点、一对多的网络结构进行加载、更新，将资源切换到需要的应用上，根据实际需求访问计算机和存储，避免集中加载，并通过冗余数据确保数据的长久性，为并行计算创造条件。分布式数据库更新维护技术确保数据尽可能在同一个地点被频繁处理而无须移动，数据只需要在本地等待任务或被查询，有效减少了数据在传输中的时间开销，避免数据在移动过程中产生错误，在实现海量海洋环境安全信息资源共享的同时，为高性能计算提供天然的条件。

2）分布式数据库访问接口技术

分布式数据库访问接口技术以 ADO.NET 协议为基础，利用抽象工厂设计模式对数据库表进行映射，对数据库的查找、插入、更新和删除等操作进行封装，并提供易于理解的数据服务接口，支持对不同类型数据库的访问和操作，有效实现多模态海洋环境安全大数据的资源整合。

6.2.2　全生命周期数据管控技术

数据管控是对数据资源全生命周期的过程控制和质量监督，通过规范化的数据管控，可实现数据资源的透明、可管、可控，有利于厘清数据资产、提升数据质量、保障数据安全使用、促进数据流通。

数据管控系统包含数据标准管理、元数据管理、资源目录管理、数据字典管理、数据质量管理、数据运维管理、数据血缘管理和数据网盘管理。

元数据管理为血缘管理和数据分级分类提供元数据支撑，数据血缘管理基于元数据管理建立血缘关系，进行血缘分析；数据分级分类基于元数据管理对元数据进行数据分类分级定义。

数据资源目录支持已有数据集结构的扩展、新结构数据集的增加。数据资源目录支持版本的平滑升级并向后兼容版本，不影响老版本数据的正常共享、分发、使用、管理。数据资源目录的查询、分发等操作和可见范围需授权使用，数据所有者和管理者可以通过数据资源目录控制数据资源的共享范围、共享方式、共享区间等。

数据接入在数据处理环节依据数据分级分类标准进行分级分类标识，在数据被使用环节依据使用者权限进行数据权限控制。

1. 数据标准管理

数据标准管理的目的是消除因定义和描述不一致所产生的相同属性信息，解决信息理解错误和使用出现偏差的问题，为各信息业务系统建设、业务数据交互提供重要参考。

数据标准管理工作需要明确专门的组织与人员。数据标准是对数据进行的统一定义，包括标准的业务属性、技术属性和管理属性三部分。数据标准的管理组织应涵盖各业务部门和技术部门的相关人员，并逐条标准定义责任人。具体的角色、职责和责任部门需要建设单位参与制订。

数据标准管理负责维护用户统一的数据标准信息，是用户各信息业务系统建设、业务数据交互的重要参考，并支持对标准进行管理与维护，提供各项标准文件的查阅与修订功能。

系统通过建立统一的数据标准体系，实现标准元数据库及同义词等关联信息库，清晰描述数据标准管理分类、要素分类、业务分类，支持数据标准的导入和导出操作，支持提供元数据管理和代码表管理功能。

2. 元数据管理

元数据管理按照数据整合的层次结构、主题域划分，实现对表、存储过程、索引、数据链、函数和包等各层中各种对象的管理，清晰地表示各层结构之间的数据流程、各对象之间的关系，并向外提供各类数据服务的信息。

3. 资源目录管理

资源目录管理是按照统一的数据资源目录标准规范对数据资源进行统一管理，实现对数据资源的科学、有序和安全使用，主要包括资源分类与编目、目录注册与注销、目录更新、目录服务和可视化展现。

资源分类与编目是对大数据平台存储的数据资源和通过接口方式提供大数据平台使用的数据资源进行梳理，并赋予唯一的目录标识符和编码。

目录注册与注销是在数据资源目录管理模块中填写数据资源目录信息，在审核、审批通过后完成注册，并支持资源分级分类配置。

目录更新是当数据资源发生变化时，对资源目录进行更新。

目录服务支持根据数据资源目录相关属性和数据项进行数据资源的查询，支持目录注册、查询和更新服务接口。

4. 数据字典管理

数据字典存储有关数据的来源、说明、与其他数据的关系、用途和格式等信息，数据字典存储"关于数据项的数据"。数据字典是一个指南，它为数据库提供了"路线图"。

在收集有关数据信息，建立数据库的初始阶段，应建立数据项的命名约定，必须统一不同部门、不同个人之间对共同关心的数据的内涵、来源和命名的观念，涉及数据监管人、用户和数据库开发人员，是一个需要反复多次探讨的过程。这个统一的命名约定及其附带的说明，就是数据字典。

5. 数据质量管理

数据质量管理应当在整个数据仓库规划、设计、建设、维护中体现和实现。数据质量保证重点从数据质量组织标准、数据质量管理及数据质量验证机制三个方面考虑，提供相应的管理流程支持。

为保证质量管理过程的持续改进，确保所有已知的错误在系统中不重复发生，应建立完善的数据质量文档体系，使整个系统内的数据质量活动都有完善的纪录，最终建立、完善质量考核体系，在数据的全生命周期实现数据质量的管理与保障。

6. 数据运维管理

数据运维管理是通过采集数据接入、处理和服务等各项任务的状态信息，对异常状态进行预警和处置，实现对各任务的实时监控和管理。

运维规则配置管理是对数据运维的预警阈值、预警规则和信息等相关规则进行配置管理。

数据实时状态采集支持对来源数据及接入、入库等环节设置监控点，并进行多维度信息的实时采集。

数据运行状态监控包括对来源数据的监控，数据接入及处理状态的监控、统计，数据入库异常统计，对时间周期内各类数据的增量及存量的监控等。

7. 数据血缘管理

数据血缘是在数据产生、加工融合、流转流通、最终消亡的整个过程中形成的继承关系集合。通过对接入数据、原始库、资源库、主题库等各类数据资源间和数据项间的继承关系进行描述和管理，反映数据资源在各个环节间的继承关系。

血缘关系管理记录上下游数据资源编码、数据项编码和数据资源转换规则等数据血缘信息，并实现动态更新。血缘关系管理通过元数据模块以历史事实的方式记录每项数据的来源、处理过程、应用对接情况等，反映数据的全链条血缘关系，基于这些血缘关系信息可以轻松地进行分析，实现以数据流向为主线的血缘追溯等功能，从而提升信息的可信度，为数据的合规性提供验证手段，帮助业务部门实现信息共享、提升工作效率。

8. 数据网盘管理

非结构化数据是数据结构不规则或不完整、没有预定义的数据模型、不方便用数据库二维逻辑表来表现的数据，包括所有格式的办公文档、文本、图片、XML、HTML、各类报表、图像和音频/视频等数据。

数据网盘是以目录层级分类的方式展示系统中的非结构化数据，并可上传、下载文件，对网盘中的数据资源进行共享等操作。

6.2.3　数据服务与交换技术

1. 数据服务系统

（1）数据查询检索服务。基于数据资源中心，数据查询检索服务为顶层 6 大类业务应用提供一站式的搜索服务。基于索引技术，对海量数据资源进行组织和处理，提供便捷高效的数据搜索服务，为用户提供更加快速的数据消费能力。

（2）数据资源目录。数据资源目录提供高性能、高可用的 API 托管服务，是应用系统集成、数据共享开发能力的重要基础支撑，提供统一的 API 注册、发布、查询、调用，并提供 API 调用权限控制、认证、流量控制、监控预警等功能。

（3）数据共享门户。数据共享门户作为所有数据服务统一集成及向外提供服务的枢纽，将数据服务统一提供给开发、管理、业务等人员。数据门户支持数据资产的统一管控和查看、数据资源统计分析、资源目录浏览维护、数据资源检索定位、数据资源申请审核、数据服务监管、数据服务应用维护及数据服务的注册等功能。

（4）标签管理。标签管理的目标是提高指标的规范性及标签管理的规范性，使数据管理平台用户对标签理解一致，同时保障数据管理平台与外部系统的有效互动。标签库是元数据库中与标签相关的元数据的集合，类别包括指标元数据和维度元数据，也包括数据管理平台根据实际需要自行扩展的元数据。

（5）数据接口。数据接口管理服务以 API 网关的形式，为外部及平台内部了系统提供一个独立且统一的 API 入口，用于访问内部微服务 API。数据服务总线简化了整个信息系统的复杂性，提高了信息系统架构的灵活性，降低了内部信息共享的成本，实现了信息系统的松耦合。

（6）数据授权服务。数据授权服务是基于数据的访问控制规则，实现数据的访问权限鉴别的过程。访问控制规则包含业务范围界定、数据分级分类、数据访问频度、时间范围界定、查询条件过滤、数据敏感度控制等。

2. 数据共享交换

（1）信息资源发布。采用规范的方法和技术，建立科学合理的信息分类体系，对共享的数据信息资源建立分类目录和索引。目录管理系统是对上述过程提供支持的应用系统，它提供公共资源核心元数据和交换服务资源核心元数据的编目、注册、管理与检索功能。

（2）信息资源订阅。信息资源订阅是对业务数据共享过程进行标准化、规范化的管理，包括订阅申请、订阅审批、订阅审计等功能模块。

（3）数据交换。数据交换通过资源目录系统联动数据交换系统，触发资源目录发布的数据资源交换。

（4）数据传输。前置库按一定业务规则完成对各业务系统所产生的信息资源进行的相关预处理工作，数据接收时数据也先进入接收方的前置库，再传输到接收方的业务系统中。

（5）交换中心管理。交换中心提供对数据交换全过程的实时监控，具体包括每一个交换业务的源信息、目标信息、交换用时、报错信息、交换历史、当前状态等。

6.3 数据一张图系统功能与实现

6.3.1 系统功能框架

海洋环境安全保障数据一张图系统是实现海洋环境安全保障平台数据采集、授权、共享、汇聚、分析、输出一体化的地理信息服务化系统。海洋环境安全保障数据一张图系统功能结构如图 6.10 所示。

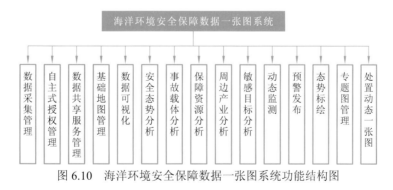

图 6.10 海洋环境安全保障数据一张图系统功能结构图

1. 数据采集管理

数据采集管理主要是采集、编辑、管理各部门和单位相关数据。根据海洋环境安全保障平台的需要，以及各部门和各单位的数据资源分类情况建立数据目录，便于数据信息的定位、检索和浏览，使各部门和各单位能够逐条、批量在线维护管理本单位相关数据信息。支持自然资源部各业务司及局属单位、海区及沿海省市海洋管理部门、涉海部门及政府用户，基于海洋环境安全保障数据一张图系统在线申报、更新相关信息。数据采集管理的主要功能包括数据资源目录、在线数据编辑。

2. 自主式授权管理

各部门或单位可以根据管理数据的权限控制需求，通过系统提供的授权控制功能模块，将管理的数据权限授予其他部门或单位用户。例如：沿海省、市政府及海洋业务部门可以将辖区内海洋灾害监测、监视及预报预警信息授权给自然资源部各业务司，自然资源部各业务司便能够在海洋环境安全保障平台的各子系统中看到相关信息；各部门或单位也可以将数据的访问权限的对内部各办公室或中心进行控制或开放，以保证数据的安全性，实现数据的自主式授权管理。

3. 数据共享服务管理

各部门或单位可以通过海洋环境安全保障数据一张图系统的数据共享服务管理模块将数据注册为服务资源，将服务资源共享给其他部门或单位，其他部门或单位将服务资源登记到自己的系统就能够访问服务资源的数据，从而实现各部门或单位间的数据共享。例如国家海洋信息中心将所负责监视监测的海岛数据注册为服务资源，并将该服务资源共享给自然资源部海洋减灾中心，自然资源部海洋减灾中心将海岛服务资源登记到中心建设的系统内，便可以在中心建设的系统内访问到国家海洋信息中心的监视监测数据。

4. 基础地图管理

基础地图管理模块提供灵活方便的 GIS 地图的操作工具，包括地图浏览、快速检索、空间量测、地图标绘、专题制图、双图联动等，供用户在实际工作中使用。

（1）地图浏览：在地图上实现基本的地图操作功能，包括地图缩放、行政区划切换、地图底图切换、全屏切换、地图清屏、坐标及比例尺显示等。

（2）快速检索：根据输入的关键字对地名、地址、兴趣点等数据进行查询搜索。

（3）空间量测：提供基于地图的基本距离量测、面积量测等功能。

（4）地图标绘：提供点状标绘、线状标绘、面状标绘、箭头标绘、行进路线标绘、复杂路线标绘、文本标绘、本地图片等多种标绘功能，可在协同指挥调度、会议商讨时使用。

（5）专题制图：提供专题图模板，将地图上展示的海洋相关专题数据信息、查询分析结果、地图标绘信息等所见内容制作成较为专业的专题图，并能够快速输出到本地，调用打印机打印专题图。

（6）三维地图：实现三维地图的可视化展示，全方位掌握突发事件的地理、地貌情况。

（7）双图联动：实现二维三维地图联动、二维矢量地图与影像地图的联动。

（8）图例：提供图例功能，可实现根据地图显示的要素动态更新图例内容。

5. 数据可视化

数据可视化实现海洋环境安全保障平台中所有的地理信息类数据在地图上的汇聚、展示、查询、分析，使平台用户了解整体数据分布情况、建设情况。此外，用户可根据实际需要配置和扩展需要的数据类型及展示内容，包括海洋地理信息、海洋环境统计分析产品、海洋预测预报信息、海洋权益维护信息、海岛管理信息、海域管理信息、海上活动信息、海上基础设施信息、海洋环境安全事件、应急预案、案例与知识、沿海社会经济信息、应急资源信息等。

数据可视化提供多样化地图展示形式，包括点状数据分布、区划聚合、距离聚合、热力图、海量数据的密度聚合类、海量数据的演变趋势等，各类数据可根据业务需求自主在地图上进行汇聚、叠加、展示、查询、分析。

6. 安全态势分析

结合目前海洋环境安全事件总体态势情况，系统可展现目前海洋环境安全态势一张图，展现不同时空条件下海洋环境安全事件的分布情况和总体态势，并可按照时间维度和空间维度对不同时间段、不同区域内发生的海洋环境安全事件进行查询。

通过海洋环境安全态势一张图，还可查看各海洋环境安全事件的详情信息，包括信息标题、事发时间、事发详细地点（包括经纬度信息）、事件类型、事件等级、事件情况描述、灾害损失等。

7. 事故载体分析

基于当前接收到海洋环境安全事件情况，结合海洋环境安全保障数据一张图系统，可快速对当前事件进行定位。事件定位后，可查看当前事件的详情信息，包括标题、事发时间、事发详细地点（包括经纬度信息）、事件类型、事件等级、事件情况描述、灾害损失等信息。

8. 保障资源分析

基于当前海洋环境安全事件定位，可通过海洋环境安全保障数据一张图系统，展现和分析事件周边应急保障资源分布情况。此外，可查看各保障资源的详细信息，例如某救援、监测船只的位置和相关联系方式等，在必要时可快速与之取得联络。

事故承载体分析和保障资源分析结果可通过海洋环境安全保障数据一张图系统专题图工具，快速生成应急保障资源分布专题图，能够快速输出到本地，并调用打印机打印。

9. 周边产业分析

基于当前海洋环境安全事件定位，可通过海洋环境安全保障数据一张图系统，展现和分析事件周边产业分布情况，如某起溢油事故周边的危化品企业分布情况。此外，可查看各周边产业的详细信息，如企业名称、详细地点（包括经纬度信息）、联系方式等，在必要时可快速与相关企业取得联络。

10. 敏感目标分析

基于当前海洋环境安全事件定位，可通过海洋环境安全保障数据一张图系统，展现和分析事件周边敏感目标分布情况，如分析某起浒苔绿潮事件周边海滨浴场等各类敏感目标的分布情况。此外,可查看各敏感目标的详细信息,如某海滨浴场的位置、相关联系方式等,在必要时可快速与相关单位取得联络。

11. 动态监测

为满足海洋环境安全保障平台各部门和单位用户监测各类海洋相关数据的需求,基于监测数据接入技术,实现对海岛监视监测数据、潮汐预报数据、海平面变化预测数据、海洋生态环境、陆源污染物排海监测数据的接入及展示。

根据海洋环境安全风险监测的业务情况,设计针对各个时段动态风险监测数据的实时动态展示功能、历史某一时段数据在地图上动态播放功能、各时段近距离影响观测数据专题图比对分析功能,实现对风险、灾害变化趋势的全掌握、全预测、全分析。

12. 预警发布

基于当前接入的各类预警信息发布渠道,结合海洋环境安全保障数据一张图系统,可对目前接入的各类预警信息发布渠道进行直观展现,如自媒体、高音喇叭、LED 屏等,并进行预警信息发布。

13. 态势标绘

根据海洋环境安全保障平台各部门和单位用户需要,可在地图上协同进行标绘,各单位所标绘的符号能够在地图上同步展示,实现多部门的跨区域在线协作,应用综合协同指挥调度系统,可实现突发事件的协调会议商讨。

14. 专题图管理

根据海洋环境安全保障平台各部门和单位对专题图的需要,提供对多种专题图的管理功能,针对专题图类型的多样性和一定规律性,提供一键生成一整套专题图的功能。例如,针对溢油事故,可一键生成溢油事故载体专题图、溢油事故周边产业专题图、溢油事故周边保障资源专题图、溢油事故周边敏感目标专题图、溢油事故监控监测专题图等。

15. 处置动态一张图

基于当前突发事件,结合海洋环境安全保障平台的数据和海洋环境安全保障数据一张图系统,可对当前事件相关信息进行汇聚,包括实时监测监控信息、现场图片信息、社会舆情情况、预测信息、资源协调信息、已采取措施等内容。通过处置动态一张图,可总体掌握当前突发事件的相关信息,了解全局情况,协助进行后续应急处置工作。

6.3.2　数据可视化

数据可视化主要是对掌握的海洋数据提供查询、统计、分析,了解整体数据分布、建设情况,同时可根据实际需要配置和扩展需要的数据类型及展示内容。可视化数据包括基础数据、承载体数据、观监测与预报数据、统计数据、应急保障资源数据、应急业务数据等海洋环境安全保障数据。数据可视化的形式包括点分布、距离聚合、基于行政区统计、热力图等。

（1）港口作业区。地图展示各港口作业区点分布，详细信息包含相关文件、图片及视频等。

（2）水库。地图展示水库距离聚合分布，即将一定距离范围内的水库汇聚展示为一个图标，该图标上显示范围内全部水库的数量。

（3）学校。地图展示学校区划聚合分布，即将同一行政区划内的学校汇聚显示为一个图标，该图标上显示行政区划内全部学校的数量。

（4）旅游景区。地图展示景区数量热力图分布，即以颜色区分景区数量，一定区域内所含景区数量越多，相应颜色越深，反之颜色越浅。

（5）监测预警。监测预警主要是对监测预警数据信息（设备基本信息、实时监测信息）进行接入及展示，并实现简单的查询、统计，使用户了解监测预警设备分布、建设情况并可随时查看实时数据情况，可作为监测预警的手段，也是辅助决策的参考。监测预警数据主要涉及天气实况（雾、霾、低温、降水、雷达图、云图）的接入。

视频信息：可显示数据列表和数据地图，在数据列表中提供多种查询方式找到相关的监控摄像，可查看监控摄像的位置及实时图像。

预警信息：通过地图查看预警信息的地理位置和详情，并通过多种条件检索预警信息。

6.3.3　数据综合检索

数据综合检索是对数据可视化中的可以展示的数据进行综合查询和定位，分为快速查询、行政区域查询、缓冲区查询、自定义查询。

（1）快速查询。快速查询中可以进行单类、多类和全部类的查询，进行单类查询时，支持对字段进行过滤筛选后的高级查询。

（2）行政区域查询。可以选择行政区域、资源类型作为查询条件，输入查询内容关键词后，进行查询。

（3）缓冲区查询。缓冲区查询包括手动定位中心点、拾取地图对象、手动画线、输入经纬度定位缓冲区中心点 4 种查询方式。

（4）自定义查询。自定义查询包括多边形、扇形、圆形、矩形、自由手绘 5 种查询方式。

6.3.4　专题图层制作

海洋环境安全保障数据一张图系统的数据资源目录以"海洋环境安全大数据分类"为依据进行设计，实现对汇聚数据的可视化。通过在数据资源目录面板中进行单选和多选操作，可以在地图上查看选中数据的分布情况。

（1）地图浏览。地图浏览模块实现地图信息的展现、控制浏览，提供区域变换、地图切换、视图操作、图层控制、鹰眼图、地图输出等基本功能，可通过地图缩放控制地图比例尺放大显示或缩小显示。

（2）空间量测。空间量测实现基本的空间位置和尺度的量测，提供基本的坐标量测、距离量测、面积量测及比例尺标识等功能。

（3）地图标绘。地图标绘基于人机交互，实现基本的地图符号化标绘，提供点标绘、线标绘、面标绘、文字标绘及标绘编辑和清理等功能。

（4）专题制图。工具箱提供专题制图功能，可将当前地图状态生成专题图片，可输入专题名称、制作单位、制作日期信息，并导出为图片。

参 考 文 献

韩春花, 陈斐, 张俊明, 等, 2012. 基于 GeoDatabase 的侧扫声呐数据库的构建. 地矿测绘, 28(2): 16-18.

韩璐遥, 韦广昊, 张欢, 等. 2017. 面向海洋领域的环境数据管理模型的设计与研究. 海洋技术学报, 36(3): 84-90.

宋晓, 韩璐遥, 梁建峰, 等, 2019. 海洋环境安全数据分类体系研究. 海洋信息, 34(1): 1-5.

宋晓, 梁建峰, 李维禄, 等, 2018. 基于多架构混搭模式的极地海洋数据库建模技术研究. 极地研究, 4(30): 411-418.

王冬, 黄德森, 刘洪刚, 等, 2017. 海洋遥感卫星数据库建立与应用. 气象水文海洋仪器, 34(2): 40-45.

张莹, 吴和生, 2014. 面向多进程负载均衡的 Hash 算法比较与分析. 计算机工程, 40(9): 71-76.

第 7 章 海洋环境安全保障知识库

7.1 知识库概述

7.1.1 知识库内涵

知识库有两种含义。一种是指专家系统设计所应用的规则集合，包含规则所联系的事实及数据，它们的全体构成了知识库。这种知识库与具体的专家系统有关，不存在知识库的共享问题。另一种是具有咨询性质的知识库，这种知识库是共享的，不是一家所独有的。知识库的概念来自两个不同的领域，一个是人工智能及其分支——知识工程领域，另一个是传统的数据库领域（邵艳，2007）。人工智能和数据库两项计算机技术的有机结合，促成了知识库系统的产生和发展（夏秋萍，2010）。结合大量知识库相关文献，将知识库的定义总结为：知识库是以解决用户需求为核心，通过一定知识获取方式抽取、收集特定领域的知识，采用某种或多种知识表示方式，实现在计算机中的知识组织、存储和管理，并最终应用于解决实际问题的知识集合。

不同研究领域对知识库有不同的理解。在知识库的内涵层面：一是指事实和规则代表的知识本身；二是指知识存储的载体。在知识库的功能层面：知识库需具备模块化特征，可依据知识的背景、用途、应用领域和属性将知识表示为有结构、有层次、有组织的形式；知识库包含典型方法，用于存储特定问题的解决途径；知识库具备有效存取和检索的能力，以便进行编辑和修改，并对知识的一致性和完备性进行检验。

区别于传统数据库，知识库除需要存储事实类数据外，还需对过程式、启发式的数据进行处理与存储，并将知识灵活地运用到实际问题的分析与解决过程中。在突发事件应急领域，知识库以提高应急决策的科学性和效率为首要目的，为知识库用户提供更加快速、精准的知识内容与服务。

7.1.2 知识库背景

海洋发展战略是集科技、经济与社会等各个方面为一体的复杂工程，涉及海洋能源、海洋工程、海洋渔业、海洋环境、海洋贸易、海洋运输和海洋旅游等 20 多个领域。海洋环境安全主要包括海洋自然环境、资源开发环境及维权保障环境的安全（吴克勤，2002）。我国是世界上遭受海洋灾害较为严重的国家之一，灾害种类多、分布广、频率高、损失重，风暴潮、浒苔、溢油等重大海洋灾害与突发事件威胁着沿海经济社会发展和人民群众的生命财产安全，受到党和国家高度重视（文艳 等，2003）。海洋环境安全危机是由海洋环境安全事件引起的，是发生在海洋领域内对海洋权益、海洋产业、海洋环境及相关人员的生命财产安全造成严重威胁的公共危机。相较于陆地环境安全危机，海洋环境安全危机具有发生概率高、影响范围广、持续时间长和防治难度大等特点（陈香 等，2007；曹存根，2001）。

近年来，随着全球各国海洋战略步伐的加快和信息化技术的迅猛发展，获取高质量的海洋信息需求变得日益广泛和迫切，加快海洋信息化建设、实现海洋信息共享和服务，对发展海洋经济和维护海洋安全具有重大而深远的战略意义。联合国教科文组织下属的政府间海洋学委员会（Intergovernmental Oceanographic Commission，IOC）、国际海洋数据和信息交换委员会（International Oceanographic Data and Information Exchange，IODE）是国际海洋数据交换的主要协调机构。2007 年 3 月，IODE 第十九次会议通过并启动了海洋数据门户（Ocean Data Portal，ODP）项目。该项目是 IODE 框架下的资料管理与服务项目，其目标是利用基于网络的信息技术来获取不同地理分布的海洋数据和信息，最终发展成一个全球性的分布式数据系统。除了 IOC 和 IODE，全球海洋的数据收集、分发和存储工作也成立了相应的协调机构来完成。国际海洋勘探理事会（International Council for the Exploration of the Sea，ICES）主要负责北大西洋和邻近海域渔业管理和海洋污染防治等数据工作；国际科学理事会世界数据中心（World Data Center，WDC）分别在美国华盛顿、俄罗斯奥布宁斯克和中国天津的国家海洋数据中心（National Oceanographic Data Center，NODC）设立了 3 个分中心，负责按照国际科学理事会和 IOC/IODE 制订的原则存储和交换数据；国际水道测量组织（International Hydrographic Organization，IHO）负责搜集全球范围 1:100 万水深测量数据，18 个成员国负责提供各国水深图（李四海 等，2004）；联合国粮农组织（Food and Agriculture Organization，FAO）在罗马建立水产数据中心，专门搜集海洋生物中污染物浓度、水产资源评价数据和渔获量监测数据等，开展国际水产问题前景预测；世界气象组织（World Meteorological Organization，WMO）主要协调各国气象中心进行数据交换；欧盟环境署（European Environment Agency，EEA）负责筹建欧洲数据网，主要提供欧洲范围内明确、有效、可靠的环境信息数据；全球海洋观测系统（Global Ocean Observing System，GOOS）由 IOC、WMO、联合国环境规划署（United Nations Environment Programme，UNEP）共同合作推进，主要为英国等 14 个欧洲国家提供海洋数据和信息（董文骆 等，2015；邓志鸿 等，2002）。

在发达的沿海国家，海洋信息业的发展也受到了高度重视，纷纷被列入各国的海洋战略规划之中。美国国家海洋大气局发布《1995—2005 年海洋战略发展规划》，指出要利用现代信息技术，保持和妥善管理国家的海洋资源，确保海洋经济的可持续发展，同时，也要发展可靠的天气、气候、海洋等方面的预报和评价工作。1999 年，美国海军研究局（Office of Naval Research，ONR）和国家科学基金会海洋科学分会联合成立了海洋信息技术基础设施指导委员会，针对海洋科学的发展现状和应用需求进行调查评估，实施了海洋信息技术基础设施计划，解决了美国海洋科学发展中面临的一些技术瓶颈问题。澳大利亚在其海洋产业发展战略中提出：对资源和发展机会的评价，以及进行有效的管理和监测需要大量的基础数据，因此需要广泛的、协调一致的国家行动来搜集有关澳大利亚海洋环境的基础数据（李巧稚，2008）。"信息交流"是日本海洋政策基础性建设的一部分，该政策认为从船舶的安全航行、防灾、自然环境保护及水产资源保护等角度来看，必须加强海洋基础信息体系建设，做到信息迅速传递。

自党的十八大做出"建设海洋强国"的战略部署以来，海洋信息化建设得到了国家政府的高度重视和支持。目前，我国"数字海洋"基础框架已基本构建完成，已有的海洋信息知识服务体系主要包括国家海洋信息中心的海洋信息网和海洋科学数据共享中心、自然资源部的全国科技兴海信息服务平台、中国科学院南海海洋研究所的海洋科学知识在线平台等大型海洋信息化服务平台，涵盖了海洋基础数据、海洋地理数据、海洋产品信息、海洋科技成果、涉海专利等数据信息，为我国海洋事业可持续发展提供有力保障和重要支撑（梁斌 等，2011；何广顺，2008）。海洋信息的基础性作用日益凸显，但是关于海洋环境安全保障领域的信息建设成果还有所缺失。

随着海洋国际战略性地位的不断上升，海洋环境安全保障在维护国家主权、安全和可持续发展中的作用日益突出。以学科知识库理论研究为基础，基于大数据挖掘和互联网等计算机技术，收集整合涉及海洋领域多个学科的数据、信息、知识、成果及学术研究等网络信息资源，建设开放式海洋环境安全保障知识库信息服务平台，提供集政策研究、行业标准、科研成果、应急处置、决策生成等一站式信息化咨询和服务，是我国环境安全信息化建设的一个主要发展方向，也是"互联网+"大数据时代一种面向用户的全面、及时、精准、高效信息知识服务模式（杨剑，2014）。海洋环境安全保障知识库既能实现信息服务模式发展的高端化、专业化、特色化和知识化，又可以增强海洋学科研究的规模效应与社会应用贴近性，提升海洋产业核心竞争力，为海洋经济研究规划、科技创新提供基础支撑和公共信息服务（陆汝钤，2001；陆汝钤 等，2000）。构建海洋环境安全保障领域的知识表达模型，分析并创建海洋环境安全事件案例库，形成海洋环境安全保障领域本体知识库，可为海洋灾害及突发事件提供应急决策支持。因此，研发海洋环境安全保障知识库具有紧迫性和必要性。

7.1.2 知识库构成

1. 知识的表示

将领域知识转换为计算机可识别与调用的某种数据结构，是实现知识存储与组织的前提与基础。常见的知识表示方法主要有框架表示法、本体表示法、谓词逻辑表示法等（张星 等，2015；张岩，2011）。本小节介绍的海洋环境安全保障知识库主要应用的是本体表示法。

知识库包含政府部门、专家及专业技术人员长期积累的记录资料（王春雨 等，2014；Lee et al.，2007）。有别于一般的理论知识，海洋环境安全保障知识库提供如历史灾情信息、现场工作手册等具体灾害背景和防控细节，具有很强的实践性和针对性。通过大量的分析，总结出海洋环境安全保障知识主要由基础知识、预防与准备、监测与预警、处置与救援、恢复与重建、应急预案、案例库及法律法规与标准规范 8 类构成。海洋环境安全保障知识表示本体为文献、预案和真实案例提供统一的描述框架，以知识描述的一致性，完成对非结构化知识的结构化表示，便于后期知识的处理与共享（杨政国，2014；刘红芝，2009；金芝，2000）。领域本体库作为海洋环境安全保障知识库的基础（Mervin et al.，2016；徐

力斌 等，2007），与公用数据库一起，共同为海洋环境安全知识表示本体提供共享概念及知识来源，海洋环境安全保障知识表示本体可实现领域本体库及各类数据库的知识集成，对知识库内的知识进行调用。

2. 知识的组织

海洋环境安全保障知识库存储了多类型不同的知识，这些知识的表示与存储方法不同，所起的作用也不相同。可将不同类型知识文件的存储路径和访问接口记录在数据库中，利用数据库对所有类型的知识进行统一组织与管理，形成完备的知识结构。

传统的知识存储是将知识保存在载体当中，相较于传统知识存储，海洋环境安全保障知识库系统中的知识存储是在知识管理过程中，根据空间、逻辑或相互关系等知识属性对已识别的知识进行真实或虚拟的保持、存取的行为（张囡囡，2008）。已识别的知识包括显性知识和隐性知识两种，而且不仅包括通过知识识别后的知识，还包括整个知识管理过程中产生的新知识（Wang et al.，2014；杨涛 等，2004）。知识存储系统将经过收集整理的知识存入知识库，同时提供方便的检索和更新手段，以便用户充分利用。

3. 知识服务方式

海洋环境安全保障知识库构建的重要意义在于将其中的知识灵活地应用到海洋环境安全事件的解决中，并非简单地将相关知识进行存储。知识推理与知识检索是海洋环境安全保障知识服务的两种主要方式。

1）知识检索

知识检索的内涵有两种：一种理解为基于知识的检索，即在传统信息检索过程中融入语义知识，实现智能化检索过程；另一种理解为对知识库中的内容进行索引，实现面向用户需求的快速查询。这两种理解从不同角度阐释了知识在检索中的应用，前者侧重检索过程，后者更加注重检索结果（高建忠 等，2012；高文飞 等，2008；张开舟 等，2002）。

海洋环境安全保障知识库采用智能检索模型，利用本体作为核心知识表示方法，运用本体丰富的语义关系和层次结构揭示风暴潮、浒苔、海上溢油等海洋环境安全事件相关知识语句中隐含的深层次信息，对传统搜索平台结构进行调整，构建基于海洋环境安全保障领域的智能语义检索模型（付秋实，2012）。

中文分词是计算机信息检索的基础，分词的准确性和时效性直接关系到检索的相关度排序（苏正炼 等，2015；史云放 等，2014；魏圆圆 等，2012）。本知识库采用改进的字符串匹配分词 DartSplitter 算法，结合树形结构的层次遍历循环操作来对海洋环境安全保障领域的专业术语进行分词操作。

2）知识推理

知识推理按推理过程使用知识的不同，可分为基于规则的推理（rule based reasoning，RBR）和基于案例的推理（case based reasoning，CBR）。本小节使用的是基于案例的模糊推理方法及贝叶斯网络推理方法（Zhang，2010）。

作为人工智能发展较为成熟的一个分支，CBR 是一种基于过去的实际经验或经历的推理，即从记忆里或案例库中找到与当前问题最相关的案例，然后对该案例做必要的改动使之能更好地与当前问题的具体情况相适应，用以解决当前发生的问题（闫红灿，2015；李善平 等，2004）。

案例推理的过程可以看作一个相似案例检索、案例重用、案例修改和调整、案例学习4个步骤的循环过程（Dan et al.，2004；Guo et al.，2003；Millie et al.，2003；Degoulet et al.，1995）。其具体处理步骤：遇到新问题时，将新问题通过案例描述输入 CBR 系统，系统会检索出与目标案例最匹配的案例；若有与目标案例情况一致的源案例，则将其解决方案直接提交给用户，若没有则根据目标案例的情况对相似案例的解决方案进行调整和修改；若用户满意则将新的解决方案提交给用户，若不满意则需要继续对解决方案进行调整和修改；对用户满意的解决方案进行评价和学习，并将其保存到案例库中。案例推理的流程如图 7.1所示。

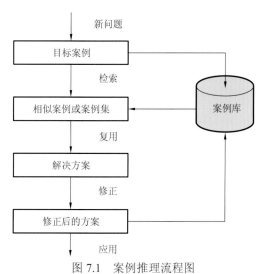

图 7.1　案例推理流程图

模糊推理是模拟人日常推理的一种近似推理。例如，人们以条件语句"若西红柿是红的，则西红柿是熟的"为前提进行推理，如果"西红柿非常红"，立即可得出结论"西红柿非常熟"，这个推理过程就可看作一次简单的模糊推理。模糊推理有两种基本的推理形式：一种是由命题 A 和规则"若 A 则 B"可推出命题 B；另一种是由命题"非 B"和"若 A 则 B"可推出命题"非 A"。这两种推理方式都是先构造前提和结论的模糊关系，再将证据与模糊关系合成得到推理结论。

贝叶斯网络使用概率积分表示不确定性，称为条件概率（Maio et al.，2011；Ahn et al.，2005）。条件概率描述为，给定事件 B，事件 A 发生的概率为 X。这意味着当 B 为真，而其他任何事情都与 A 不相关，则 $P(A)=X$。

概率积分最基础的规则是联合事件的概率：

$$P(A\,|\,B)P(B)=(A,B) \tag{7.1}$$

式中：事件 A 和 B 发生的概率为事件 B 发生的概率乘以给定 B 的情况下，事件 A 发生的条件概率。

贝叶斯网络的转换公式（贝叶斯规则）可表示为

$$P(A|B) = P(B|A)P(A)/P(B) \qquad (7.2)$$

贝叶斯网络用图形模式描述变量集合间的条件独立性，而且允许将变量间依赖关系的先验知识与观察数据相结合，为因果关系的表示提供了一个便利的框架。

贝叶斯网络的推理原理基于贝叶斯概率理论，推理过程实际上就是概率计算过程。贝叶斯网络利用随机变量间的条件独立性，在给定变量或证据事先的情况下，可通过网络间的关系可求出任一节点变量或节点变量集合（查询变量）的条件概率分布（袁晓芳 等，2011）。最基本、最主要的条件概率的推理形式有因果推理、诊断推理和自因推理三种。

7.1.3 知识库应用分析

1. 知识来源分析

1）隐性知识来源

隐性知识供给方提供的多是来源于实践的经验型知识。政府是应对海洋环境安全事件的决策者，以政府为参考对象，将政府内部进行知识供给的主体设为隐性知识供给方，它不仅需要对下级报送的海洋环境安全事件信息进行分析，还承担决策、分配及调度资源、监督等职能，进行的是高水平的知识整合活动。根据危机管理的需要，政府依靠其内部运行的预警、监测、决策、处置与救援、恢复重建与评估等系统来完成知识的流动和积累（李仕明 等，2010）。

在一个新的海洋环境安全事件发生后，采集能够反映外界形势变化的环境数据形成监测预警知识，通过分析这些知识对事态发展关键点的影响做出判断，为上级提供海洋次生、衍生灾害发生的概率、灾情严重程度的分级等知识，以便生成相应的防控措施（祝锡永 等，2007）。通过分析事件现状和所掌握的可调度资源状况，给出解决方案，生成完整的事件应对措施，可形成决策、处置与救援知识。灾后恢复计划、补偿措施等可以形成恢复重建的知识。评估事件形成的危害可生成结果性知识。对不同部门在应对危机管理中的行为和成绩、应对危机能力及存在问题等进行评估可以产生总结性知识（姜卉 等，2009）。对于已经发生过的海洋环境安全事件类型，其积累的知识能够为新一次的危机管理的全过程提供经验。

2）显性知识来源

海洋环境安全保障的显性知识来源主要有两个渠道：首先是查阅历年来相关书籍和相关资料，对其进行提取、拆解、收集、保存，并转化为知识资源；其次是通过大数据背景下的数据挖掘获得的各类相关知识资源。

2. 需求分析

在正式构建海洋环境安全保障知识库之前，需要对突发事件形成、发展、演化、衰弱和事后评估等过程中涉及的知识进行分析。分析的问题主要有：①以风暴潮、浒苔、溢油等海洋灾害为例，分析事件在常态及战时应急响应过程中，有哪些知识需求主体；②这些主体在突发事件发生的不同阶段需要什么样的知识；③知识的来源和载体；④如何获取并处理这些知识。

依托海洋环境安全事件应急管理的流程，结合决策主体、决策目标，建立海洋环境安全保障知识的生命周期，明确各个阶段的知识需求。

1）基础知识

基础知识主要涉及海洋环境安全领域的常识性知识，包括海洋灾害的定义与术语、海洋灾害的发生机理与发展过程、承灾体相关知识、海洋灾害的危害性等内容。

2）预防与准备阶段知识

在海洋环境安全事件发生以前，决策目标主要以预防为主。这个阶段涉及基础信息、业务信息和应急资源信息三类信息。

基础信息主要包括自然环境信息、经济环境信息、社会环境信息、地理空间信息等；业务信息主要包括应急预案信息、法律法规信息、应急案例信息、危险源信息、危险区域信息、应急演练信息、应急联络信息等；应急资源信息主要包括人力资源信息、财力资源信息、物资信息、基本生活信息、医疗卫生信息、交通运输信息、治安维护信息、人员防护信息、通信信息、公共设施信息等。

3）监测与预警阶段知识

在海洋环境安全事件发生之前对其进行监测和预警能够有效规避风险，减小造成的损失。环境和关键要素的突变推动了海洋环境安全事件的发生和发展。其中环境包括自然、经济、社会等，监测与预警旨在对环境进行分析与评估，发现其存在的矛盾性和状态。关键要素指可能导致突发事件的关键因素或致灾因子。监测与预警阶段涉及监测信息、预测信息、预报信息、预警信息 4 类信息。

4）应急处置与救援阶段知识

海洋环境安全事件发生后，首要目标是控制事态的进一步恶化，当面对人员伤亡时，首要目标是解救和疏散涉险人员，以及一些必要的应急处置（仲秋雁 等，2012）。相关部门应立刻成立指挥机构，对海洋环境安全事件进行初步核实、控制，根据事件的信息确定响应级别，启动应急响应预案，进行应急处置，组织相关人员实施救援，还要实时反馈事件信息，不断调整应急处置措施。这个阶段主要涉及以下 4 类知识。

（1）事件类型的知识，表明已经发生了什么。指挥机构使用这类知识结合事件情形判断事件类型，确认事件发生的起始位置、事件级别及危害程度。

（2）事件传播方式及可能产生影响的知识，用于描述可能出现的不同情景模式下，事件的短期演化行为，包括找出事件传播模式，识别可能受影响的地点、人员、基础设施等。指挥机构将这两类信息作为各种事件传播模型的输入，获取事件传播范围、速度等。这类知识是专业知识，以定量或定性的模型形式存在。

（3）需要采取的处置行动的知识，用于产生处置行动的建议，包括人员救助、应急部门的职责安排、事件的技术控制及信息发布、道路交通网络的管理等几个方面。

（4）行动实施者的知识，用于识别相关的处置部门，确定每个处置部门执行任务的优先顺序以及所要达到的预期结果。

5）事后恢复与重建阶段知识

海洋环境安全事件结束后的决策目标是人员安置和善后处置，关注灾区人民群众的生活质量及善后重建、恢复工作。这个阶段涉及事件评估信息、恢复重建信息、事件总结报告信息、归档信息4类信息。对海洋环境安全事件进行完整的评估，分析事件的起因、性质、影响、责任及损失情况，及时对外公布，并制订相关恢复重建计划，总结经验教训。最后进行事件总结报告，上交相关部门归档处理，作为今后应对类似事件的宝贵案例和历史经验。

6）应急预案知识

应急预案知识收集我国现有的针对海洋灾害的应急预案，并对预案进行本体拆解和分类整理（刘铁民，2011）。知识库将收集到的应急预案分为国家级预案、省级预案、市级预案、县级预案4类。

7）案例库知识

案例库知识收集我国乃至世界发生过的海洋灾害案例，按照年份进行梳理，并对每个案例进行本体拆解。每个案例的内容包括事件的基本信息（事件信息、相关数据图表和损失情况等）、防控措施、应急处置与救援情况、善后处置与恢复重建、经验总结与启示、新闻发布与舆论引导、领导指示与重要讲话、参与联动的部门及资源使用情况等信息。

8）法律法规与标准规范知识

法律法规与标准规范知识收集我国针对海洋灾害出台的法律法规和标准规范，包括法律、行政法规条例、部门规章、国家标准、行业标准、团体标准等，为风险防控和应急处置提供政策依据。

3. 海洋环境安全知识库角色分析

应急知识流指有关突发事件与应急响应的知识在传播过程中，从知识源到接受者之间流动的路径。综合海洋环境安全保障业务，服务于海洋环境安全事件应对的知识流涉及的角色主要有三个，即知识拥有者、知识使用者和知识管理者，如图7.2（路光，2013）所示。

1）知识拥有者

知识拥有者包括在海洋、公共安全、自然灾害等领域（自然资源部业务司、分局及局属单位、沿海省市、涉海部委）掌握风暴潮、浒苔、溢油、赤潮等典型海洋环境安全事件应急知识的学术专家、业务人员。

知识拥有者获取知识的途径主要有两个：一是通过纸质文档、音频、网页等类型的知识载体进行相关知识的学习，这种方式称为原生知识学习；二是通过研究海洋环境安全事件发生、演变的过程对原生知识进行处理、重组等，这可视为原生应急知识的再生知识。

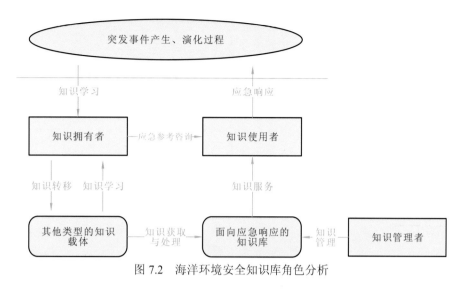

图 7.2　海洋环境安全知识库角色分析

知识拥有者传播应急知识的途径主要有两个：一是通过专家应急咨询的方式直接向知识使用者提供自己的知识；二是知识拥有者将应急知识转移到知识载体中，通过知识获取、知识抽取、知识表示等处理后存储到知识库中，并以一定方式为应急决策者和社会大众等知识使用者提供服务，以辅助其应急行动的开展。

2）知识使用者

知识使用者在一定程度上等同于应急决策者。知识使用者结合海洋环境安全事件实际情况，对知识进行快速分析，并将其应用至应急决策中，辅助事件应急处置。知识使用者获取知识的途径主要有三种：一是通过专家咨询的方式，直接从知识拥有者获取相关知识；二是查阅多种传统的知识载体提取相关知识；三是通过知识库提取所需的知识。

结合海洋环境安全事件应急处置业务，海洋环境安全保障知识库将分别为不同用户提供不同类型的服务。

（1）服务于应急管理部，为应急管理部开展自然灾害综合监测预警工作、综合风险评估、突发事件发展态势综合研判及建议对策制订提供知识服务（付业勤，2014）。

（2）服务于自然资源部及各业务司、海洋分局和局属单位，为海洋环境安全事件危机应对（应急）决策工作、应急期间的海洋观测、预测预警和灾难调查等提供知识服务。制订海洋观测预报和海洋科学调查政策和制度并监督实施，为开展海洋生态预警监测、灾害预防、风险评估和隐患排查治理，发布警报和公报，建设和管理国家全球海洋立体观测网，组织开展海洋科学调查与勘测等提供知识服务。

（3）服务于沿海省市，为沿海省市应急管理部门提供海洋灾害监测监视及预报预警工作，会同当地相关部门开展海洋灾害事故应急响应工作，为灾害监测预警信息发布工作提供知识服务。

（4）服务于社会公众，为社会公众了解海洋环境安全事件基础概念、事件应对、预防与准备等提供知识服务。

3）知识管理者

应急知识管理者是知识库构建过程中的关键角色，主要负责知识库的构建、知识库内容更新及维护等操作，以保证知识库的正常运行（申佳维，2017；张成福 等，2015；张玉强 等，2009）。

4. 功能定位

能够为处于海洋环境安全事件危机中的知识使用者提供知识内容与知识服务，实际解决应急处置中的问题，得出辅助应急决策，是海洋环境安全保障知识库构建的首要和最终目标。海洋环境安全保障知识库的功能定位如图 7.3 所示。

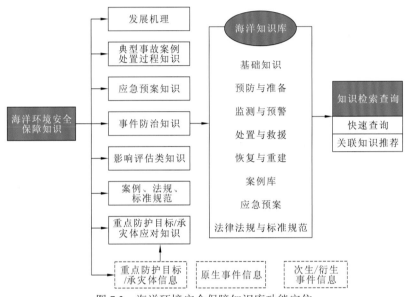

图 7.3　海洋环境安全保障知识库功能定位

综上，结合当前智慧应急需求，海洋环境安全保障知识库的功能主要有以下几点。

（1）将政府预案、突发事件案例、领域基础知识等类型的知识以更科学的形式进行存储。

（2）为政府进行灾情评估、应急方案制订、救灾资源调度、灾后恢复等工作提供辅助。

（3）在突发事件应急响应过程中，为大众提供知识普及与服务，提高社会各界力量在救灾行动的科学性。

7.2　典型知识库应用分析算法

7.2.1　应急预案匹配算法

海洋环境安全事件发生时，知识库的使用进入应急救援阶段，需要生成一系列符合应急事件需求的应急救援资源数据。知识库内存储了各种类型应急事件的预案信息，如何从庞大的知识库内挑选出合适的应急预案，是解决问题的关键（张斌 等，2016）。

1. 应急预案匹配

首先需要提取应急事件中的特征信息，然后与知识库中的应急预案进行特征相似度比较，从中选出相似度最高的预案，最后将抽取的预案信息生成事件应急处置方案。根据风险防控和应急目标关键词和内容，利用语义识别技术检索知识库，找到相关性较高的应急预案，将关键词检索结果与应急预案基本属性信息进行比对，计算预案相似度。

应急预案库中预案的特征可表示为

$$A_i = \{A_{n1}, A_{n2}, \cdots, A_{nm}\}, \quad n = 1, 2, \cdots, k \tag{7.3}$$

式中：A_{nm} 为预案库中第 n 个预案的 m 个特征；k 为预案库中预案的数目。

事件特征可表示为

$$p = \{p_1, p_2, \cdots, p_i\} \tag{7.4}$$

式中：p_i 为事件的第 i 个特征。

将事件和预案的各个特征的相似度进行加权，计算事件与预案库中预案间的相似度，表示为

$$\text{sim}(P_{nj}) = \sum_{j=1}^{m} \text{sim}(P_j^0, P_{nj}) \tag{7.5}$$

$$\text{sim}(P_n) = \sum_{j=1}^{p} w_j \text{sim}(P^0, P_n) \tag{7.6}$$

式中：$\text{sim}(P_{ij})$ 为第 j 个事件特征和预案库中第 n 个预案第 j 个预案特征的相似度；$\text{sim}(P_n)$ 为事件特征与预案库中第 n 个预案特征的相似度；w_j 为第 j 个特征的权重，且 $\sum_{j=1}^{t} w_j = 1$，t 为事件特征和预案特征的并集特征数目。

事件和预案同时具备的特征可表示为 $C_\cap = C_n \bigcap C^0$，特征数目为 q，事件和预案的总体特征可表示为 $C_\cup = C_n \bigcup C^0$，特征数目为 t，其中 C_n 为预案库中第 n 个预案的所有特征，C^0 为事件的所有特征。

表 7.1 所示为风暴潮预案的基本信息。

表 7.1 风暴潮预案基本信息

预案编号	预案基本信息									
	预案名称	发布时间	解释部门	灾害类型	预案类型	行政区划				
						省	市	县（区）	乡镇（村）	街道（社区、企业）
ZT001	儋州市突发事件总体应急预案	2018 年 3 月 16 日	儋州市人民政府	风暴潮	总体预案	海南	儋州	—	—	—
ZX001	福建省风暴潮灾害应急预案	2012 年 8 月 31 日	福建省海洋与渔业厅	风暴潮	专项预案	福建	—	—	—	—
ZX002	汕头市防风暴潮海啸应急预案	2011 年 5 月 30 日	汕头市水务局	风暴潮	专项预案	广东	汕头	—	—	—

风暴潮预案基本信息表中预案名称、灾害类型为预案检索的主要关键词信息，它们的相关系数为 1，可直接筛选出相关预案并进行预案匹配计算。

预案相关性匹配是分别从预案与事件类型相关度、事件发生地点与预案行政区划相关度、事件属性等进行计算，并加入相关权重拟合计算，计算结果为相关度 R：

$$R = Sk_1 + Lk_2 + Tk_3 \qquad (7.7)$$

式中：S 为预案与事件相关系数；L 为事件地点与预案行政区划相关度；T 为事件属性与预案相关度；k_1, k_2, k_3 为权重系数，取值分别为 0.5、0.35、0.15。

本小节将预案与事件的相关系数 S 分别设置为 1、0.85、0.5。其中系数 1 表示强相关，为专门从事该类事件的专项应急预案；0.85 表示非常相关，预案中有专门处理该类事件中的内容；0.5 表示相似相关，为处理过类似或相似的专项应急预案。

将事件地点与预案行政区划相关度 L 分别设置为 1、0.9、0.7、0.5。其中系数 1 表示强相关，为与事件发生地行政区划一致、由本省、市、县等行政区划颁布的应急预案；0.9 表示与事件发生地点行政区划一致并具有相似的情况，如同在广东省广州市应急预案，事件地点为广东省不同于广州市的汕头市；0.7 表示与事件发生地点行政区划一致但地域分布较远；0.5 表示事件发生地点行政区划有差异，本省有相关预案在市、县、区等地使用。

将事件属性与预案相关系数 T 分别设置为 1、0.75、0.5。其中系数 1 表示强相关，事件属性与预案关系度较高，预案的内容适用于处理该事件；0.75 表示事件属性与预案相关，能用于该类事件处置；0.5 表示事件属性与预案相似具有处理该类事件的借鉴意义。

2. 预案信息提取与方案组装

（1）抽取领导机构办事机构信息。从预案中抽取办事机构名称、领导机构名称、办事机构职责、领导机构职责、办事机构成员与负责人、领导机构成员与负责人。

（2）抽取组织指挥机制。从应急预案中提取指挥部办公室、抢险救灾组、群众生活组、检测监视组、卫生防疫组、基础设施保障组、社会治安组等，并提取牵头单位、成员单位、相关职责等信息（周金龙，2012）。

（3）监测预测。分别提取监测预测的单位、职责，现有监测设备调度使用情况，监测预测分级响应方案。

（4）预警发布。分别提取红、橙、黄、蓝四级预警级别，相关阈值信息，其他研判标准，预警负责单位和发布渠道，根据不同的应急响应级别提取不同的发布频次和发布流程，并将提取信息报告责任主体和工作单位。

（5）应急先期处置。应急先期处置包括态势趋势分析预判、行政部署、设施设备巡检、应急预案启动、应急分级响应、指挥与协调、处置措施、扩大响应、应急联动、社会动员、区域合作等（王月，2016；孙杨 等，2009）。

（6）信息发布与舆情指导。提取预案中具有信息发布责任和能力的主体单位信息，以及信息发布工作原则和工作程序，并形成信息发布和舆论指导方案。

7.2.2 相似案例匹配算法

本小节以海上溢油事件为例，阐述相似案例匹配算法。

1. 海上溢油事件统计指标体系

以时间信息、地理位置信息、事故概况、事故场所及危险源、事故项目、事故原因、事故后续信息、事故处置技术作为一级指标，建立海上溢油事件统计指标体系，见表 7.2。其中，时间信息、地理位置信息、事故概况、事故场所及危险源和事故项目描述的是溢油事故发生时的基本特征信息，用来进行相似度值的初步计算，并得到初步的相似历史案例（潘洁，2009）。

表 7.2 海上溢油事件统计指标体系

一级指标	二级指标
时间信息	事故发生时间
	事故持续时间
地理位置信息	国内外
	我国具体区域
	我国涉及的省市
事故概况	溢油动态
事故场所及危险源	船舶
	港口、码头、油库
	石油平台
事故项目	碰撞
	搁浅
	触礁
	触碰
	浪损
事故原因	火灾
	风灾
	爆炸
	自沉
	操作事故
	设备故障
事故后续信息	溢油事故等级
	受伤人数
	死亡人数
	经济损失
事故处置技术	溢油围控
	溢油清除
	溢油回收
	抢救、疏散遇险人员

为了简化案例相似度匹配计算，需要对指标进行分类及数值化处理。溢油事故案例统计指标分类取值见表 7.3。

表 7.3   溢油事故案例统计指标分类取值

指标	实际指标值	指标取值	指标	实际指标值	指标取值
国内外	国内	1	港口、码头、油库	加装燃油	3
	国外	2		火灾/爆炸	4
我国具体区域	渤海地区	1	石油平台	井喷	1
	黄海地区	2		碰撞	2
	东海地区	3		平台故障	3
	南海地区	4		管路故障	4
船舶	船与船碰撞	1		设备故障	5
	动力搁浅	2		火灾/爆炸	6
	漂流搁浅	3		加装燃油	7
	倾覆、沉没、结构损坏	4		系泊故障	8
	火灾/爆炸	5	溢油事故等级	特别重大	1
	货油和燃油作业	6		重大	2
港口、码头、油库	设备故障	1		较大	3
	货油装卸	2		一般	4

溢油事故等级分为特别重大、重大、较大和一般共 4 个级别。其他指标可通过事故报道进行判断，即属于则取值为 1，不属于则取值为 0。

2. 相似度计算模型

利用信息熵数据计算案例库中指标权重，具体方法如下。

（1）假设案例库中有 n 个案例和 m 个指标特征属性，设 X_{ij} 为第 i 个案例的第 j 个指标特征属性值（$i=1,2,\cdots,n$；$j=1,2,\cdots,m$），X'_{ij} 为 X_{ij} 归一化后的值。对案例库中指标特征属性值进行标准化处理：

$$X'_{ij} = \frac{X_{ij} - \min_i X_{ij}}{\max_i X_{ij}} \tag{7.8}$$

（2）用 p_{ij} 表示第 i 个案例的第 j 个指标特征属性值占案例库该指标总特征属性值的比重：

$$p_{ij} = \frac{X'_{ij}}{\sum_{i=1}^{n} X'_{ij}} \tag{7.9}$$

（3）计算指标特征属性值的熵值和信息熵，e_j 为第 j 个指标特征属性值的熵值，$1-e_j$ 为第 j 个指标特征属性值的信息熵，用 d_j 表示：

$$d_j = 1 - \frac{1}{\ln n} \sum_{i=1}^{n} p_{ij} \ln p_{ij} \tag{7.10}$$

（4）w_j 表示第 j 个指标特征属性值的权重，将式（7.10）代入式（7.9）计算第 j 个指标特征属性值的权重：

$$w_j = \frac{1 - \dfrac{1}{\ln n} \sum\limits_{i=1}^{n} p_{ij} \ln p_{ij}}{\sum\limits_{j=1}^{m} \left(1 - \dfrac{1}{\ln n} \sum\limits_{i=1}^{n} p_{ij} \ln p_{ij} \right)} \tag{7.11}$$

7.2.3 物资调运处理算法

1. 就近区域应急物资调运

海洋灾害受灾面积较广，受灾点对应急物资的需求量巨大且具有紧迫性，因此需要让储备库物资优先到达就近受灾点。由于不同受灾点具有不同的需求紧迫性，在救援过程中必须优先满足需求最为紧迫的受灾点的物资需求。此外为了尽快将物资送到受灾点，还需要考虑物资调运的时间。为了使救援效果最大化，首先要解决就近区域应急物资调运方案的选择问题，即在受灾点需求紧迫性不同的情况下，制订最优就近区域应急物资调运方案，解决应急物资的运输方式、运输路径及运输量的安排问题。

1）模糊数处理

三角模糊数可以表示物资需求量的乐观预测值、正常预测值和悲观预测值，本小节用三角模糊数表示模糊需求量。用 $\tilde{D}_j$ 表示受灾点 j 的物资需求量，$\tilde{D}_j$ 可用三角模糊数 $\tilde{D}_j = (D_j^a, D_j^b, D_j^c)$ 表示，可由有关部门对受灾点的物资需求量估计得到；D_j^a 和 D_j^c 为需求量可能的最小值与最大值；D_j^b 为最可能的需求量。用最可能法得到去模糊化后的应急物资需求量可表示为

$$\tilde{D}_j = \frac{D_j^a + 4D_j^b + D_j^c}{6} \tag{7.12}$$

2）模型假设

本小节模型假设的前提为：①每个供应点和受灾点之间有且仅有一条路径；②运输网络的同级节点之间不发生物资流转；③运输工具数量足够多。

根据式（7.12）计算应急物资的需求量，构建就近区域应急物资调运模型：

$$\min Y_1 = \sum_{i \in S} \sum_{j \in P} V_{ij} T_{ij} \tag{7.13}$$

$$\min Y_2 = \sum_{j \in D} \lambda_j \left(\frac{D_j^a + 4D_j^b + D_j^c}{6} - \sum_{i \in W} V_{ij} \right) \tag{7.14}$$

式中：S 为供应点 i 的集合；P 为受灾点 j 的集合；T_{ij} 为供应点 i 到受灾点 j 的运输时间；λ_j 为受灾点 j 的需求紧迫系数；V_{ij} 为供应点 i 到受灾点 j 的运输量。所有受灾点的物资满足

量不能大于它的需求量；每个供应点运输量等于其可供应量；所有变量均为非负变量。

式（7.13）表示最小应急物资从供应点调运到受灾点的总运输时间周转量，即运输时间与运输量的乘积之和的最小值。式（7.14）表示受灾点的最小应急物资短缺程度，按照每个受灾点的需求紧迫性不同即受灾点的需求紧迫系数 λ_j 的不同，公平地调运物资。

3）双目标模型处理

就近区域应急物资调运模型是双目标模型，同时分别达到最优的可行解通常不存在，因此需要先将双目标模型变为单目标模型，然后将单目标模型的求解最优化，使两个目标函数尽可能同时达到最优。

本小节选用线性加权和法来处理双目标模型，具体步骤如下。

（1）分别将每个目标和约束条件组成新的模型，分别得到目标 Y_1 的最大值 Y_1^+ 与最小值 Y_1^-，目标 Y_2 的最大值 Y_2^+ 与最小值 Y_2^-。

（2）对两个目标进行标准化处理：

$$Z_1 = \frac{Y_1^+ - Y_1}{Y_1^+ - Y_1^-} \tag{7.15}$$

$$Z_2 = \frac{Y_2^+ - Y_2}{Y_2^+ - Y_2^-} \tag{7.16}$$

式中：Z_1 与 Z_2 分别为标准化后的运输时间周转量与物资短缺程度，变化规律分别与 Y_1 和 Y_2 的变化规律相反。如 Y_1 为最小值时 Z_1 为最大值，Y_1 为最大值时 Z_1 为最小值。

（3）比较两目标的重要程度得到权重系数。假设 Y_1 的权重为 θ，则 Y_2 的权重为 $1-\theta$。

（4）将 Z_1 与 Z_2 组合成为单目标模型：

$$\max Z = \theta Z_1 + (1-\theta) Z_2 \tag{7.17}$$

式中：$0 < \theta < 1$。所有受灾点的物资满足量不能大于它的需求量；每个供应点运输量等于其可供应量；所有变量均为非负变量。

（5）选择合适的方法得到单目标模型[式（7.17）]的最优解。

2. 跨区域应急物资调配模型

在海洋环境安全事件发生后，如若就近区域应急物资调运量不能满足受灾点的最低需求，则需要进行跨区域应急物资调运。为了使救援效果最大化，与就近区域应急物资调配模型相似，跨区域调运也需要考虑应急物资的调运时间和运输成本。跨区域应急物资调运网络一般由供应点、中转中心与受灾点三级网络结构组成。

1）模型假设

本小节模型假设的前提为：①供应点到中转中心的运力没有约束；②中转中心一开始没有物资储备；③供应点必须通过中转中心才能调运物资到受灾点；④同级节点不产生物资流转。

跨区域调运模型是带有模糊数的多目标整数规划模型，对这个模型进行求解，首先对它进行去模糊化处理，然后进行多目标处理，最后利用软件求解单目标模型。根据式（7.12）

对应急物资的需求量进行去模糊化,构建跨区域应急物资调运模型:

$$\min Y_3 = \sum_{i \in S} \sum_{h \in Q} V_{ih} T_{ih} + \sum_{h \in Q} \sum_{j \in P} V_{hj} T_{hj} \tag{7.18}$$

$$\min Y_4 = \sum_{i \in S} \sum_{h \in Q} V_{ih} X_{ih} R_{ih} + \sum_{h \in Q} \sum_{j \in P} V_{hj} X_{hj} R_{hj} \tag{7.19}$$

$$\min Y_5 = \sum_{j \in P} \lambda_j \left(\frac{D_j^a + 4D_j^b + D_j^c}{6} - \sum_{h \in Q} V_{hj} \right) \tag{7.20}$$

式中:S 为供应点 i 的集合;Q 为中转中心 h 的集合;P 为受灾点 j 的集合;T_{ih}、T_{hj} 分别为供应点 i 到中转中心 h 的运输时间和中转中心 h 到受灾点 j 的运输时间;X_{ih}、X_{hj} 分别为供应点 i 到中转中心 h 的单位运输成本和中转中心 h 到受灾点 j 的单位运输成本;R_{ih}、R_{hj} 分别为供应点 i 到中转中心 h 的最短运输距离和中转中心 h 到受灾点 j 的最短运输距离;λ_j 为受灾点 j 的需求紧迫系数;V_{ih}、V_{hj} 分别为供应点 i 运输到中转中心 h 的应急物资量和中转中心 h 运输到受灾点 j 的应急物资量。受灾点应急物资满足量不小于其最低需求量;每个受灾点的应急物资满足量不超过其需求量;每个供应点的供应量不能超过其可提供的量;中转中心的应急物资的流入量不小于流出量;所有变量均为非负变量。

式(7.18)表示最小应急物资运输总时间周转量;式(7.19)表示应急物资从供应点运送到受灾点的最低总成本;式(7.20)表示使受灾点的应急物资最小短缺程度,按照不同受灾点的需求紧迫性不同,公平地调运物资。

2)多目标模型处理

首先比较目标的优先级和重要性,然后从高到低进行降目标,将多目标处理得到的解代入原目标函数,并将其变为约束条件,从而构建双目标模型。例如先将最小应急物资运输总时间周转量的目标[式(7.18)]作为单目标,对其求解,进而求得目标[式(7.18)]的最小值,即时间周转量的最小值 Y_m,将 Y_m 代入模型,将多目标模型变成双目标模型。

使用线性加权和法处理新得到的双目标模型,具体步骤如下。

(1)分别将约束条件和目标组成新的模型,然后分别得到目标 Y_4 的最大值 Y_4^+ 与最小值 Y_4^-,目标 Y_5 的最大值 Y_5^+ 与最小值 Y_5^-。

(2)对两个目标进行标准化处理:

$$Z_4 = \frac{Y_4^+ - Y_4}{Y_4^+ - Y_4^-} \tag{7.21}$$

$$Z_5 = \frac{Y_5^+ - Y_5}{Y_5^+ - Y_5^-} \tag{7.22}$$

式中:Z_4 与 Z_5 分别为标准化后的运输时间周转量与物资短缺程度,变化规律分别与 Y_4 和 Y_5 的变化规律相反。如 Y_4 为最小值时 Z_4 为最大值,Y_4 为最大值时 Z_4 为最小值。

(3)比较两目标的重要程度得到权重系数。假设 Y_4 的权重为 θ,则 Y_5 的权重为 $1-\theta$。

(4)将 Z_4 与 Z_5 组合成为单目标模型:

$$\max Z = \theta Z_4 + (1-\theta) Z_5 \tag{7.23}$$

式中:$0 < \theta < 1$。受灾点应急物资满足量不小于其最低需求量;每个受灾点的应急物资满

足量不超过其需求量；每个供应点的供应量不能超过其可提供的量；中转中心的应急物资的流入量不小于流出量；所有变量均为非负变量。

（5）选择合适的方法得到单目标模型[式（7.23）]的最优解。

7.3 知识库功能和实现

7.3.1 知识库总体框架

1. 总体建设原则

1）规范性原则

充分考虑用户环境工作的现状，满足工作程序化、规范化的要求；选择符合技术发展方向的信息化系统集成（Herrera et al.，2008）；选择符合开放性和标准性的产品和技术进行系统总体结构设计，应用软件严格遵循国家和行业规范要求，符合应急管理业务工作的实际情况；符合国际信息产品标准、符合我国环境信息化建设标准规范、符合我国环境流程规范及管理要求。

2）先进性原则

知识库系统采用行业中先进技术产品，具有较长的产品生命力，系统设计中充分考虑系统的发展和升级，采用模块组件封装、统一框架等技术，运用国内外先进的计算机技术、信息技术、通信技术和现代软件开发管理技术，采用先进的体系结构和技术发展的主流产品，保障系统的高效运行，确保系统能适应现代信息技术高速发展，在一定时间内不落后，避免以后的投资浪费（刘雁昆，2015；董伟 等，2011）。采用信息交换技术，确保信息的一致性，保证信息统一的输出格式。在整体设计思想上，一方面最大限度地保护用户的现有数据资源；另一方面，使系统具有较强的生命力。

3）拓展性原则

知识库系统建设采用模块化技术，确保程序和数据规范化，保持系统内部结构合理，便于扩展和应用。在新增业务要求或部门发生变化时，能在不影响系统稳定性的前提下方便调整，预留足够空间和扩展接口以适应管理需求的不断变化，使系统能与其他外部应用系统无缝连接，具有良好的拓展性。

4）实用性原则

知识库系统建设中充分考虑现有资源和自然资源部现行、在建系统，最大限度地与现有网络和数据库兼容，使系统软件能在各单位原有机器、设备上运行。系统建设界面友好、结构清晰、流程合理，功能一目了然，充分满足用户的使用习惯，注重解决实际问题。

充分考虑知识库系统的实用性和易用性，系统的人机界面完备和简洁明了，容易操作，避免复杂的菜单选项，使系统参数可配置性强。充分利用图像、图表等比较直观的展现效果，符合办公人员的操作习惯，并能提供实时、有效、准确的数据信息，逐步提高决策的科学化和透明度。

5）安全性原则

应急管理信息涉及保密信息，在知识库系统建设中应建立统一的用户权限管理模式和完整、合理的身份认证系统，确保身份的真实和系统的安全、合理运行。在敏感信息的传送中采用加密技术，防止重要信息泄露。同时，对重要操作进行日志记录，并可对这些日志进行审计。在建设与软件开发中采用安全保密措施，实施访问控制和数据安全管理，确保系统的可控性，定期开展安全状况评估，并建立应急预案。

6）可靠性原则

知识库系统涉及大量的重要数据，系统的硬件底层要做到安全可靠，软件系统应遵循严格的权限安全体系，确保不被非法窃取。根据业务量分析和预测，考虑系统设备的处理能力，系统应具有冗余处理能力。系统设置有系统日志，能自动记录全部操作过程，保证系统可靠运行。同时，能根据自身需求设置权限管理机制，进行不同级别的权限划分。

7）开放性原则

知识库系统支持主要的行业标准、规范和协议，能运行目前业界支持的主流组件技术开发的各种应用软件。采用开放式系统结构设计，构建灵活开放的体系结构，保障现有数据库的数据移植、有效利用，以及将来与其他系统的数据交换，同时留有充分的扩展接口，保证系统的可伸缩性。如在机构人员调整及用户需要时，能方便地加入新的设备及其支持软件，并保证系统的完整性不受影响。

8）可维护性原则

采用简单、直观的图形化界面和多种输入方式，最大限度地方便非计算机人员的使用（田宇航，2014）。提供统一的图形化的维护界面，维护人员通过简单的鼠标操作即可完成对整个系统的配置和管理。

2. 总体建设策略

海洋环境安全知识库建设策略如图7.4所示。

1）基础建设

基础建设采用标准化建设和资源整合策略：所有技术基础设施构成都遵循行业中被广泛接受的开放性标准；充分整合利用原有的设备和网络资源，不进行重复建设，避免资源浪费。

2）应用系统

（1）软件系统。采用统一系统技术标准，注重利用现有系统；规范海洋系统技术标准，将其作为新建和改造系统的重要依据。

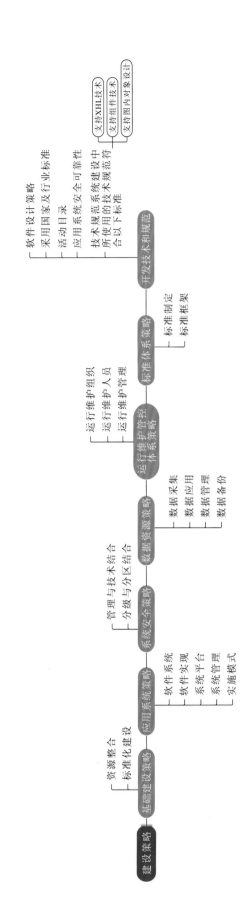

图 7.4　海洋环境安全知识库建设策略

（2）软件实现。采用业务为主、技术为辅的策略，在系统建设过程中，重点关注业务实现，不盲目追求新技术、新概念，以满足实际业务管理需要为唯一出发点。

（3）系统平台。采用集成策略，合理选择应用系统和数据库集成方案，注重在用户、应用系统和数据库层次上的信息系统集成，将系统集成和互用性作为系统设计的主要决定因素。

（4）系统管理。采用主体集中策略，使应用系统的部署尽量集中；对系统先考虑集中管理，受技术条件的约束无法实行集中管理的，考虑分散管理。

（5）实施模式。采用规范方法策略，应用软件实施标准化，使用经过 ISO9000 及 CMM13 验证的方法管理应用系统来实施项目。

3）系统安全

采用管理与技术结合、分级与分区结合策略。在应用防火墙、防病毒、入侵检测、安全认证、备份等技术手段的同时，结合国家、行业标准进行安全检查、评估、审计，制订统一的安全标准、访问控制机制、应急机制和安全管理制度。

4）数据资源

（1）数据采集。采用源头采集、标准统一策略。在源头采集数据，确保数据的准确性、及时性和适用性，保证数据质量，使重复劳动最小化，同时逐渐建立统一的数据标准，新开发的信息系统必须依照数据标准设计。

（2）数据应用。采用授权访问、风险防范、数据分层处理策略。基于不同的工作需要，在权限范围内授予不同的权限，合法用户可以很便捷地访问信息。信息共享，消除信息的单一纵向流动。根据数据的使用目的和特点，进行分层管理和部署，将业务处理数据与决策分析数据进行分层处理。

（3）数据管理。采用责权明确策略。业务对数据的所有权是设计原则的基础，必须明确数据管理人员的角色和职责权限。

（4）数据备份。采用多种备份方式共用策略。结合实际情况，采取完全备份、增量备份及差异备份相结合的方式备份数据。

5）运行维护管控体系

（1）运行维护组织采用统一指导、统一部署、分工合作策略。

（2）运行维护人员采用注重培养策略。对运行维护人员进行培训并优先培养信息技术员工能力。

（3）运行维护管理采用加强共享、运行维护过程标准化策略，共享信息技术支持和服务，并制订合理的管理流程、管理制度及管理标准。

6）开发技术和规范

（1）软件设计策略。系统的设计严格按照下列要求进行。

满足需求：满足系统实际需求并兼顾业务发展需要进行设计。

先进高效：有针对性地采用多种先进的技术和设备，系统响应迅速，系统整体性能优异。

可靠安全：使用自主开发的备份和恢复手段使系统达到高可用性；通过严格的口令管理和完备的加密手段提高系统的安全性。

易于扩展：提供良好的接口，最大限度地利用现有资源。

（2）采用国家及行业标准。系统的指标体系标准、数据接口标准、网络通信方式、业务规范、信息数据项、信息分类编码标准和有关技术标准将严格执行国家有关规定。应用系统采用标准的数据接口规范；网络通信采用标准的网络传输协议完成；编码规范采用国家通用标准编码方式；数据项严格遵照数据库设计通用规范。

（3）活动目录。系统采用活动目录对使用系统的所有用户进行统一身份认证和权限管理，实现单一登录和统一授权的模型，不再需要对每个业务系统单独开发用户权限管理功能。

目录服务是在分布式计算环境中，定位和标示用户及其可用的网络资源，并提供搜索功能和权限管理的服务机制。将网络系统中的各种网络设备、网络服务、网络账户等资源信息集中起来进行管理，为使用者提供一个统一的清单。通过对目录服务数据库的维护来管理众多的计算机、网络设备、打印设备、共享文件、共享打印、网络账户等基本信息和安全信息，提供对系统资源及服务的跟踪定位，使各种资源和服务对用户透明，用户不必知道资源的具体位置就可以方便地访问它们。目录服务的核心是一个树状结构的信息目录，它将各类信息有次序、有层次地进行组织。

活动目录是从一个数据存储开始的，其特点是不需要事先定义数据库的参数，可以做到动态地增长，性能非常优良。在这个数据存储之上已建立索引，可以方便快速地搜索和定位信息。活动目录的分区是域，一个域可以存储上百万个对象。域之间还有层次关系，可以建立域树和域森林，并可进行无限扩展。在数据存储之上建立对象模型以构成活动目录。对象模型对轻型目录访问协议完全支持，还可以管理和修改数据库对象（schema）。schema 包括活动目录中的计算机、用户和打印机等所有对象的定义，其本身也是活动目录的内容之一，在整个域森林中是唯一的。通过修改 schema，用户或开发人员可以自己定义特殊的类和属性来创建所需要的对象和对象属性。

活动目录包括两个方面：目录和与目录相关的服务。目录是存储各种对象的一个物理上的容器，从静态的角度来理解，活动目录与传统的目录或文件夹没有本质区别，区别仅仅为活动目录是对象，传统的目录、文件夹是实体。目录服务是使目录中所有信息和资源发挥作用的服务，活动目录是一个分布式的目录服务，信息可以分散在多台不同的计算机上，保证用户能够快速访问。因为多台机上有相同的信息，所以在信息容量方面具有很强的控制能力。正因为如此，不管用户从何处访问或信息处在何处，系统都对用户提供统一的视图。

（4）应用系统安全可靠性。为了保证系统的兼容性和通用性，严格按照国家相关技术标准进行系统的设计、开发。另外，系统将提供严谨的用户权限管理，防止数据的恶意破坏。通过用户权限管理，不同的用户根据设置的权限不同，只能编辑、浏览与自己工作有关的数据。系统将进行详细的操作记录，做到有据可查。

信息的保护是在对系统中主体（人）和客体（信息）进行正确的标识与标注的基础上，

通过实施主体对客体的访问控制来实现的。系统的信息安全分别从用户（主体）权限管理、主体对客体的访问控制及数据安全三个方面来实现。

7.3.2 知识库系统结构

1. 知识库结构设计

1）总体设计思路

海洋环境安全保障知识库除服务于平台用户进行知识查看与浏览之外，还可面向风险防控方案、应急处置方案的生成与评估等，提供相应的防控与应急知识的快速获取、匹配。

海洋环境安全保障知识库构建的核心是对不同的知识采取不同的管理手段。采用知识表示及组织手段和技术，对海洋环境安全保障知识进行重构，以这种方式构建的知识划分为知识包和知识图。

为了应对海洋环境安全事件，支持对海洋环境安全保障知识领域的归纳和分类，将知识库结构分为预案库、案例库和本体库。海洋环境安全保障知识库结构和总体设计框架分别如图 7.5 和图 7.6 所示。

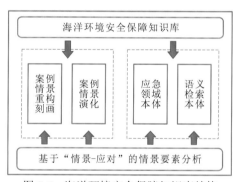

图 7.5　海洋环境安全保障知识库结构

图 7.6　海洋环境安全保障知识库总体设计框架

案例库搜集以往海洋环境安全事件的相关案例，将案例进行结构化整理，记录事件的演化过程（蒋勋 等，2013）。通过对案例的情景划分、分析和归类，将案例情景依照情景要素进行特征抽取，以便本体库的识别与推理（李燕琼，2015；Bradley et al.，2011）。本体库建立在案例库之上，利用案例库结构化数据进行知识抽取、维护和推理（Habibi et al.，2017；Pan et al.，2013）。本体库包括应急领域本体库和语义检索本体库，分别用于进行应急领域知识和应急响应预案的提取和维护。

海洋环境安全保障知识库采用分层架构体系结构，根据数据流向和处理阶段形成从下至上的三层结构：数据支撑层、知识组织层和功能应用层。数据支持层原始数据经过知识抽取得到精炼互联的知识网，再从语义角度匹配检索需求，最终以可视化知识的方式流向用户。

（1）数据支持层。数据支持层是建设海洋环境安全保障知识库的物质基础，描述和存储多种类型的原始数据和资源。书籍知识资源经过拍照、扫描、识别等处理程序后以电子数据存入相应数据中，电子知识资源经过下载、整合和整理等程序后以统一的格式存入相应数据库中，形成符合知识库储存格式的数据记录（Gridach，2017；刘峰 等，2012）。数据库根据资源类型可分为知识数据库和图表数据库等。

（2）知识组织层。知识组织层是决定整个海洋环境安全保障知识库知识服务质量的核心层级。知识组织层将数据支持层作为数据来源，对数据进行语义分析、关系抽取、逻辑推理等并传递给功能应用层，是不可或缺的核心承启环节。知识组织层包括知识本体库、实例库、推理规则库等。知识本体描述海洋环境安全保障知识内容中概念及概念间关系，是包含属性特征的网状知识结构。知识本体对知识数据库具体知识条目识别映射后，形成符合知识本体框架结构的实例库，即功能层语义检索的目标对象库（于福江 等，2015）。推理规则库存放针对不同功能和问题的推理条件和规则，一般存储为推理条件表和推理结论表。

（3）功能应用层。功能应用层负责系统功能和用户交互的实现，根据知识库系统的语义检索、语义推理、可视化展示等功能要求，开发相对应的计算组件和应用接口以实现对上层本体实例库的数据调用（李敬华 等，2014）。用户交互界面是人机交互的桥梁，社会公众和管理人员等用户角色提供不同类型界面。社会公众查询知识库多以兴趣或工作需要为目的的，通常使用自然语言进行检索浏览，关注结果的具体条目和相关信息；管理人员注重对知识库内容的维护和更新，系统增、删、改、查的能力是其更为看重的。

2）知识库体系

海洋环境安全保障知识库体系结合当前已经普遍业务化运行的典型海洋环境安全事件应急预案，以及风险防控、应急处置的决策支持方案，同时兼顾专家经验、业务部门实际需求等，收集、整理溢油、浒苔、风暴潮等典型海洋环境安全事件风险防控与应急处置相关知识。

基于事件的动态性、复杂性和风险防控的多阶段性，从基础知识、预防与准备、监测与预警、处置与救援、恢复与重建、案例库、应急预案、法律法规与标准规范等方面梳理海洋环境安全保障相关知识体系，如图7.7所示。

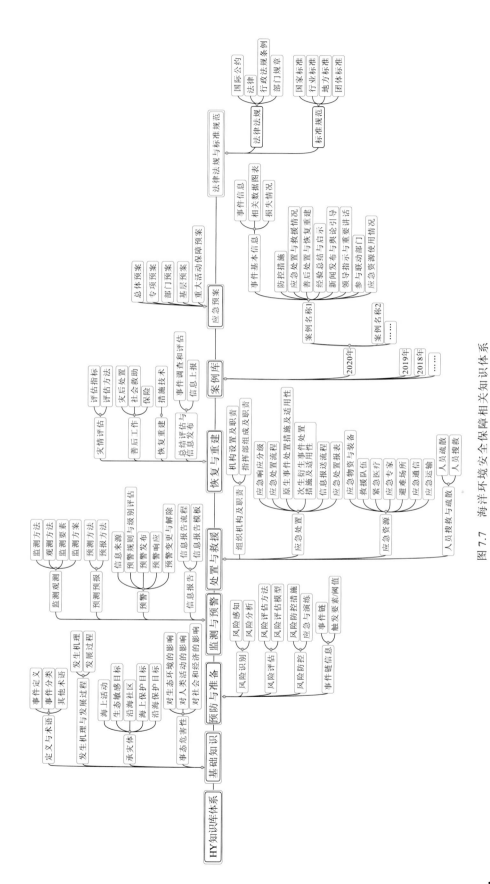

图 7.7　海洋环境安全保障相关知识体系

2. 知识库内容设计

1）基础知识子库

基础知识子库主要储存溢油、风暴潮、浒苔等海洋灾害的基础知识（彭菲 等，2012；安鑫龙 等，2010），包括海洋灾害的定义、分类、灾害损失、灾害强度及其他专业术语，海洋灾害的成因与发展过程，海洋灾害对人类活动、社会经济、生态环境的影响，以及承灾体的种类、承灾体脆弱性分级、致灾因子等（施锦婷，2019；章守宇 等，2019；宫云飞 等，2018）。

2）预防与准备知识子库

预防与准备知识子库主要储存溢油、风暴潮、浒苔等海洋灾害的风险防控知识、风险评估知识、风险识别知识和事件链信息知识（石先武 等，2018；帅嘉冰 等，2012；韩金良 等，2007）。

风险防控知识包括海洋灾害的风险防控措施（张浩，2013；王兰刚 等，2007）、海洋灾害的应急与演练（Wang，2009）。

风险评估知识包括海洋灾害风险评估的方法、海洋灾害风险评估的模型（Bashir et al.，2020；丁玉梅 等，2018）。

风险识别知识包括海洋灾害风险分析、海洋灾害风险感知（郭腾蛟 等，2020）。

事件链信息知识包括海洋灾害事件链和海洋灾害事件链触发的要素（或阈值）。

3）监测与预警知识子库

监测与预警知识子库主要储存监测观测知识、信息报告知识、预测预报知识和预警知识（吴玲娟 等，2015）。

监测观测知识包括观测方法、监测方案、监测方法和监测要素。

信息报告知识包括信息报告流程和信息报告模板。

预测预报知识包括预报方法和预测方法（Hammoud et al.，2018）。

预警知识包括信息来源、预警变更与解除、预警发布、预警规则与级别评估、预警响应。

4）处置与救援知识子库

处置与救援知识子库主要储存应急组织机构及职责知识、应急处置知识、应急资源知识、人员搜救与疏散知识（孙云飞，2014）。

应急组织机构及职责知识包括机构设置及职责、指挥部组成及职责。

应急处置知识包括应急响应分级、应急处置流程、原生事件处置措施及适用性、次生衍生事件处置措施及适用性、信息报送流程、应急处置报表。

应急资源知识包括应急物资与装备、救援队伍、紧急医疗、应急专家、避难场所、应急通信、应急运输。

人员搜救与疏散知识包括人员搜救、人员疏散。

5）恢复与重建知识子库

恢复与重建知识子库主要储存灾情评估知识、善后工作知识、恢复重建知识和总结评估与信息发布知识。

灾情评估知识数据包括评估指标、评估方法。

善后工作知识数据包括灾后处置、社会救助、保险。

恢复重建知识数据包括恢复重建的措施技术（刘英霞 等，2009）。

总结评估与信息发布知识数据包括事件调查和评估、信息上报。

6）案例库

案例库主要储存不同年份的海洋灾害数据。包括事件的基本信息（事件信息、相关数据图表和损失情况等）、防控措施、应急处置与救援情况、善后处置与恢复重建、经验总结与启示、新闻发布与舆论引导、领导指示与重要讲话、参与联动的部门及资源使用情况。

7）应急预案库

应急预案库主要储存我国现有的针对海洋灾害的应急预案，包括总体预案、专项预案、部门预案、基层预案和重大活动保障预案几类。

8）法律法规与标准规范库

法律法规与标准规范库主要储存我国乃至世界上其他国家针对海洋灾害出台的法律法规和标准规范，包括国际公约、法律、行政法规条例、部门规章、国家标准、行业标准、地方标准、团体标准。

9）用户管理数据库

用户管理库主要是对用户信息和系统权限的管理，实现系统的安全信息化管理。

7.3.3 知识库功能

海洋环境安全保障知识库可展示和科普海洋环境安全相关知识和案例，并根据突发事件的有限信息，快速有效地判定情景类型进而找到并采取应对措施，将突发事件的发展控制在可接受的范围内。根据海洋环境安全保障知识库结构，设计系统功能框架及系统架构，如图 7.8 所示。

系统功能分为三部分，包括基础数据维护、知识库维护和知识库系统应用。基础数据维护部分是整个系统的数据来源，它搜集并整理数据，构成基础知识文件、事故案例文件、应急决策文件、应急预案文件及应急资源文件。知识库维护分别通过 Petri 网络理论及本体理论，将基础数据文件进行结构化处理，形成具备情景刻画演化功能的结构化案例库和具备本体推理功能的本体库（吕建华 等，2014）。知识库系统应用部分利用知识库具备的情景演化和本体推理功能进行突发事件应急管理的功能开发，包括突发事件的情景演化、情景要素构建、情景匹配及应对措施推理。

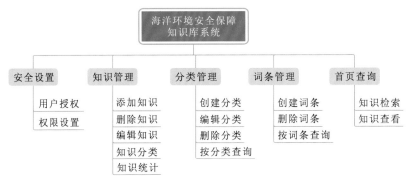

图 7.8　海洋环境安全保障知识库系统功能结构图

1. 知识管理功能设计

海洋环境安全保障知识库的知识组织管理从导入海洋环境安全保障知识开始，对入库资源的元数据进行识别，将其转化成符合知识库标准的统一元数据类型，并对存在的图片、表格等格式文件分别建库存储。良好的知识组织及管理是实现知识库功能的基础条件。

知识库并不直接存储知识单元本身，而是根据指定规则和元数据标准对数据资源进行分类，并根据数据资源类型设定其存储格式和位置，方便利用检索推理语句对指定数据进行调用（周宇 等，2017；Thomas，1995）。知识管理的最终目的是向用户提供知识服务，向社会公众共享知识资源。知识的规范化存储使知识共享成为可能，用户可利用知识库共享平台提供的检索功能在知识库中定位到目标资源，找到自己所需要的结果和知识。

知识管理模块主要负责对知识库知识进行管理，对知识库的知识进行添加、编辑、删除、批量导入和分类。知识库拥有最新排序、最热排序、下载量统计及浏览量统计的功能。

（1）添加知识模块。系统管理员可以实现对知识信息的新增及对知识文件的批量导入。该模块包括新增知识和批量导入两个功能模块。

（2）删除知识模块。系统管理员可以实现对知识信息的逐个删除及批量删除。该模块包括删除知识和批量删除两个功能模块。

（3）编辑知识模块。系统管理员可以实现对单条知识信息的增减及修改。该模块包括丰富知识内容和修改知识内容两个功能模块。

（4）知识分类管理模块。系统管理员可以实现对知识的分类进行创建、编辑和删除，也可对知识信息进行分类查询和分类导入。该模块包括创建分类、编辑分类、删除分类和知识分类查询 4 个功能模块。

（5）知识统计模块。系统管理员可以对知识进行浏览量统计、下载量统计、数量统计，并对知识进行最热排序。该模块包括浏览量统计、下载量统计、数量统计和最热排序4 个模块。

（6）词条管理模块。系统管理员可以对海洋知识的词条进行创建、编辑和按词条查询。该模块包括创建词条、删除词条和按词条查询 3 个模块。

图 7.9～图 7.14 分别为海洋环境安全保障平台知识库中知识上传管理、知识相关性与热度、知识分类查询、知识搜索与浏览、知识创建与管理、知识词条编辑的界面图。

图 7.9 知识上传管理界面

图 7.10 知识相关性与热度界面

图 7.11 知识分类查询界面

图 7.12 知识搜索与浏览界面

图 7.13 知识创建与管理界面

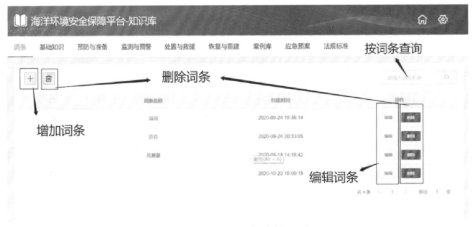

图 7.14 知识词条编辑界面

2. 知识查询功能设计

查询是知识库最基本和最重要的功能模块，根据不同类型用户对知识资源的多种层次需求，应具备多途径的检索入口和条件限制，可以通过资源的类型、所属知识分类等多角度进行分类查询。查询不仅可以从资源的外部进行，更应提供基于语义理解的内容查询，在保证检索效率的情况下提供对知识资源的全面检索（钟秀琴 等，2012；Nicola，1997）。此外，知识检索的准确性也是查询功能的重要评估指标。语义查询应利用适应资源特点的分词方法和语义化技术，充分挖掘知识内在管理，精准定位目标知识点，快速反馈给用户。

海洋环境安全保障知识库的用户存在定向检索和兴趣浏览两种利用目的。定向检索目标明确，可以通过与平台多次交互获得所需知识信息。兴趣浏览则没有明确目的，在利用知识库检索时可能出现跳跃式检索或突然转向其他目标，随着用户的兴趣改变而改变。因此，系统在为该类用户提供服务时注重相关知识的拓展，纵向知识点或横向知识点都可以为用户指引方向，满足用户的兴趣需要。

知识查询功能主要是对知识库所有内容进行检索，包括模糊搜索、分类检索、全文检索、知识展示及最热知识和词条的排序和展示。知识检索包括模糊搜索、分类检索和全文检索 3 个功能模块。知识查看包括知识展示、最热知识排序、最热词条排序 3 个功能模块。

图 7.15～图 7.17 分别为海洋环境安全保障平台知识库中知识检索、知识展示、知识词条管理界面图。

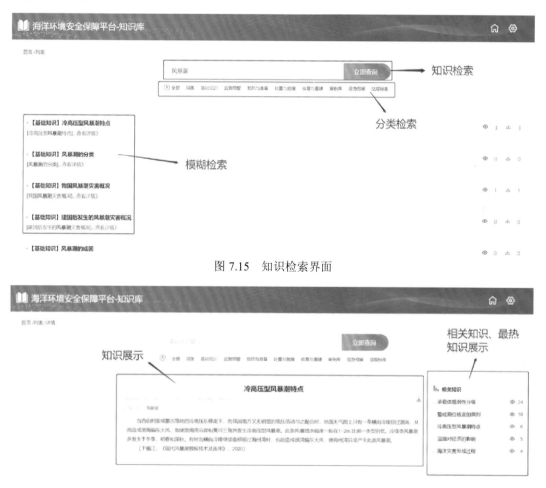

图 7.15　知识检索界面

图 7.16　知识展示界面

图 7.17　知识词条管理界面

参 考 文 献

安鑫龙, 李雪梅, 徐春霞, 等, 2010. 大型海藻对近海环境的生态作用. 水产科学, 29(2): 115-119.

曹存根, 2001. 国家知识基础设施的意义. 中国科学院院刊(4): 255-259.

曹佳春, 吴青, 张建恒, 等, 2013. 青岛海域漂浮浒苔光合生理特性及藻体状态等级评价研究. 上海海洋大学学报, 22(6): 922-927.

陈香, 陈静, 王静爱, 2007. 福建台风灾害链分析: 以 2005 年"龙王"台风为例. 北京师范大学学报(自然科学版)(2): 203-208.

邓志鸿, 唐世渭, 杨冬青, 2002. 基于本体的多 Agent 分布式数字图书馆资源信息发现服务模型之研究. 计算机工程(6): 37-38, 58.

丁玉梅, 丁磊, 李玉峰, 2018. 渤海风暴潮对沿岸增水的影响及灾害风险评估. 海洋技术学报, 37(3): 61-64.

董伟, 黄义德, 钱平, 等, 2011. 基于本体的水稻栽培知识库构建及应用. 农业网络信息(1): 9-12.

董文鸳, 袁顺波, 2015. 全球学科知识库发展现状扫描. 图书馆(4): 40-43, 54.

付秋实, 2012. 效应领域本体库自动填充方法研究. 天津: 河北工业大学.

付业勤, 2014. 旅游危机事件网络舆情的发生机理研究. 合肥工业大学学报(社会科学版), 28(6): 15-21.

高建忠, 何绯娟, 2012. 分面检索模型与关键技术综述. 图书馆论坛, 32(6): 112-116.

高文飞, 赵新力, 2008. 我国主题词表的发展研究. 图书情报工作, 52(9): 66-69, 43.

宫云飞, 赵鹏飞, 兰冬东, 等, 2018. 我国海洋溢油事故特征与趋势分析. 海洋开发与管理, 35(11): 42-45.

郭腾蛟, 李国胜, 2020. 基于验证性因素分析的台风风暴潮灾害经济损失影响因子优化分析. 自然灾害学报, 29(1): 121-131.

韩金良, 吴树仁, 汪华斌, 2007. 地质灾害链. 地学前缘(6): 11-23.

何广顺, 2008. 海洋信息化现状与主要任务. 海洋信息(3): 1-4.

姜卉, 黄钧, 2009. 罕见重大突发事件应急实时决策中的情景演变. 华中科技大学学报(社会科学版), 23(1): 104-108.

蒋勋, 徐绪堪, 2013. 面向知识服务的知识库逻辑结构模型. 图书与情报(6): 23-31.

金芝, 2000. 基于本体的需求自动获取. 计算机学报(5): 486-492.

李敬华, 易小烈, 杨德利, 等, 2014. 面向临床决策支持的中医脾胃病本体知识库构建研究. 中国医学创新, 11(27): 121-125.

李善平, 尹奇韣, 胡玉杰, 等, 2004. 本体论研究综述. 计算机研究与发展(7): 1041-1052.

李四海, 吴克勤, 2004. 美国的海洋信息技术基础设施计划. 海洋信息(1): 24-26.

李巧稚, 2008. 国外海洋政策发展趋势及对我国的启示. 海洋开发与管理(12): 36-41.

李仕明, 刘娟娟, 王博, 等, 2010. 基于情景的非常规突发事件应急管理研究: "2009 突发事件应急管理论坛"综述. 电子科技大学学报(社科版), 12(1): 1-3, 14.

李燕琼, 2015. 北京师范大学文献知识库管理系统的设计与实现. 济南: 山东大学.

梁斌, 董瑞, 邓云, 等, 2011. 关于海洋信息化工作的若干思考. 海洋开发与管理, 28(8): 76-80.

刘红芝, 2009. 网络文本信息过滤系统的模型初探. 图书馆学刊, 31(9): 35-37.

刘峰, 逄少军, 2012. 黄海浒苔绿潮及其溯源研究进展. 海洋科学进展, 30(3): 441-449.

刘铁民, 2011. 突发事件应急预案体系概念设计研究. 中国安全生产科学技术, 7(8): 5-13.

刘雁昆, 2015. 基于本体的软件工程领域知识库构建方法研究. 北京: 北方工业大学.

刘英霞, 常显波, 王桂云, 等, 2009. 浒苔的危害及防治. 安徽农业科学, 37(20): 9566-9567.

路光, 2013. 基于分层认知模型的突发事件衍生网络研究. 大连: 大连理工大学.

陆汝钤, 2001. 世纪之交的知识工程与知识科学. 北京: 清华大学出版社.

陆汝钤, 石纯一, 张松懋, 等, 2000. 面向 Agent 的常识知识库. 中国科学(E 辑: 技术科学)(5): 453-463.

吕建华, 张娜, 2014. 我国海洋环境突发事件应急管理体系建构. 山东行政学院学报(3): 7-10.

彭菲, 糜玉林, 唐金国, 2012. 基于本体的海军军械保障知识库构建研究. 装备学院学报, 23(5): 55-58.

潘洁, 2009. 知识管理系统的规划与设计: 海关通关监管商品知识管理系统的开发与应用. 上海海关学院学报, 30(2): 82-85.

邵艳, 2007. 网络环境下海洋院校图书馆海洋科学知识服务体系模式研究. 浙江海洋学院学报(人文科学版)(3): 133-135.

申佳维, 2017. 基于 Semantic Media Wiki 的海洋应急知识管理系统. 天津: 天津大学.

施锦婷, 2019. 黄海绿潮浒苔种源的初步分析. 上海: 上海海洋大学.

石先武, 高廷, 谭骏, 等, 2018. 我国沿海风暴潮灾害发生频率空间分布研究. 灾害学, 33(1): 49-52.

史云放, 武东英, 刘胜利, 等, 2014. 基于本体的网络攻防博弈知识库构建方法研究. 计算机应用研究, 31(11): 3460-3464.

帅嘉冰, 徐伟, 史培军, 2012. 长三角地区台风灾害链特征分析. 自然灾害学报, 21(3): 36-42.

苏正炼, 严骏, 陈海松, 等, 2015. 基于本体的装备故障知识库构建. 系统工程与电子技术, 37(9): 2067-2072.

孙杨, 苏娜, 周金龙, 2009. 数字时代图书馆管理危机. 图书情报工作, 53(23): 17-21.

孙云飞, 2014. 我国海洋溢油灾害应急管理机制研究. 青岛: 中国海洋大学.

田宇航, 2014. 基于 MediaWiki 的故障处理知识库研究与实现. 天津: 天津大学.

王春雨, 王芳, 2014. 基于条件随机场的农业命名实体识别研究. 河北农业大学学报, 37(1): 132-135.

王兰刚, 徐姗楠, 何文辉, 等, 2007. 海洋大型绿藻条浒苔与微藻三角褐指藻相生相克作用的研究. 海洋渔业(2): 103-108.

王月, 2016. 基于本体的油田开发知识库构建研究. 大庆: 东北石油大学.

魏圆圆, 钱平, 王儒敬, 等, 2012. 知识工程中的知识库、本体与专家系统. 计算机系统应用, 21(10): 220-223.

文艳, 彭超, 倪国江, 2003. 我国海洋信息产业建设及发展对策分析. 沿海企业与科技(4): 69-71.

吴克勤, 2002. 国际海洋环境数据管理体系. 海洋信息(3): 23-24.

吴玲娟, 高松, 丁一, 等, 2015. 黄海绿潮灾害应急遥感监测和预测预警系统. 防灾科技学院学报, 17(1): 59-67.

夏秋萍, 2010. 高校图书馆学科知识服务现状分析和发展研究. 现代情报, 30(1): 93-95.

徐力斌, 刘宗田, 周文, 等, 2007. 基于 WordNet 和自然语言处理技术的半自动领域本体构建. 计算机科学(6): 219-222.

闫红灿, 2015. 本体建模与语义 Web 知识发现. 北京: 清华大学出版社.

杨剑, 2014. 大数据开启情报服务机构科技创新知识服务的新时代. 科技资讯, 12(14): 6, 8.

杨涛, 肖田元, 张林鹍, 2004. 以上下文为中心的设计知识管理方法. 计算机集成制造系统(12): 1541-1545.

杨政国, 2014. 基于领域本体的科学效应知识语义检索的研究. 天津: 河北工业大学.

袁晓芳, 田水承, 王莉, 2011. 基于 PSR 与贝叶斯网络的非常规突发事件情景分析. 中国安全科学学报, 21(1): 169-176.

于福江, 董剑希, 李涛, 2015. 风暴潮对我国沿海影响评价. 北京: 海洋出版社.

张斌, 魏扣, 郝琦, 2016. 国内外知识库研究现状述评与比较. 图书情报知识(3): 15-25.

张成福, 谢一帆, 2015. 危机管理新思路. 北京: 国家行政学院出版社.

张浩, 2013. 黄海绿潮暴发机制分析及防治研究. 大连: 大连海事大学.

张开舟, 张惠惠, 2002. 万维网信息检索系统开发技术. 情报学报(1): 42-47.

张囡囡, 2008. 面向语义网的领域本体半自动构建方法的研究. 大连: 大连海事大学.

章守宇, 刘书荣, 周曦杰, 等, 2019. 大型海藻生境的生态功能及其在海洋牧场应用中的探讨. 水产学报, 43(9): 2004-2014.

张星, 马建红, 肖国玺, 2015. 基于本体的科学效应知识表达和语义推理. 计算机工程与设计, 36(7): 1992-1996.

张岩, 2011. 基于 SVM 算法的文本分类器的实现. 成都: 电子科技大学.

张玉强, 孙淑秋, 2009. 海洋危机的概念、特点及分类研究. 海洋开发与管理, 26(5): 53-57.

祝锡永, 潘旭伟, 王正成, 2007. 基于情境的知识共享与重用方法研究. 情报学报. 26(2): 179-184.

仲秋雁, 郭艳敏, 王宁, 等, 2012. 基于知识元的非常规突发事件情景模型研究. 情报科学, 30(1): 115-120.

钟秀琴, 刘忠, 丁盘苹, 2012. 基于混合推理的知识库的构建及其应用研究. 计算机学报, 35(4): 761-766.

周金龙, 2012. 数字时代图书馆危机管理. 北京: 海洋出版社.

周宇, 廖思琴, 2017. 科学数据语义描述研究述评. 图书情报工作, 61(12): 136-144.

AHN H J, HONG J L, CHO K, et al., 2005. Utilizing knowledge context in virtual collaborative work. Decision Support Systems, 39(4): 563-582.

BASHIR A, NOSHADRAVAN A, 2020. Probabilistic hurricane wind-induced loss model for risk assessment on a regional scale. ASCE-ASME Journal of Risk and Uncertainty in Engineering Systems, Part A: Civil Engineering, 6(2): 04020020.

BRADLEY W B, DIANA S S, TRACI A, 2011. Populating a knowledge base with local knowledge for Florida's ask a librarian reference consortium. The Reference Librarian, 52(3): 197-207.

DAN B, GUHA R V, 2004. RDF Vocabulary description language 1. 0: RDF Schema, 2022-8-16.

DEGOULET P, FIESEHI M, CHATELLIER G, 1995. Decision-support systems from the standpoint of knowledge representation. Methods of Information in Medicine, 34(1-2): 202-208.

GRIDACH M, 2017. Character-level neural network for biomedical named entity recognition. Journal of Biomedical Informatics, 70: 85-91.

GUO M, LI S P, DONG J X, et al., 2003. Ontology-based product data integration//Proceedings of the 17th International Conference on Advanced Information Networking and Applications(AINA). IEEE Computer Society, Xi'an, China: 530-533.

HABIBI M, WEBER L, NEVES M, et al., 2017. Deep learning with word embeddings improves biomedical named entity recognition. Bioinformatics, 33(14): 37-48.

HAMMOUD B, FAOUR G, AYAD H, et al., 2018. Performance analysis of detector algorithms using drone-based radar systems for oil spill detection//FAOUR G, AYAD H. International Electronic Conference on Remote Sensing. Shanghai: Multidiscipline Digital Public Institution Proceedings, 2(7): 370.

HERRERA A A, BANNER L R, NAGAYA N, 2008. Recognition of Chinese organization name based on role tagging. International Conference on Computer Processing of Oriental Languages, China Chinese Character Information Society: 85-99.

KWAN M M, BALASUBRAMANIAN P, 2003. Knowledge Scope: Managing knowledge in context. Decision Support Systems, 35(4): 467-486.

LEE C S, KAO Y F, KUO Y H, et al., 2007. Automated ontology construction for unstructured text documents. Data & Knowledge Engineering, 60(3): 547-566.

MAIO C D, FENZA G, GAETA M, et al., 2011. A knowledge-based framework for emergency DSS. Knowledge-Based Systems, 24(8), 1372-1379.

MERVIN R, MURUGESH S, JAYA A, 2016. Ontology construction for explicit description of domain knowledge. International Conference on Innovation Information in Computing Technologies, IEEE: 1-6.

MILLIE M, BALASUBRAMANIAN P, 2003. Knowledgescope: Managing knowledge in context, 35: 467-486.

NICOLA G, 1997. Semantic matching: Formal ontological distinctions for information organization, extraction, and integration// International Summer School on Information Extraction. Berlin: Springer: 139-170.

PAN S J, TOH Z, JIAN S U, 2013. Transfer joint embedding for cross-domain named entity recognition. ACM Transactions on Information Systems, 31(2): 7.

THOMAS R G, 1995. Toward principles for the design of ontologies used for knowledge sharing. International Journal of Human-Computer Studies, 43(5-6): 907-928.

WANG W L, HUANG M, WANG Y, 2014. Construction of XBRL semantic metamodel and knowledge base based on ontology. 2014 International Conference on Computers and Information Processing Technologies: 3253.

WANG X H, LI L, BAO X, et al., 2009. Economic cost of an algae bloom cleanup in China's 2008 Olympic sailing venue. Transactions American Geophysical Union, 90(28): 238.

ZHANG K, FEI Q, 2010. Co-construction of ontology-based knowledge base through the web: Theory and practice. International Conference on Natural Language Processing and Knowledge Engineering, IEEE: 1-6.

第8章　海洋环境安全保障信息产品制作

8.1　海洋环境安全保障信息产品分类分级

为维护海洋环境安全和科学应对海洋环境安全事件而制作的信息保障服务型产品，统称为海洋环境安全保障信息产品，产品形式主要包括专题图件、数据报表和方案报告等。海洋环境安全保障信息产品可以为应急保障提供支撑，是构建海洋环境安全保障平台必不可少的部分。针对风暴潮、溢油等海洋环境安全事件，我国目前已建立了不同级别的应急响应机制。对于不同的海洋环境安全事件，国家及地方的应急响应流程基本都包括形势预判、行政部署、应急响应启动、灾害预警、应急组织与处置、灾后评估等，同时贯穿应急响应工作的还包括观测监测、数据传输、预警报发布、信息公开等（曲探宙，2016），其中涉及多种海洋环境安全保障信息产品，包括但不限于海洋气象观监测、卫星遥感等数据产品，海洋环境预测预报、海洋环境安全事件历史分析等分析产品，应急工作报告、应急处置方案等应急处置产品等。随着对海洋环境安全事件认识的深入、海洋环境安全保障平台的建设，以及海洋环境安全保障大数据技术、海洋环境安全事件情景推演技术等的发展，海洋环境安全保障信息产品的范围将会进一步扩展（程骏超 等，2017）。

本节对海洋环境安全保障信息产品的分类分级体系进行研究，考虑不同层级的用户需求，分析海洋环境安全应急保障要求，以期系统地管理平台所涵盖产品，规范平台产品分类分级、编码存档、应用服务等流程，提高平台服务效率与质量，建立科学完善的产品体系，更好地服务于海洋环境安全应急保障需求（蔡振君 等，2013；何广顺，2008）。

8.1.1　产品分类

海洋环境安全保障信息产品分类遵循一定的分类原则和方法，将各类产品按照特定的结构体系和排列顺序分门别类地划分为小的集合，使得每个产品都能在海洋环境安全保障信息产品体系中有对应的位置。

1. 分类原则

考虑海洋环境安全事件应急处置的需求，海洋环境安全保障信息产品体系分类应考虑以下原则。

（1）分类体系科学。海洋环境安全保障信息产品类别的划分和界定符合海洋环境安全事件应急保障的客观现实，满足海洋环境安全事件应急处置的全流程需求，分类体系科学完整。

（2）分类结构清晰。海洋环境安全保障信息产品分类体系结构清晰，能够反映不同类别产品的内在特性与联系。

（3）分类适用广泛。海洋环境安全保障信息产品分类的规则具有广泛的适用性，产品分类体系范围覆盖海洋环境安全保障平台所应用的各种产品。

（4）简洁易操作。海洋环境安全保障信息产品类别的设置和划分简洁明确、易于操作，能够被各类用户和各项应急保障接受和使用。

（5）兼容可扩展。海洋环境安全保障信息产品分类规则的制订涵盖当前应用的海洋环境安全保障信息产品类型，同时兼容未来一定时期出现新产品和新类别的可能性，具有可扩展性，能够与现行海洋环境安全保障信息产品相关分类规则建立明确的映射关系，便于与其他平台分类方案接轨。

2. 分类方法

本小节对海洋环境安全保障信息产品的分类参考了较为成熟的信息分类方法。常见的信息分类方法有层次分类法［也称线分类法，图 8.1（a）］、平行分类法［也称面分类法，图 8.1（b）］和混合分类法（冷伏海，2003）。

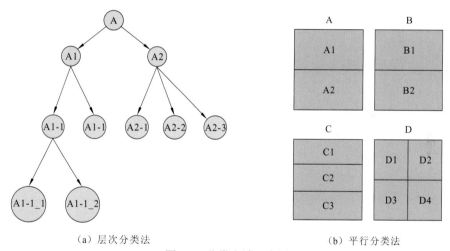

（a）层次分类法　　　　　　　　　　　　（b）平行分类法

图 8.1　分类方法示意图

层次分类法将要分类的对象按其属性、特征或特定规则等逐层地分成相应的若干层类目，并排列成一个有层次的、逐级展开的分类体系（陆彦婷 等，2013）。这种分类体系中，上下级类目存在隶属关系，同级类目为并列关系且不交叉重复。平行分类法是将要分类对象的属性特征视为相互独立的"面"，每个"面"又可分为相互独立的若干个类目，各面为平行关系，不同面内的类目没有交叉与重复，分类时可以根据需要将不同面的类目进行组合形成复合类目（周荣庭 等，2006）。

上述两种分类方法各有优缺点：层次分类法简单实用，但要求类目隶属关系清晰；平行分类法适用于较为复杂的系统或对象，但不能较好地反映具体问题的层次关系（陈卉 等，2006）。海洋环境安全保障信息产品可根据事件类型、产品形式、用途等多种方式进行分类。综合海洋环境安全事件应急保障需求、安全保障产品特性及系统管理支撑等实际要求，选取层次分类法和平行分类法相结合的方法对海洋环境安全保障信息产品进行分类。其中，隶属关系明确的大类和中类采用层次分类法，小类则采用平行分类法。具体分三个层级进行产品分类：第一层分类按照海洋环境安全事件应急处置的流程进行划分，第二层分类按照产品应用服务类型进行划分，第三层根据产品包含的具体要素特征进行划分。

3. 分类体系

根据海洋环境安全保障信息产品分类原则和平台产品应用服务特性，按照阶梯形分类方法对产品进行分类，分类体系由大类、中类和小类组成。海洋环境安全保障信息产品分类体系基本框架如图 8.2 所示，共分为 4 个大类、13 个中类。

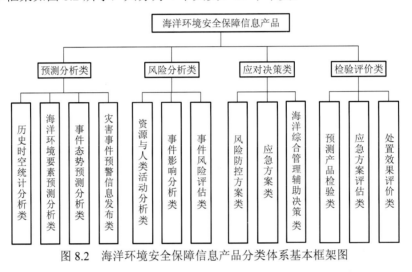

图 8.2　海洋环境安全保障信息产品分类体系基本框架图

4. 预测分析类产品

预测分析类产品是利用统计分析与预估、数值预测模型等方法对海洋环境安全事件的发生、发展进行预测所获得的成果类产品，用于对海洋环境安全事件进行分析并据此制订相应的应急调度及应对方案，分为 4 个亚类和 13 个小类。预测分析类产品分类见表 8.1。

表 8.1　预测分析类产品分类表

大类	亚类	小类
预测分析类产品	历史时空统计分析类产品	海洋环境要素统计产品
		历史灾情统计产品
	海洋环境要素预测分析类产品	气象动力条件预测产品
		海洋水文要素预测产品
		海洋生物要素预测产品
		海洋化学要素预测产品
	事件态势预测分析类产品	路径趋势预测产品
		范围变化预测产品
		舆情分析产品

大类	亚类	小类
预测分析类产品	灾害事件预警信息发布类产品	海洋动力灾害预警信息发布产品
		海洋生态灾害预警信息发布产品
		海上突发事件信息发布产品
		海洋权益维护对策产品

1）历史时空统计分析类产品

历史时空统计分析类产品，是对历史事件发生情况和影响范围进行统计分析形成的产品，分为 2 个小类：海洋环境要素统计产品，主要包括水文气象和海洋生态化学等要素的时空统计分析；历史灾情统计产品，主要包括影响区域和范围、人员伤亡、经济损失等时空特征统计分析。

2）海洋环境要素预测分析类产品

利用气象模式、海洋模式等数值模型及有关的统计模型对海洋环境安全事件发生前后的海洋水文气象和海洋生物化学要素进行预测和预报，得到海洋环境要素预测分析类产品，分为 4 个小类：气象动力条件预测产品，主要包括风场、气压、热带气旋、高空天气团等要素预测；海洋水文要素预测产品，主要包括浪、潮、流、增水、温度、盐度等要素预测；海洋生物要素预测产品，主要包括浮游植物、浮游动物、底栖动物等海洋生物要素预测；海洋化学要素预测产品，主要包括水质、溶解氧、化学需氧量、营养盐等要素预测。

3）事件态势预测分析类产品

针对海洋环境安全事件，利用不同手段对相关要素的发展路径、范围变化及其可能涉及的事件态势进行预测分析，得到事件态势预测分析类产品，分为 3 个小类：路径趋势预测产品，主要包括藻类、油膜、船只漂移及台风等要素的路径预测；范围变化预测产品，主要包括藻类、油膜、海冰等要素的变化范围及扩散趋势等的预测；舆情分析产品，主要包括事件前后国内外主流媒体、自媒体、社交网络等舆情预测与分析。

4）灾害事件预警信息发布类产品

结合海洋环境基础预报数据和分析研判结果对海洋环境安全灾害事件进行提前预警信息发布及事件通报，得到灾害事件预警信息发布类产品，分为 4 个小类：海洋动力灾害预警信息发布产品，主要包括风暴潮、海浪、海冰等灾害事件的预警信息发布；海洋生态灾害预警信息发布产品，主要包括浒苔、赤潮、水母等灾害事件的预警信息发布；海上突发事件信息发布产品，主要包括溢油、船舶事故、人员搜救等事件的信息发布；海洋权益维护对策产品，主要包括涉海权益冲突与争端事件的信息发布。

5. 风险分析类产品

风险分析类产品是综合考虑各类承灾体，分析海洋环境安全事件对社会经济、资源、基础设施、生态环境等造成的影响和风险状况所形成的成果类产品，为应急保障服务提供基础信息，并支撑海洋综合管理，分为 3 个亚类和 12 个小类。风险分析类产品分类见表 8.2。

表 8.2　风险分析类产品分类表

大类	亚类	小类
风险分析类产品	资源与人类活动分析类产品	空间资源分析产品
		海洋资源分析产品
		海上活动分析产品
	事件影响分析类产品	人口经济影响评估产品
		基础设施影响评估产品
		生态环境影响评估产品
		社会舆论影响评估产品
	事件风险评估类产品	事件危险性评估产品
		承灾体脆弱性评估产品
		应急处置能力评估产品
		情景推演分析产品
		综合风险评估产品

1）资源与人类活动分析类产品

对海洋环境安全事件影响和潜在影响范围内的空间资源、海洋资源和人类活动进行分析，得到资源与人类活动分析类产品，分为 3 个小类：空间资源分析产品，主要包括事件影响海域内的海域使用、岛礁归属、海洋划界等海洋综合管理与海洋权益维护相关情况分析；海洋资源分析产品，主要包括海洋渔业资源、油气资源、海底矿产等资源分析；海上活动分析产品，主要包括航行、捕捞、科考、旅游等人类活动与作业的相关分析。

2）事件影响分析类产品

海洋环境安全事件发生后，对事件影响状况进行综合分析，主要包括影响人口、基础设施、生态环境等，并分析时间造成的舆论等，得到事件影响评估类产品，分为 4 个小类：人口经济影响评估产品，主要包括海洋环境安全事件影响的人员情况、直接和间接经济损失情况评估；基础设施影响评估产品，主要包括统计海洋环境安全事件影响范围内基础设施、海上构筑物等受损情况评估；生态环境影响评估产品，主要包括海洋环境安全事件对当地生态环境、动植物造成的影响评估；社会舆论影响评估产品，主要包括海洋环境安全事件引发的国内外社会舆论、群体事件等的影响评估。

3）事件风险评估类产品

事件风险评估类产品是对海洋环境安全事件影响范围内可能受到影响或破坏的人员、工程、基础设施进行相应的脆弱性和风险评估所得到的产品，分为 5 个小类：事件危险性评估产品，主要通过海洋环境安全事件的程度、影响范围和影响时间等分析事件的危险性评估结果；承灾体脆弱性评估产品，主要包括灾害事件影响下船舶、路桥、房屋、沙滩、渔场、油气平台、堤防等公共基础设施、海洋工程类承灾体脆弱性评估；应急处置能力评估产品，主要包括可参与事件应急处置的人员、财物、设施设备、处置案例及专家等应急处置与保障能力评估；情景推演分析产品，主要通过情景推演、事件链分析对事件发生后可能引发的次生衍生灾害；综合风险评估产品，综合考虑事件危险性、承灾体脆弱性、应急处置能力和次生衍生灾害分析评估的结果，形成事件影响范围内不同区域的综合风险评估产品。

6．应对决策类产品

应对决策类产品是以现场观测数据、观测预测结论、案例库、方案库等为基础，综合研判与分析海洋环境安全事件，全面统筹应急救援资源制订的海洋环境安全事件风险防控方案、应急方案等产品，用于指导海洋环境安全事件的应对与处置，分为 3 个亚类和 14 个小类。应急决策类产品分类见表 8.3。

表 8.3　应对决策类产品分类表

大类	亚类	小类
应对决策类产品	风险防控方案类产品	风险防控指挥方案产品
		风险防控处置方案产品
		风险防控保障方案产品
	应急方案类产品	应急指挥方案产品
		监测监控方案产品
		疏散撤离方案产品
		应急救援方案产品
		应急保障方案产品
		舆情应对方案产品
		协同会商方案产品
		应急信息分析产品
		危机应对方案产品
	海洋综合管理辅助决策类产品	海洋主体功能区选划决策类产品
		海域使用影响决策类产品

1）风险防控方案类产品

海洋环境安全事件发生前，结合预测分析类产品对可能受影响的海域和陆域发布预警报信息、提前布防以减轻风险，其中涉及的信息、方案等为风险防控方案类产品。风险防控方案类产品分为 3 个小类：风险防控指挥方案产品，是根据事件综合风险评估结果（风险类型、风险等级等），确定风险防控指挥部的组成及各参与单位任务分工；风险防控处置方案产品，是根据综合风险评估结果，制订不同区域、不同层级的风险防控与处置具体措施；风险防控保障方案产品，是根据风险防控处置方案，确定所需应急物资、装备、队伍等应急资源的类型、数量、来源等。

2）应急方案类产品

海洋环境安全事件发生后，相关部门需要采取相应的应急处置，包括安排监测监控、组织疏散撤离、开展救援安置，并及时发布新闻消息等，主要为应急方案类产品。应急方案类产品分为 9 个小类：应急指挥方案产品，是根据事件类型与等级，确定应急指挥部的组成及各参与单位任务分工；监测监控方案产品，是利用车、船、飞机、卫星等手段对灾害事件进行实时监测、监控的行动方案；疏散撤离方案产品，是海洋环境安全事件影响区域内人员、船舶、装备的疏散与撤离；应急救援方案产品，是海洋环境安全事件发生过程中的应急处置及救援措施等；应急保障方案产品，是根据应急救援方案，确定所需应急物资、装备、队伍等应急资源的类型、数量、来源等；舆情应对方案产品，主要包括确定网络、自媒体等社交信息发布内容、发布时间、发布方式等；协同会商方案产品，主要包括各级领导、各级涉海单位会商的时间、地点、内容、形式等；应急信息分析产品，是实时汇总各单位应急救援行动信息、现场监测信息、应急需求信息，形成的分析报告；危机应对方案产品，是对可能发生的海洋环境安全危机进行研判、分析并确定应对措施。

3）海洋综合管理辅助决策类产品

海洋综合管理辅助决策类产品分析各类海洋环境安全事件对我国海洋综合管理的影响，为主体功能区选划、海域使用等提供决策支撑。海洋综合管理辅助决策类产品分为 2 个小类：海洋主体功能区选划决策类产品，主要包括区域内风暴潮与溢油等海洋环境安全事件发生对海洋主要功能区的影响评估与分析；海域使用影响决策类产品，主要包括海洋环境安全事件和灾害风险对项目用海所在海域资源环境及开发活动的影响评估与分析。

7. 检验评价类产品

检验评价类产品是对海洋环境安全预测分析类产品和应急决策类产品进行评估所产生的成果类产品，包括对预测产品准确性、应急处置合理性、处置完成情况及效果等进行综合评价，并形成报告类产品用以进行平台应急保障服务的改进与完善，分为 3 个亚类和 10 个小类。检验评价类产品分类见表8.4。

表 8.4　检验评价类产品分类表

大类	亚类	小类
检验评价类产品	预测产品检验类产品	预测准确性检验产品
		预测时效性检验产品
		预测一致性检验产品
	应急方案评估类产品	应急可行性评估产品
		应急充分性评估产品
		应急完整性评估产品
		应急时效性评估产品
		应急经济性评估产品
	处置效果评价类产品	处置效率评价产品
		处置成本评价产品

1）预测产品检验类产品

对海洋环境安全事件应急处理中采用的预测产品进行评价检验，得到预测产品检验类产品，分为 3 个小类：预测准确性检验产品，主要是将预测、预报产品与观测数据进行对比，计算其误差评价准确性；预测时效性检验产品，主要对预测预报产品的发布频率、在灾害事件应对过程中的应用时效进行检验；预测一致性检验产品，是对不同来源的预测预报产品进行横向比较。

2）应急方案评估类产品

海洋环境安全事件发生后，对应急方案进行方案执行前的评估与比选，得到应急方案评估类产品，分为 5 个小类：应急可行性评估产品，主要包括应急措施及方案在海洋环境安全事件处置过程中的可操作性评估；应急充分性评估产品，主要包括海洋环境安全事件发生、发展等各类情景的充分性评估；应急完整性评估产品，主要包括海洋环境安全事件应急处置的各类对象群体的完整性评估；应急时效性评估产品，主要包括应急处置过程中救援速度、灾情通报响应事件等评价；应急经济性评估产品，主要包括应急方案的人力、物力、财力投入评估。

3）处置效果评价类产品

处置效果评价类产品是在海洋环境安全事件处置结束后，对事件处置的效果，包括应急处置效率、处置成本、处置效果等进行综合评价形成的相关产品，分为 2 个小类：处置效率评价产品，评价所采取的应急方案是否达到预期处置效果；处置成本评价产品，综合评价事件处置的人、财、物投入情况。

8. 信息产品类别编码

海洋环境安全保障信息产品分类编码应符合以下原则。

（1）唯一性。每一个不同的编码对象有且仅有唯一编码。

（2）可扩展性。编码具有增加新类目的空间，为修订和补充提供可能性。

（3）简明性。在保证关键信息不缺失的前提下，尽可能缩短编码长度。

（4）可识别性。能够清晰反映数据的分类及属性，易于了解和记忆。

海洋环境安全保障信息产品分类编码采用英文字母与数字相结合的方式标识，由6位组成：第1~2位是大类码，采用大写英文字母标示；第3~4位是亚类码，第5~6位是小类码，采用数字编码。分类编码规则如图8.3所示，部分类别编码样例见表8.5。

图 8.3　海洋环境安全保障信息产品分类编码规则

表 8.5　海洋环境安全保障信息产品各类别编码样例

大类	亚类	小类	类目名称	联合码
YC			预测分析类产品	YC
	01		历史时空统计分析类产品	YC01
		01	海洋环境要素统计产品	YC0101
			……	……
FX			风险分析类产品	FX
	01		资源与人类活动分析类产品	FX01
		01	空间资源分析产品	FX0101
			……	……
YD			应对决策类产品	YD
	01		风险防控方案类产品	YD01
		01	风险防控指挥方案产品	YD0101
			……	……
JY			检验评价类产品	JY
	01		预测产品检验类产品	JY01
		01	预测准确性检验产品	JY0101
			……	……

8.1.2 产品分级

1. 分级原则

综合海洋环境安全保障平台应用需求，海洋环境安全保障信息产品分级应符合以下原则。

（1）体系科学。产品级别的界定与划分符合海洋环境安全保障平台事件和应急分级需求，具备科学性和完备性。

（2）结构清晰。分级体系结构清晰明了，级别清楚有区分，同时能够反映不同级别产品的关联与区别。

（3）适用广泛。分级具有广泛的适用性，分级的体系范围覆盖海洋环境安全保障平台所应用的各种产品，并且满足各类海洋环境安全事件应急的需求及平台应用。

（4）简洁易操作。级别的设置和划分简洁明确，能被各级用户和各项应急保障接受和使用，且易于在平台中应用。

（5）兼容可扩展。分级原则的制订首先考虑目前应用广泛、标准化程度高的海洋环境安全保障信息产品，同时还应该考虑未来一定时期内出现的新产品和新级别的可能性，具有可扩展性。能够与现行海洋环境安全保障信息产品相关分级规则建立明确的映射关系，便于与其他平台分级方案接轨，具有兼容性。

2. 分级体系

根据海洋环境安全事件的影响范围和海洋环境安全保障信息产品服务对象的层级，将产品划分为国家、海区、省、市、区县 5 个级别。

（1）国家级产品。产品相关海洋环境安全事件涉及的影响范围为全国沿海及近海海域，总体满足国家层级应急需求。

（2）海区级产品。产品相关海洋环境安全事件涉及的影响范围为某一海区海域，服务于海区辖内各级单位协同应急需求。

（3）省级产品。产品相关海洋环境安全事件涉及的影响范围为沿海省（自治区、直辖市）等行政区域海域，服务于省（自治区、直辖市）辖内各级单位协同应急需求。

（4）市级产品。产品相关海洋环境安全事件涉及的影响范围为沿海地级市、计划单列市等行政区域海域，服务于市辖内各级单位协同应急需求。

（5）区县级产品。产品相关海洋环境安全事件涉及的影响范围为沿海区县级行政区域海域，服务于区县辖内各级单位协同应急需求。

3. 分级标识

为便于海洋环境安全事件应急保障应用，对产品级别进行分级标识，以简化其应用流程，其中行政级别标识采用各行政级英文名称的大写字母缩写，具体分级标识见表 8.6。

表 8.6 海洋环境安全保障信息产品分级标识

行政分级	国家级	海区级	省级	市级	区县级
标识	NA	SE	PR	CI	CO

8.2 海洋环境安全保障信息产品服务模式

基于我国境内常见、多发、影响广泛的海洋环境安全事件，针对海洋环境安全保障平台服务需求，分析海洋环境安全保障信息产品的服务对象、服务区域、决策层级，形成产品应用服务体系架构，研究不同终端发布方式，构建产品制作、更新、审核、发布、共享和交互、归档备查等机制，构建海洋环境安全保障多层次产品应用服务模式，为国家海洋环境安全保障提供支撑（王辉等，2016；方长芳等，2013；徐鹏，2013）。

8.2.1 服务对象

梳理和调研国内海洋环境安全事件应急涉及的相关单位、组织与群体，并对其职能、业务、分工等进行总结，具体包括自然资源部、应急管理部、生态环境部、交通运输部、沿海省市地方政府、大型涉海企事业单位、社会公众等。

1. 自然资源部

自然资源部与海洋环境安全相关的主要职责包括：开展海洋生态预警监测、灾害预防、风险评估和隐患排查治理，发布警报和公报；参与重大海洋灾害应急处置；负责利用全国海洋环境监视和监测网络，开展应急监测，并负责汇总相关单位的各类信息，并对发展趋势进行预测。

2. 应急管理部

应急管理部在应对自然灾害过程中的主要职责包括：组织编制各类专项预案，并按照预案组织开展演练；组织协调重大灾害应急救援工作，并按权限作出决定；承担国家应对特别重大灾害指挥部工作，协助党中央、国务院指定的负责同志组织特别重大灾害应急处置工作；会同有关部门建立统一的应急管理信息平台，建立监测预警和灾情报告制度，健全自然灾害信息资源获取和共享机制，依法统一发布灾情；开展多灾种和灾害综合监测预警，指导开展自然灾害综合风险评估。

3. 生态环境部

生态环境部与海洋环境安全相关的主要职责包括：负责重大生态环境问题的统筹协调和监督管理，牵头协调重特大环境污染事故和生态破坏事件的调查处理，统筹协调国家重点区域、流域、海域生态环境保护工作；负责环境污染防治的监督管理，制定海洋污染防治管理制度并监督实施；负责海洋生态环境监测工作。

4. 交通运输部

交通运输部与海洋环境安全相关的主要职责包括：负责管理水域水上交通安全事故、船舶及相关水上设施污染事故的应急处置，依法组织或参与事故调查处理工作，指导地方水上交通安全监管工作；牵头组织编制国家重大海上溢油应急处置预案并组织实施，承担组织、协调、指挥重大海上溢油应急处置等有关工作。

5. 沿海省（自治区、直辖市）人民政府

我国的沿海省（自治区）自北向南有辽宁省、河北省、山东省、江苏省、浙江省、福建省、台湾省、广东省、广西壮族自治区、海南省。沿海直辖市有天津市、上海市。根据《国家突发公共事件总体应急预案》，各类突发事件的领导和管理依据属地管理的原则，在各级党委领导下，实行行政领导责任制。根据属地原则，地方人民政府拥有社会公共服务的职责，负责保护生态环境和自然资源，即政府通过各种手段，对环境恶化、自然资源破坏等状况进行恢复、治理、监督、控制，从而促进经济的可持续发展。在应对突发事件时，地方各级人民政府是本行政区域突发公共事件应急管理工作的行政领导机构，总体负责本行政区域各类突发公共事件的应对工作。

6. 大型涉海企业单位

当涉事大型企业单位研判自身行为可能对海洋环境安全造成损害或已造成损害时，应按照各企业的相关应急预案启动应急响应，并按照预案要求开展应急处置；当事件发生后，应按照预案要求，立刻将事故信息向上级主管部门以电话或传真的形式报告，并于规定时间内补充提交事故情况报告。海洋环境安全保障信息产品对企业的业务支撑及服务包括：研判可能发生的海洋环境安全事件，向可能受到影响的大型企业单位推送海洋环境安全事件信息；提供海洋环境安全事件的历史案例、预案、法律、法规、条例、知识等，辅助各大型企业单位在事件发生时，研判是否需要启动应急响应，以及如何开展先期处置等。

7. 社会公众

海洋环境安全保障信息产品服务于社会公众，为群众和志愿者等及时发现并上报海洋环境安全事件信息、获取海洋相关管理部门发布的信息提供数据支撑服务，具体包括：向社会公众提供海洋环境安全事件信息、权威预警报部门发布的事件预警报等；向社会公众和志愿者等提供海洋环境安全事件现场图片、视频、语音、文字等相关信息，为社会公众灾情上报、求助救援等提供服务支撑。

8.2.2　服务场景

海洋环境安全保障信息产品面向不同场景需求，通过海洋环境安全保障平台提供相应的信息产品服务。根据具体应用范围的不同，服务场景可分为领导指挥场景、值班值守场景、现场处置场景和移动应用场景。

1. 领导指挥场景

在领导指挥场景下，平台依托指挥大厅大屏分别针对常态（日常管理）、非常态（应急）两大应用场景提供不同的业务功能。

在常态（日常管理）应用场景下，平台提供海洋环境安全总体态势情况展示，如海洋环境观/监测数据、海洋预测预报信息、海岛管理信息、海域管理信息等海洋环境安全相关

信息的可视化统计和展示，为领导在指挥大厅全面、快速、直观掌握当前海洋环境安全总体情况，及时进行相关工作部署提供支撑。

在非常态（应急）应用场景下，平台基于"海洋环境安全保障一张图"提供针对当前事件的态势分析功能，如针对溢油事件分析事发地周边危化品企业、海上石油平台、海底输油管线的分布情况等。在海洋环境安全事件发生后，领导可通过平台在指挥大厅与涉海部门、沿海省市、事发现场等各事件处置相关单位进行基于地图的多方协同会商及音视频会商；在海洋环境安全事件发生后，结合平台数据库，可针对当前事件生成应急处置方案，为事件的应急处置、应急保障提供信息化支撑，辅助领导进行相关决策和指挥工作。

平台配备两套不同的系统模式包括：指挥大厅模式和移动指挥模式。指挥大厅模式满足相关领导进行海洋环境安全事件应对指挥的需要。该模式根据指挥中心大屏尺寸进行定制，并构建海洋环境安全事件专题，实现事态信息的综合展示，提供全面的信息辅助决策支持。移动指挥模式可满足领导出差过程中，随时了解海洋环境安全事件态势和处置进展的需要，支持移动应用，可查看事件最新进展，调阅现场图像，与应急相关人员开展应急会商等。

2. 值班值守场景

海洋环境安全保障涉及多部门、多层级单位的值班值守工作。在值班值守过程中，主要涉及灾害信息接报、信息处理、分析研判、预报预警、辅助决策等，主要分为常态和应急两种情况。

在常态情况下，海洋环境安全保障平台的值班值守模式提供海洋环境安全总体态势展示，可开展海洋环境安全的日常管理工作。针对海洋业务司局相关单位和各海区的值班人员，值班值守模式提供多种数据的监测、预警、预报和综合研判，包括海洋环境安全信息的管理、维护统计、管理报告，定期发布预测、预报产品，查看海洋环境安全相关观测、监测、预测、预报结果，查看涉海部门和沿海省市海洋环境安全相关信息，开展海洋环境安全综合风险分析评估等。针对各沿海省市和各涉海部门的值班人员，值班值守模式可通过平台推送本海区的日常海洋环境安全管理信息，并随时查看涉海部门和沿海省市海洋环境安全相关信息。

在应急模式下，针对海洋业务司局相关单位的值班人员，国家海洋环境安全保障平台的值班值守模式可推送事件报告、事件态势，发送现场图像，并开展现场应急会商。值班值守模式支持：接收、查阅下级上报的事件信息、需求信息、灾损信息，接收、查阅下级上报的报告；审核接收的信息，如要求上报单位进一步上报信息、转发给其他单位等，查看互联网上关于此事件的信息情况，包括网页、社交媒体，查阅本事件相关历史案例、知识、法律法规，根据值班领导研判，进行事件上报。针对各海区的值班人员，值班值守模式能够实现事件协同应对，获取现场信息，研判分析事件等级、标定事件影响范围，汇总和维护周边情况信息，生成事件态势报告，发布事件相关预测预报和风险分析评估结果。针对各沿海省市和各涉海部门的值班人员，值班值守模式可以获取事件发展趋势预测及风险评估结果，参与应急会商，推送本部门掌握的信息。

3. 现场处置场景

现场处置模式主要应用于非常态（应急时）应用场景，为现场指挥部指挥人员进行相关指挥工作提供信息化支撑。

在现场处置模式下，平台提供事发现场多类信息的汇聚功能，包括汇聚监测、预报信息、现场传送图片及视频信息等；提供通信调度功能，辅助现场指挥人员进行资源协调调度、任务指令下发等工作；提供在事件处置时，与指挥大厅、事件现场、相关处置单位进行基于地图的多方协同会商及音视频会商，辅助现场指挥部进行前后方应急联动；提供查看灾害应急预案、案例、知识查看，以辅助开展应急处置工作。

现场处置场景为应急指挥、现场处置人员的现场工作提供信息和技术支撑，共有两种应用，一种是手机 App 在 3G/4G 通信环境下的应用；一种是现场应急系统在 3G/4G 通信环境下的应用，也可通过卫星通信满足海上应急需要。

4. 移动应用场景

移动应用场景主要应用于非常态（应急）应用场景，为现场人员开展日常海洋灾害监测观测，以及非常态下现场应急处置、应急联动等工作提供信息化支撑。

在移动应用场景下，平台提供日常监视监测/观测信息的上传、存储，为海洋灾害预报预警提供数据支撑；提供与后方指挥大厅/现场指挥部的现场信息回传、即时通信、在线协同会商功能，实现双向的快速信息互通，方便指挥中心了解现场实时情况，以辅助领导决策；提供现场人员获取后方指挥大厅/现场指挥部下达的应急决策、领导指示，即时反馈任务执行情况的功能，提高任务指令下发效率和任务执行进度动态跟踪效率；提供事故现场与指挥中心的应急联动功能，将现场调度与后方调度相结合，形成前后一体化的应急机制。

8.2.3　服务流程

海洋动力灾害、海洋生态灾害、海上突发事件三大类海洋环境安全保障信息产品应用服务流程相似，本小节主要从产品制作、产品审核、产品发布、产品交互、产品归档等方面进行阐述。

1. 产品制作

结合产品分类分级标准规范及应用服务体系架构，按照不同类别、不同级别对海洋环境安全预测、决策、评估和影响分析产品制订产品制作机制，主要明确产品制作所需数据、基础产品、制作工具/软件等。结合产品分类分级标准规范及应用服务体系架构，按照不同类别、不同级别对海洋环境安全保障信息产品更新机制的建立，主要明确产品更新内容、更新频率等关键信息。

2. 产品审核

建立产品审核机制，对重要、重大海洋环境安全事件，由具有丰富经验和扎实功底的专业人员对产品进行内容审核，由熟悉标准规范的专业人员对产品进行标准审核，从而确保产品的准确性、规范化。

3. 产品发布

结合产品服务对象和服务区域，制订产品发布机制，明确不同事件类别、等级及不同服务对象与区域所需要产品的发布方式、途径、频率等。结合产品应用服务体系构架和产品服务机制，根据不同服务对象的特点，研究通过不同的终端发布相应类别和等级的应用服务产品，建立产品发布与服务模式。

决策用户需要的决策产品包括应急预案、沿海区域疏散撤退方案等，通过传真、专线、专网等即时性通信工具进行发布和传输，以保证其时效性和准确性。媒体用户需要的预测产品及决策产品包括灾害影响范围、强度等级等，以互联网、手机通信等方式进行发布和传输。行业用户需要的预测产品和决策产品，包括风险一张图、事件态势图等，以专线、传真等方式进行发布和传输。社会公众需要的决策产品，可通过互联网、手机通信、广播、报纸等多种方式进行发布和传输。通过传真、互联网等方式向防潮主管部门发布的风暴潮预报、警报和紧急警报称为专业预报。通过广播、电视等媒体向公众发布的预报、警报和紧急警报称为公众预报，公众预报要求文字通俗易懂、图文并茂。

4. 共享交互

建立产品共享交互机制，以海洋环境安全保障平台为枢纽，明确不同用户之间共享产品的范围，构建上传、下载交互窗口，及时接收用户反馈意见，形成信息交互。

5. 产品归档

建立产品归档备查机制，对所有海洋环境安全保障信息产品都要定期、按时归档备案，并制订相应的查询、检索方案，便于服务对象实时查询。归档资料包括并不限于各灾害事件应对过程中产生的预测分析类产品、应急决策类产品、评价检验类产品和影响分析类产品。

8.3 典型海洋环境安全保障信息产品制作

海洋动力灾害、海洋生态灾害、海上突发事件等不同类型的海洋环境安全保障信息产品，对应着不同的产品服务机制（仇天宇 等，2019；魏泉苗 等，2003）。风暴潮、海浪、海啸、海冰、浒苔、赤潮、溢油、搜救、危化品泄漏等不同灾害或事件，其产品内容、制作方法、服务对象和服务方式也都不尽相同（黄彬 等，2017；曾银东，2017；严云杰 等，2015；尹晓林 等，2015；张世民 等，2013）。本节以风暴潮、浒苔和溢油三类不同海洋灾害或事件为例，介绍海洋环境安全保障信息产品的服务模式。

8.3.1 风暴潮灾害产品

根据海洋环境安全保障信息产品的服务对象和服务范围，结合风暴潮灾害事件发生的强度、影响范围与承灾体状况，构建风暴潮灾害信息产品制作、更新、发布流程和机制，明确各类风暴潮灾害信息产品的服务模式。

1. 产品需求

风暴潮灾害信息产品主要用户为国家和地方自然资源（海洋）管理部门和应急管理部门，以及相关业务单位，对风暴潮产品的主要需求梳理如下。

（1）风暴潮灾害数据汇聚展示。在风暴潮灾害发生前后，汇聚、管理和展示相关数据信息，包括基本信息、发生地海洋环境信息、周边敏感目标等，为决策人员掌握灾害的总体态势提供数据和技术支撑。

（2）灾害发展研判分析和风险评估。综合各业务部门对风暴潮灾害的发展预测和分析研判信息，基于海洋环境观/监测数据，研判发展趋势；提供承灾体信息、敏感目标信息、承灾体敏感属性、区域应急能力等信息；对风暴潮开展静态风险评估（区划）和动态风险评估（影响），为管理部门开展灾害风险防控提供数据和技术支撑。

（3）应急辅助决策支持。依据风暴潮灾害的发展趋势和分析研判结果，结合应急资源数据、应急队伍数据，以及历史案例、预案、法律、法规和条例等，形成应急辅助决策方案，为决策人员提供辅助决策建议。

2. 产品内容

风暴潮灾害信息产品主要包括风暴潮预报预警一张图、风暴潮风险防控一张图、风暴潮应对决策一张图、风暴潮风险防控方案、风暴潮危机应对方案、风暴潮灾害舆情分析报告、风暴潮时空分布历史统计图、风暴潮风险区划一张图等，下面对各产品进行简要说明。

（1）风暴潮预报预警一张图为专题图件产品，主要展示台风路径、风暴潮增水和水位等预报预警信息，用于全面了解风暴潮灾害的基本状况。台风路径实时预报展示包括时间、强度、中心位置、风力风速、中心气压、移速移向、风圈半径等要素信息。风暴潮预警报展示我国近海增水和水位预测、台站水位和增水预测、各站警戒潮位等信息。

（2）风暴潮风险防控一张图为专题图件产品，主要展示风暴潮的影响范围、影响范围内的主要承灾体状况及风险评估结果，用于风险防控决策参考。根据淹没范围展示区域内的承灾体，承灾体可选择脆弱性程度较高的3～5类，如海堤、港口码头、机场、医院等，同时考虑当地海堤防护等级、超警戒水位情况。风险评估根据受灾区域（承灾体）的社会属性，主要考虑受灾区域的社会经济人口情况，是否为商业区、居民区和工业区，以及是否有危化品、石油化工等重要敏感目标。

（3）风暴潮应对决策一张图为专题图件产品，主要展示受灾区域内避灾点状况和应急疏散路径等，用于灾害应对决策。重点关注区域包括台风登陆位置所在区域、风暴增水大于1m岸段、超警戒潮位的台站所在区域、台风过境期间有大风强降雨影响的区域。受灾区域避灾信息包括避灾点位置、避灾点规模、可容纳居民人数、受灾区域交通道路分布、物资装备、转移路线等信息。

（4）风暴潮风险防控方案为报告类产品，是结合《海洋灾害应急预案》中风暴潮灾害防御应急工作机制，根据风暴潮发展的预测预报结果，拟定的风险及预期灾害应对措施与布防方案。方案包括风险概况、风暴潮预测预警、重点防控目标、应急能力、灾情风险评估和风险防控建议等内容。

（5）风暴潮危机应对方案为报告类产品，是当发生较重风暴潮灾害并可能对社会经济发展产生重大影响时，根据风暴潮灾情特点和风险预估结果，结合风暴潮灾害防御应急工作机制，重点针对主要防护目标提出的危机应对措施及建议。方案包括危机概况、重点防控目标、应对能力和危机应对建议等内容。

（6）风暴潮灾害舆情分析报告为报告类产品，是风暴潮灾害发生前后社会舆情调查与分析的结果，主要包括微博、微信、论坛等相关信息，用于政府职能部门了解舆论并做出响应。报告包括灾害概况、灾害发生前后社会舆论对此次灾害影响的舆情状况，以及针对本次灾害的影响和舆情关注重点提出的对策和建议。

（7）风暴潮时空分布历史统计图为专题图件产品，是利用历史灾害观测资料，综合分析全国海域内风暴潮的发生次数、影响区域范围等，制作的风暴潮灾害时空分布统计图，可为处置决策提供信息产品支撑。

（8）风暴潮风险区划一张图为专题图件产品，是利用历史灾情资料，综合全国海域内风暴潮的发生次数、社会影响、经济损失及承灾体等，制作的风暴潮灾害风险区划图，可为处置决策提供信息产品支撑。

3. 产品服务

根据风暴潮灾害信息产品的不同服务需求层级，产品服务分为应急服务和平时服务，风暴潮灾害产品的制作和更新发布要求见表 8.7。

表 8.7　风暴潮灾害产品制作和更新发布

产品名称	开始制作时间	结束制作时间	更新发布频率	产品格式
风暴潮预报预警一张图	台风到达 48 h 警戒线	台风登陆后	12 h	图片
风暴潮风险防控一张图	启动海洋灾害应急响应	海洋灾害应急响应解除	12 h	图片
风暴潮应对决策一张图	启动海洋灾害 I 级应急响应	海洋灾害 I 级应急响应解除	12 h	图片
风暴潮风险防控方案	启动海洋灾害应急响应	海洋灾害应急响应解除	12 h	doc 文档
风暴潮危机应对方案	启动海洋灾害 I 级应急响应	海洋灾害 I 级应急响应解除	12 h	doc 文档
风暴潮灾害舆情分析报告	启动海洋灾害应急响应	海洋灾害应急响应解除	24 h	doc 文档
风暴潮时空分布历史统计图	长期	长期	1 a	图片
风暴潮风险区划一张图	长期	长期	1 a	图片

在应急服务方面，当可能发生风暴潮灾害时，启动风暴潮灾害产品应急服务流程，具体分为灾前、灾中、灾后三个阶段。

（1）灾前。密切关注台风路径和强度变化，当台风到达 48 h 警戒线时，平台启动风暴潮预报预警一张图产品制作。产品服务于海洋预警监测管理部门及相关业务单位，每 12 h 更新发布一次。

（2）灾中。当启动风暴潮灾害应急响应后，平台启动风暴潮风险防控一张图、风暴潮风险防控方案、风暴潮灾害舆情分析报告等产品制作。产品服务于海洋预警监测管理部门、可能受灾害影响的沿海地方政府及相关业务单位，风险防控产品每 12 h 更新发布一次，舆情分析产品每 24 h 更新发布一次。

当应急响应等级达到 I 级后，平台启动风暴潮应对决策一张图、风暴潮危机应对方案等产品制作，每 12 h 更新发布一次。风险防控产品、应对决策产品、舆情分析产品等服务于应急管理部门、海洋预警监测管理部门、可能受灾害影响的沿海地方政府及相关业务单位。

（3）灾后。当台风登陆后，停止制作更新风暴潮预报预警产品。当解除风暴潮灾害 I 级应急响应后，停止制作更新风暴潮应对决策一张图、风暴潮危机应对方案等产品。当解除风暴潮灾害应急响应后，停止制作更新风暴潮风险防控一张图、风暴潮风险防控方案、风暴潮灾害舆情分析报告等产品。

搜集整理本次风暴潮灾害的背景信息、影响范围和程度、灾害损失以及应对情况，录入平台数据库，为以后的风暴潮灾害服务提供信息支撑。评估平台在本次风暴潮灾害应对中产品制作和服务效果，进一步改进平台有关功能，为更加科学有效地开展风暴潮灾害环境保障产品制作和服务提供保证。

在平时服务方面，主要包括：更新维护风暴潮灾害有关信息，制作风暴潮时空分布历史统计图；结合风暴潮历史灾情和承灾体状况制作风暴潮风险区划一张图；为国家和地方的风暴潮灾害应急演练、日常值班值守等制作并提供相应产品等。

8.3.2 浒苔灾害产品

根据不同的产品服务对象、服务范围和服务需求，结合浒苔灾害事件发生的强度、影响范围与承灾体状况，构建面向浒苔灾害的海洋环境安全保障信息产品的制作、更新、发布流程和机制，明确各类浒苔灾害产品的服务模式。

1. 产品需求

面向浒苔灾害的海洋环境安全保障信息产品主要用户为自然资源管理部门、沿海地方政府及相关业务单位等，对浒苔灾害产品的主要需求梳理如下。

（1）汇集、处理浒苔观/监测数据。在浒苔暴发高风险期前后展示相关数据信息，包括卫星遥感影像、航空遥感、海上生物、化学监测、沿岸观测等数据资料，进行分类、调取等操作，为掌握灾害的总体态势提供基础数据支撑。

（2）浒苔发展趋势综合研判分析。结合对浒苔的发展预测和分析研判信息，基于观监测数据，研判灾害的发展趋势，为开展灾害形势研判提供技术支撑。

（3）灾害风险评估支撑。结合浒苔灾害规模、漂移趋势、影响范围、敏感目标等监测预警信息，围绕渔业生产和滨海旅游、核电等重要产业和基础设施开展浒苔风险评估，为灾害风险管理提供技术支撑。

（4）应急辅助决策支持。接收、传达国家或海区对浒苔灾害的应急部署安排，提供各市县应急工作初步方案，包括重点区域陆岸清理与保洁责任分配和资源调度、海上清理打捞与拦截力量部署、安装浒苔压榨和脱水打包等资源化处置设备部署，以及打捞浒苔转运部署等。

2. 产品内容

面向浒苔灾害的海洋环境安全保障信息产品主要包括浒苔分布范围和漂移路径预测图、浒苔灾害风险评估报告、浒苔灾害风险防控方案、浒苔事件舆情分析报告、浒苔历史时空分布图等。

（1）浒苔分布范围和漂移路径预测图为专题图件产品，主要展示浒苔发生现状、特征参数、预测趋势，主要包括浒苔现状分布范围、浒苔分布范围预测、浒苔漂移路径现状、浒苔漂移路径预测等信息，可用于了解浒苔灾害分布及漂移状况，为决策提供支持。

（2）浒苔灾害风险评估报告为报告产品，是对浒苔灾害暴发的可能性及其可能造成的损失后果进行的定量分析和评估，主要包括浒苔灾害形成的自然环境条件及灾害引起的社会经济条件，海域遭受浒苔灾害发生的可能性高低及浒苔的强度大小，浒苔的发生对沿海区域生态、海洋环境、近海及海岸工程等的综合影响评估与分析等，为科学应对浒苔灾害提供依据。

（3）浒苔灾害风险防控方案为报告产品，是根据浒苔发展的预测预报结果拟定的风险及预期灾害应对措施与布防方案，用于灾害应急与处置。主要内容包括浒苔灾害发生时间、影响区域、预测预警和灾情风险评估的主要结论等信息，可能面临浒苔灾害风险的重要防护目标，影响范围内及周边地区的应急能力状况，针对主要防护目标提出可以采取的风险防控措施及建议。

（4）浒苔事件舆情分析报告为报告产品，是浒苔发生前后社会舆情的调查与分析结果，用于为相关政府部门了解舆论并作出响应提供辅助支撑。主要内容包括浒苔灾害发生时间、浒苔预测预警和灾情风险评估的主要结论，浒苔灾害发生前后社会舆论对此次灾害影响的舆情状况，以及针对灾害影响及舆情关注重点提出的相应对策及建议等。

（5）浒苔历史时空分布统计图为专题图件产品，是通过收集分析历史灾情资料，综合分析海域内历史浒苔灾害的发生次数、时空分布、路径情况、漂移范围及途径、社会影响、经济损失、承灾体及敏感区域等，制作的统计分析图，用于决策参考。

3. 产品服务

在每年可能发生浒苔的时期启动浒苔灾害产品应急服务流程，具体分为灾前、灾中、灾后三个阶段。浒苔灾害产品的制作和更新发布要求见表8.8。

表 8.8　浒苔灾害产品制作和更新发布要求

产品名称	开始制作时间	结束制作时间	更新发布频率	产品格式
浒苔分布范围和漂移路径预测图	启动海洋灾害应急响应	海洋灾害应急响应解除	24 h	图片
浒苔灾害风险评估报告	启动海洋灾害应急响应	海洋灾害应急响应解除	24 h	doc 文档
浒苔灾害风险防控方案	启动海洋灾害 I 级应急响应	海洋灾害 I 级应急响应解除	24 h	doc 文档
浒苔事件舆情分析报告	启动海洋灾害 I 级应急响应	海洋灾害 I 级应急响应解除	1 周	doc 文档
浒苔历史时空分布图	灾前（长期）	灾前（长期）	1 a	图片

（1）灾前。通过地方沿岸观测、卫星遥感等手段定期上报浒苔动态，发现浒苔及时上报，并组织指导沿岸紫菜养殖户做好筏架上岸清洗工作。浒苔发生后，按相关规定启动应急预案，服务于自然资源部门及相关业务单位，相关情况报告每 24 h 更新发布一次。

（2）灾中。启动浒苔灾害应急响应后，由技术支撑单位制作浒苔历史范围、路径对比图、浒苔分布范围和漂移路径现状图、预测图，由海区局发送至自然资源主管部门及相关部门，并抄送地方人民政府；地方上报浒苔预警信息、浒苔快报至自然资源主管部门，自然资源主管部门制作浒苔通报向全社会发布；地方将浒苔灾害风险评估报告、浒苔灾害风险防控方案、浒苔事件舆情分析报告上报国家自然资源主管部门。

（3）灾后。当浒苔应急响应解除后停止应急监测，制作相关现状和预测产品图件，停止灾害预警报告类产品制作。搜集整理浒苔灾害的背景信息、影响范围和程度、灾害损失及应对情况，并录入平台数据库，对本次预测产品、评价检验产品和处置效果评价产品进行评估。

8.3.3　溢油事件产品

根据不同的产品服务对象、服务范围和服务需求，结合海上溢油事件的发生时间、溢油事故类型、发生溢油的油品种类和数量、影响范围与环境敏感资源状况等，构建面向溢油事件的海洋环境安全保障信息产品的制作、更新、发布流程和机制，明确溢油事件产品的服务模式。

1. 产品需求

面向溢油事件的海洋环境安全保障信息产品主要用户为交通运输部、自然资源部门、应急管理部门、沿海地方政府及相关业务单位，对溢油事件产品的主要需求梳理如下。

（1）溢油事件数据汇聚展示。在海上溢油事件发生后，汇聚、管理和展示溢油事件的相关数据，包括事件基本信息、事发地海洋环境信息、周边环境敏感资源、溢油漂移扩散分析等，为决策人员掌握海上溢油事件的总体情况提供数据和决策支持。

（2）事件发展研判分析和风险评估。综合业务部门对溢油事件的发展预测和分析研判信息，基于海洋环境观/监测数据，研判溢油事件的发展趋势，为开展溢油漂移扩散预测提供数据和技术支持。结合各类溢油灾害的承灾体信息、环境敏感资源信息、区域应急能力等信息，对溢油灾害开展动态风险（影响）评估，为管理部门应对风险提供技术支撑。

（3）应急辅助决策支持。汇聚各级业务部门的专业应急资源、装备、队伍、专家等信息，辅助各级人民政府做好应对突发公共事件的准备，提供历史相似溢油事件案例、知识、预案、条例等信息。基于海洋环境观/监测数据和分析研判数据、应急资源数据、应急队伍数据等，结合溢油事件的漂移预测和分析研判结果，形成应急辅助决策方案，为相关管理部门提供处置辅助决策建议。

2. 产品内容

面向溢油事件的海洋环境安全保障信息产品主要包括溢油事件态势图、溢油事件风险评估报告、溢油事件风险防控方案、溢油事件风险应急方案、溢油事件舆情分析报告等，下面对各产品进行简要说明。

（1）溢油事件态势图为专题图件产品，主要包括溢油发生现状、溢油特征参数、溢油飘移扩散分布信息，影响范围内海上及海岸构筑物脆弱度、具体位置与规模等，可用于辅助决策支撑。溢油发生现状信息主要通过飞机拍摄监测、卫星遥感监测等方式获取，内容包括现场信息采集时间、现场气象水文环境情况、溢油位置、溢油面积范围等。溢油特征参数应集成溢油在各个波段的电磁波谱特征、不同海况溢油的反射特征、不同入射角情况下溢油的反射特征、遥感专家及溢油专家经验知识、现场油膜照片等。溢油飘移扩散分布信息包括海洋环境信息、溢油漂移路径预测信息、油膜扩散分布信息及受溢油影响的环境敏感资源信息等。

（2）溢油事件风险评估报告为报告产品，主要内容包括溢油事件的发生对沿海区域生态、海洋环境、近海及海岸工程等的综合影响评估与分析。溢油事故风险评估报告主要包括：溢油发生时间、事故类型、发生溢油的油品种类和数量、风险评估的主要结论等；溢油发生后可能漂移到的区域；可能面临溢油风险的重要防护目标；环境损害和经济损失，包括清污费用、渔业损失、旅游损失及环境和生态恢复等。

（3）溢油事件风险防控方案为报告产品，是根据溢油扩展的预报及监测结果拟定的风险及预期灾害应对措施与布防方案，用于灾害应对与响应，主要内容包括：溢油事故风险评估的主要结论；影响范围内及周边地区的应急能力状况；溢油发生后对周边环境的影响评估，尤其是重点防控目标；对主要承灾体提出可以采取的防御措施及建议。

（4）溢油事件风险应急方案为报告产品，是针对溢油事件预估风险及应对措施汇总形成的灾害应急方案，用于溢油事件应急处置。主要内容应包括：海面的溢油是否存在燃烧、事故海区海洋环境特点（包括潮汐、风、海流、波浪和天气的情况）、海面溢油可能扩散的方向，以及应急处置所需要的设备、物资种类、数量和救援力量的规模。如果溢油发生在港口，产品还包括港口码头上的交通布局及可以存放救援设备、车辆的地点，港口码头的建设情况。根据港口出海口方向及潮汐、海流、周围敏感资源分布情况确定溢油围控方案，根据码头岸壁整洁情况确定溢油围控设备的安装，根据码头岸上场地及交通状况，确定岸上物资、车辆、应急指挥场所、人员工作休息场所等。重点针对主要防护目标提出可以采取的危机应对措施及建议。

（5）溢油事件舆情分析报告为报告产品，是溢油事件发生前后社会舆情调查与分析的结果，用于相关政府机构了解舆论并作出响应，主要内容包括溢油发生时间、溢油漂移预测和灾情风险评估的主要结论等信息，溢油事故发生后社会舆论对此次事件影响的舆情状况，针对本次事件的影响及舆情关注的重点，提出相应的对策及建议。

3. 产品服务

在溢油事件发生后立即启动产品应急服务流程，具体分为溢油事件处置过程中、事件发生后两个阶段。溢油事件产品的制作和更新发布要求见表8.9。

表 8.9 溢油事件产品制作和更新发布要求

产品名称	开始制作时间	结束制作时间	更新发布频率	产品格式
溢油事件态势图	溢油事件发生后立即制作	事件完全处置后	按照应急预案及事态发展而定	图片
溢油事件风险评估报告	启动溢油事件应急响应	事件完全处置后	12 h	doc 文档
溢油事件风险防控方案	启动溢油事件应急响应	事件完全处置后	12 h	doc 文档
溢油事件风险应急方案	启动溢油事件应急响应	事件完全处置后	12 h	doc 文档
溢油事件舆情分析报告	启动溢油事件应急响应	事件完全处置后	12 h	doc 文档

（1）溢油事件处置过程中。当启动溢油事件应急响应后，平台启动溢油事件态势图、溢油事件风险评估报告、溢油事件风险防控方案、溢油事件风险应急方案、溢油事件舆情分析报告等产品制作。产品服务于交通运输部门、自然资源部门、应急管理部门、可能受灾害影响的沿海地方政府及有关业务单位。

（2）事件完全处置后。当溢油事件得到完全处置后，停止制作更新溢油事件预测产品。搜集整理本次溢油事件的背景信息、影响范围和程度、灾害损失及应对情况，录入平台数据库，为以后的溢油事件应对提供数据和信息支撑。评估平台在本次溢油事件应对中产品制作和服务效果，进一步改进平台有关功能，为更加科学有效地开展溢油事件环境保障产品制作和服务提供保证。

参 考 文 献

蔡振君, 李小娟, 孙永华, 2013. 海洋预报产品可视化系统设计与实现. 首都师范大学学报(自然科学版), 34(3): 77-83.

陈卉, 刘华梅, 冯熹, 2006. 传统分类法在网络信息组织中的应用现状及分析. 江苏工业学院学报, 7(1): 25-28.

程骏超, 何中文, 2017. 我国海洋信息化发展现状分析及展望. 海洋开发与管理, 34(2): 46-51.

方长芳, 张翔, 尹建平, 2013. 21 世纪初海洋预报系统发展现状和趋势. 海洋预报, 30(4): 93-102.

何广顺, 2008. 海洋信息化现状与主要任务. 海洋信息(3): 1-4.

黄彬, 赵伟, 2017. 国家级海洋气象业务现状及发展趋势. 气象科技发展, 7(4): 53-59.

冷伏海, 2003. 信息组织概论. 北京: 科学出版社.

陆彦婷, 陆建峰, 杨静宇, 2013. 层次分类方法综述. 模式识别与人工智能, 26(12): 1130-1139.

曲探宙, 2016. 提升海洋公共服务能力 护航海洋强国建设: 海洋预报减灾工作回顾与展望. 海洋开发与管理, 33(1): 19-23.

王辉, 万莉颖, 秦英豪, 等, 2016. 中国全球业务化海洋学预报系统的发展和应用. 地球科学进展, 31(10): 1091-1104.

魏泉苗, 候军, 龚茂洵, 2003. 海洋预报和实况信息网络远程终端系统. 海洋技术, 22(1): 68-71.

徐鹏, 2013. 沿海建立海洋预报公共发布平台的可行性探讨. 海洋开发与管理, 30(6): 13-15.

严云杰, 何长虹, 程海洋, 2015. 海洋预报产品制作发布系统的设计与实现. 浙江水利科技(5): 90-96.

尹晓林, 季民, 王琦, 2015. 基于 ArcEngine 的岸滩溢油监测与评价系统设计与实现. 北京测绘(4): 82-85.

曾银东, 2017. 区域性海洋业务化预报系统建设研究: 以福建省为例. 海洋开发与管理, 34(10): 89-94.

张世民, 卢君峰, 林选跃, 等, 2013. 基于 C/S 与 B/S 混合模式的海洋预报信息产品制作发布系统. 海洋预报, 30(3): 66-72.

仉天宇, 王斌, 2019. 海洋预报综合信息系统(MiFSIS)研究应用. 科技成果管理与研究(4): 52-53.

周荣庭, 郑彬, 2006. 分众分类: 网络时代的新型信息分类法. 网络资源与建设(3): 72-75.

第9章 总结与展望

9.1 海洋环境安全保障大数据采集与融合分析难点总结

海洋环境安全保障大数据存在时空耦合、地理邻近效应强、构成因素复杂等其他类型大数据不具备的特点，存在宏观、中观、微观尺度上的不同动态特性，这些动态特性及其不同的组合形式对研究海洋环境安全事件的发生与发展过程、内部形成机理等具有重要作用。面向海洋环境安全事件，对海洋环境安全大数据进行科学的、定量或定性的融合分析是十分必要的。

目前，在使用海洋环境安全保障大数据进行面向海洋环境安全事件的采集与融合分析时，比较注重时空分析过程方法，如时空插值、时空回归、机器学习、过程建模等，对海洋环境安全事件背后的时空机理仍需要大量深入的研究工作。

归纳起来，海洋环境安全大数据采集与融合分析还存在如下的问题与挑战。

1. 海洋环境安全保障大数据存在以离散时空位置大数据为载体或不完备的现象

海洋环境安全保障大数据提供了有关海洋环境、海洋灾害等丰富的离散时空位置信息，但受监测装置本身的精度、监测时环境因素及监测周期等影响，仍无法完全覆盖观测对象或者现象的全过程，对海洋环境安全保障大数据本身描述的海洋环境、海洋灾害等特性或者现象过程缺乏有效的证据。在数据离散或者不完备的情况下，使用现有的海洋环境安全保障大数据进行完整的环境与灾害复原，需要探索较为科学、完整的面向海洋环境的语义复原理论。此外，现有的海洋环境安全保障大数据处理方法体系还缺少可靠的数据复原机制。

2. 海洋环境安全事件的时空约束建模与反演存在较多的不确定因素

在使用海洋环境安全保障大数据对浒苔、溢油、风暴潮灾害进行反演时，受海洋环境约束、未知的偶发事件、人类活动的随机性等影响。这些不确定因素对海洋环境灾害反演的影响程度及其机理缺少有效的理论支撑。现有的海洋环境安全保障大数据融合分析方法对海洋环境安全事件的建模与反演仍存在一些盲区，如偶发事件对海洋环境安全事件的影响比重、海洋环境事件链不同节点之间的具体关系等。

3. 不同海洋环境安全事件存在不同的发展特性

以浒苔、溢油、风暴潮为代表，围绕不同海洋环境安全事件的演变模式挖掘仍有一些挑战，包括发展态势的推测、与海洋环境的关联性、发展过程扰动等。这些挑战的问题在于缺少合理的验证手段，研究面向海洋环境安全事件发展模式的验证理论是关键所在。现有的海洋环境安全事件融合分析技术对这类问题的处理还缺乏一定的理论基础。

4. 海洋环境安全事件关联关系的代表性和实用性有待验证

研究获得的部分海洋环境安全事件的关联关系与融合技术，一般用来支撑浒苔、溢油、风暴潮等海洋环境安全事件发生时的监测预警、应急救援等决策工作，但这些关联关系的代表性与方法的实用性尚需验证，还存在系统性理论与方法挑战。现有的海洋环境安全数据基本都无法独立并完全表达某类海洋环境安全事件，如何选择合适的一类或几类数据的组合以动态评估海洋环境安全事件是必须考虑的问题。

9.2 海洋环境安全保障大数据采集与融合分析技术趋势

1. 单一空间维度向时空维度延伸

浒苔、溢油、风暴潮等海洋环境安全事件存在显著的、有规律的时空过程，例如浒苔灾害存在着"出现—生长—暴发—消亡—消失"5 个阶段（Cao et al., 2019）。对应的，在应对各类海洋环境安全事件的过程中，相关部门也遵循着"日常监测—预测监测—应急救援—灾后重建"4 个阶段。对海洋环境安全事件的时空过程进行有效把握，对相关部门的应急监测有着重要意义。海洋环境安全保障大数据是同时具有时间与空间维度的数据（Xie et al., 2019），但现有的海洋环境安全保障大数据往往仅用于单一空间维度上的海洋环境安全事件监测，缺乏在时空过程上的有效把握。随着对地观测技术的不断发展，海洋环境安全保障大数据的采集分辨率与频率也越来越高，可以提供对海洋环境安全事件时空过程的有效把控，越来越多的研究集中在利用海洋环境安全保障大数据进行海洋环境安全事件的时空过程分析。但在时间维度与空间维度上的分析因素是多样且高维的（Xie et al., 2019），给这一方向的研究带来了挑战。

2. 不同时空尺度的地理要素关联研究

海洋环境安全大数据具有地理属性临近效应，相邻区域空间位置关系存在线性或非线性关联关系，组成了不同时空尺度的模态特征（钱程程 等，2018）。这种不同尺度的模态特征体现在海洋环境安全事件链的不同节点上，例如浒苔灾害的发生会导致邻近海域的海上交通不畅，水产养殖业损失严重等（Wang et al., 2019；Sun et al., 2008）。受限于海洋环境安全保障大数据存在以离散时空位置大数据为载体或不完备的现象，现有海洋环境安全事件链的节点之间，即不同地理要素之间的关联关系挖掘并不充分。更多的地理要素间关联关系在海洋环境安全保障大数据采集与融合分析的过程中仍待发掘。

3. 海洋环境安全大数据的挖掘分析研究

在数据挖掘与分析领域，已经出现了 MapReduce、Storm、Pregel、StreamBase 等先进的并行计算框架（蒋兴伟 等，2014；Malewicz et al.，2009），在各领域中也得到了广泛的应用。同时面向海洋环境安全保障大数据领域，也出现了经验正交函数（empirical orthogonal function，EOF）法、四维谐波提取法（4 dimensions harmonic extraction method，4D-HEM）等（Chen et al.，2016，2015；Chen，2006；Lorenz，2000）。但上述框架与方法无法很好地顾及海洋环境安全保障大数据的时空耦合特性与地理关联特性，导致现行的挖掘分析研究无法有效进行时空解耦与地理分解。海洋环境安全保障大数据采集与融合分析的过程中亟须加入能进行时空解耦与地理分解的挖掘分析方法，这将是未来海洋大数据领域的研究热点与研究趋势之一。

4. 面向海洋环境安全事件的"空–天–地"融合观测研究

现阶段，海洋遥感卫星、海洋调查船、海洋潜水器、海洋浮标与海洋浮标组成的观测网等先进的设备已经投入海洋环境安全事件的监测之中。例如在浒苔灾害监测的过程中，使用卫星遥感大范围确定灾害范围、其余手段补充验证的思路进行组网观测（顾行发 等，2011）。在多年的监测过程中，针对不同的海洋环境安全事件也总结出了不同的重点观测与探测区域。现有的重点观测与探测区域是从历史海洋环境安全事件中总结得出的，对潜在的风险区域无法很好地描述，例如浒苔灾害的适生区域（Zhang et al.，2020）、溢油灾害潜在风险区等。如何有效融合"空–天–地"观测系统得到合理的重点观测区域与探测区域是未来的研究趋势之一。同时，如何分配现有的"空–天–地"监测资源对不同的海洋环境安全事件与重点观测区域进行监测也将是一个热点问题。

参 考 文 献

顾行发, 陈兴峰, 尹球, 等, 2011. 黄海浒苔灾害遥感立体监测. 光谱学与光谱分析, 31(6): 1627-1632.

蒋兴伟, 林明森, 张有广, 2014. HY-2 卫星地面应用系统综述. 中国工程科学, 16(6): 4-12.

钱程程, 陈戈, 2018. 海洋大数据科学发展现状与展望. 中国科学院院刊, 33(8): 884-891.

CAO Y, WU Y, FANG Z, et al., 2019. Spatiotemporal patterns and morphological characteristics of Ulva prolifera distribution in the Yellow Sea, China in 2016–2018. Remote Sensing, 11(4): 445.

CHEN G, 2006. A novel scheme for identifying principal modes in geophysical variability with application to global precipitation. Journal of Geophysical Research, 111(D11): 11103.

CHEN G, WANG X, 2015. Vertical structure of upper-ocean seasonality: Annual and semiannual cycles with oceanographic implications. Journal of Climate, 29(1): 37-59.

CHEN G, WANG X, QIAN C, 2016. Vertical structure of upper-ocean seasonality: Extratropical spiral versus tropical phase lock. Journal of Climate, 29(11): 4021-4030.

LORENZ K Z, 2000. The comparative method in studying innate behavior patterns. Symposia of the Society for Experimental Biology, 4: 221-268.

MALEWICZ G, AUSTERN M H, BIK A J C, et al., 2009. Pregel: A system for large-scale graph processing.

Proceedings of the Twenty-First Annual Symposium on Parallelism in Algorithms and Architectures: 48.

SUN S, WANG F, LI C, et al., 2008. Emerging challenges: Massive green algae blooms in the Yellow Sea. Nature Proceedings: 1.

WANG Z, FANG Z, WU Y, et al., 2019. Multi-source evidence data fusion approach to detect daily distribution and coverage of Ulva prolifera in the Yellow Sea, China. IEEE Access, 7: 115214-115228.

XIE C, LI M, WANG H, et al., 2019. A survey on visual analysis of ocean data. Visual Informatics, 3(3): 113-128.

ZHANG H, SU R, SHI X, et al., 2020. Role of nutrients in the development of floating green tides in the Southern Yellow Sea, China, in 2017. Marine Pollution Bulletin, 156: 111197.